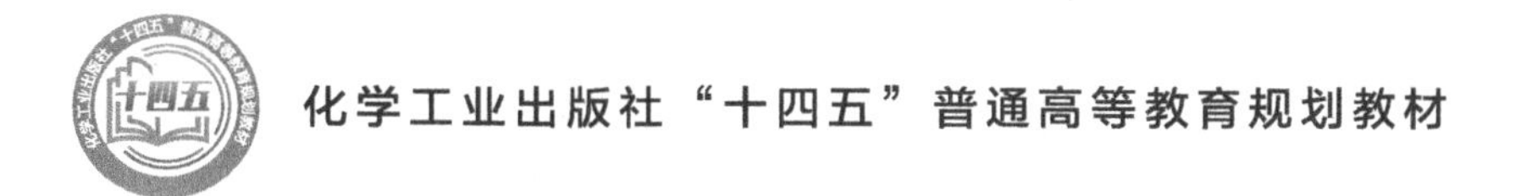

化学工程与工业生物工程专业实验

穆金城 欧 明 陈亚辉 主编

HUAXUE GONGCHENG YU
GONGYE SHENGWU GONGCHENG
ZHUANYE SHIYAN

化学工业出版社

·北 京·

内容简介

《化学工程与工业生物工程专业实验》主要内容包括：绪论、专业实验基础、化工专业实验、生物工程专业实验、化工与生物工程仿真实验，共31个实验。专业实验基础主要介绍实验室安全基础知识、专业实验技术及分析仪器、实验设计与数据处理以及仿真实验系统软件简介；化工专业实验主要介绍化学反应工程、化工热力学、化工工艺学、分离工程等相关的通用型实验，强化学生的化工背景基础和实验技能；生物工程专业实验主要涉及微生物工程、细胞工程、基因工程技术等相关实验，以加深学生对生物工程理论知识的理解，提高实验动手能力和科学态度；化工与生物工程仿真实验通过3D仿真实验装置交互式操作，产生和真实实验一致的实验现象和结果，提升实验教学效果，激发学生的学习兴趣和创新实践能力。

《化学工程与工业生物工程专业实验》可作为高等理工院校化学工程、生物工程、生物科学与技术、制药工程等相关专业学生的实验教材，也可供相关领域技术人员参考。

图书在版编目（CIP）数据

化学工程与工业生物工程专业实验 / 穆金城，欧明，陈亚辉主编. — 北京 ：化学工业出版社，2025. 3.
（化学工业出版社“十四五”普通高等教育规划教材）.
ISBN 978-7-122-47242-7

Ⅰ. TQ016；Q81-33

中国国家版本馆 CIP 数据核字第 2025U0Y275 号

责任编辑：刘志茹　宋林青　　文字编辑：林　丹　王晶晶
责任校对：边　涛　　　　　　装帧设计：史利平

出版发行：化学工业出版社
（北京市东城区青年湖南街13号　邮政编码100011）
印　　装：北京科印技术咨询服务有限公司数码印刷分部
787mm×1092mm　1/16　印张12　插页1　字数296千字
2025年3月北京第1版第1次印刷

购书咨询：010-64518888　　　售后服务：010-64518899
网　　址：http://www.cip.com.cn
凡购买本书，如有缺损质量问题，本社销售中心负责调换。

定　　价：35.00元　

《化学工程与工业生物工程专业实验》
编写组

主　　编　穆金城　欧　明　陈亚辉

副 主 编　沈红玲　孙　丹　朱纪奎　马旭东

编写人员　杨元庄　颜莞旻　罗梦玲　李佳洁
王雪娇　雷　朝　李　仲　张　娜
戴　勋　吕喜风　陈俊毅　刘　渊
蔡　的　黄丽丽　焦路通　崔天伊
赵苏亚　杨　飒　加沙热提·阿不都热扎克

前言

实验技术和技能是化学工程与工业生物工程、化学工程与工艺、化工与制药、能源化学工程专业及相关专业本科生所需的基本素质之一，实验教学又是化学工程与工业生物工程等专业培养中的重要环节。基于此，编者系统地总结了本专业多年来的实验教学经验，编写了本教材，供各高校本专业及相近专业使用。

本教材主要包括四部分：专业实验基础、化工专业实验、生物工程专业实验、化工与生物工程仿真实验。专业实验基础主要介绍了实验室安全基础知识、专业实验技术及分析仪器、实验设计与数据处理以及仿真实验系统软件简介，使学生在进入实验室前建立起良好的安全、环保意识，熟悉数据分析和处理技能，了解实验的基本技术、仪器和常用测试方法等；化工专业实验主要介绍了化学反应工程、化工热力学、化工工艺学、分离工程等专业课程相关的通用型实验，突出学生的化工背景基础，强化化工专业实验技能；生物工程专业实验主要涉及微生物工程、细胞工程、基因工程技术等领域，旨在通过生物实验加深学生对生物工程理论知识的理解，提高实验动手能力和严谨的科学态度；化工与生物工程仿真实验通过 3D 仿真实验装置交互式操作，产生和真实实验一致的实验现象和结果，提升实验教学效果，激发学生的学习兴趣，提高学生的创新实践能力，故在本教材中设置了一定量虚拟仿真实验来加强学生对新技术的了解。

教材以附录的形式提供实验的参考实验报告示例，引导和规范学生书写实验报告。通过本课程的学习，一方面巩固加深学生对本专业基础和专业理论知识的认识与理解，另一方面培养和提升工科学生的专业实验技能及对实验现象进行分析、归纳、总结的能力，较为直观地树立起工程理念，塑造工程素养，为今后从事相关领域工作打下良好的基础。

本教材由塔里木大学的穆金城、欧明、陈亚辉任主编，沈红玲、孙丹、朱纪奎、马旭东任副主编，参加编写的人员有：杨元庄、颜菀旻、罗梦玲、李佳洁、王雪娇、雷朝、李仲、张娜、戴勋、吕喜风、陈俊毅、刘渊、蔡的、黄丽丽、焦路通、崔天伊、赵苏亚、杨飒、加沙热提 · 阿不都热扎克。全书由主编统稿定稿。

本教材得到塔里木大学化学工程与工业生物工程一流本科专业项目的支持（项目编号 YLZYXJ202407），化学工业出版社为本教材的出版做了大量细致的工作，在此一并表示衷心的感谢！

鉴于编者水平和经验有限，书中的不足之处，敬请广大师生及读者批评指正，让本书愈加完善。

编者

2024 年 8 月

目录

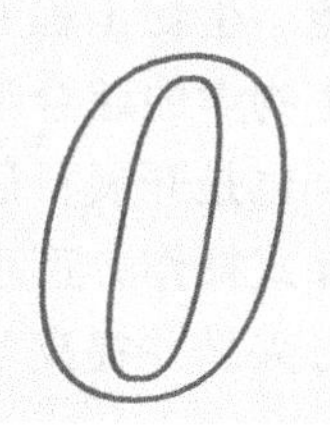

绪　论

0.1　本课程的性质

化学工程与工业生物工程专业实验属于工程实验范畴，有别于单纯的课堂教学和基础实验，主要是通过一定的实验活动，引导、训练学生理论联系实际，着重培养学生分析、解决问题的能力和认真钻研的精神。更为重要的还在于对未来的科技工作者进行实验方法、实验技能的基本训练，培养独立组织和完成实验的能力及严肃认真的工作作风、实事求是的科学态度，为将来从事科学研究和解决工程实际问题打好基础。

0.2　本课程的任务及目的

① 使学生掌握专业实验的基本技术和操作技能。

② 深入了解测量参数的物理意义，包括定义、测量时的系统误差、精密度和准确度。

③ 培养学生细致观察并记录真实实验数据的习惯，并设计原始数据记录及数据处理表格。

④ 掌握几种在化工及生物工程生产中常用的基本设备与仪器及其测量方法。

⑤ 培养学生组织能力、独立思考能力、创新能力、责任心和合作精神。

⑥ 培养撰写工程实验报告的能力，能够清楚描述重要及有意义的现象和结果。

0.3　本课程的主要内容

本书结合化学工程与工艺、生物工程专业的特点，以化工热力学、反应工程、分离工程、化工工艺、微生物工程、细胞工程、基因工程技术等为主线，介绍了化工与生物工程类专业实验内容。化工专业实验共 16 个，主要介绍了化学反应工程、化工热力学、化工工艺学、分离工程等专业课程相关的通用型实验，突出学生的化工背景基础，强化化工专业实验技能。生物工程专业实验共9个，在微生物学综合型、研究型实验基本训练的基础上，进行微生物学的综合型、研究型实验，并与微生物的应用密切联系。这些实验具有很强的综合性，也是开展科研的基础和指导。化工与生物工程仿真实验共6个，通过3D仿真实验装置交互式操作，产生和真实实验一致的实验现象和结果，提升实验教学效果，激发学生的专业学习兴趣并提高学生的创新实践能力。

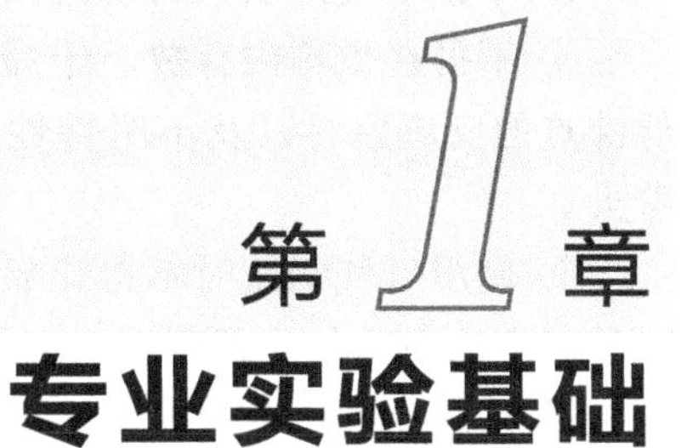

第1章 专业实验基础

1.1 实验室安全基础知识

1.1.1 实验室安全守则

① 严格遵守实验室各项规章制度和仪器设备操作规程。

② 了解实验室安全防护设施的使用方法及布局，熟悉在紧急情况下的逃离路线和紧急疏散方法，清楚灭火器、应急冲淋及洗眼装置的使用方法和位置，牢记急救电话。

③ 在实验室内不得穿凉鞋、高跟鞋或拖鞋，不得穿短裤或裙子。留长发者应束扎头发。必须穿全棉实验服，佩戴防护眼镜。

④ 做实验时应打开门窗和换气设备，保持室内空气流通。使用易挥发或有害液体，产生异味和污染环境的实验应在通风橱内操作。实验过程中保持桌面和地板的清洁，与正在进行的实验无关的药品、仪器和杂物等禁止放在实验台上。

⑤ 使用电器时，谨防触电。不要在通电时用湿手和湿物接触电器或电插头插座。实验完毕，应将电器的电源切断。

⑥ 实验进行时，不得离开岗位，要密切注意实验的进展情况。

⑦ 任何实验用化学试剂不得入口。严禁在实验室内吸烟或饮食，实验室内严禁会客、喧哗。

⑧ 值日生或最后离开实验室的工作人员应检查水阀、电闸、气阀和门窗等是否关闭。

⑨ 严禁私自带出实验室的任何物品。

1.1.2 实验室火灾的预防与消防措施

1.1.2.1 实验室火灾的预防措施

① 严禁在开口容器或密闭体系中用明火加热有机溶剂。需用明火加热易燃有机溶剂时，必须有蒸气冷凝装置或合适的尾气排放装置。

② 废溶剂严禁直接倒入下水道，应倒入废液桶内集中处理。

③ 尽量不使用明火对易燃液体加热，可采用水浴、密封电炉或其他加热设备。

④ 不得在烘箱内存放、干燥、烘烤有机物。实验后的产物通常含有一些易燃的溶剂、低沸点的反应原料以及不明特性的物质，如果使用烘箱烘干，烘箱中的电加热丝容易引起着火。

⑤ 使用氧气钢瓶时不得让氧气大量逸入室内。在含氧量约25%的大气中，物质燃烧所需的温度比在空气中低得多，且燃烧剧烈不易扑灭。

⑥ 易燃物不得存放在火焰、电加热器或其他热源附近。工作完毕，立即关闭所有热源。

1.1.2.2 火灾发生后应采取的措施

（1）采取措施

① 首先，移开易燃易爆物品，关闭电闸、气体阀门等。

② 确保安全撤离的情况下，视火势大小，采取不同的扑灭措施。

③ 火势较大时撤离，并通知相邻人员撤离。

④ 及时拨打火警电话“119”报警，并报告着火位置、楼层、燃烧物品、火势情况等。

⑤ 提前勘察消防通道是否畅通，路口接应消防车。

（2）灭火方式

一旦发生火灾，可视火势大小，采取不同的扑灭方式：

① 对在容器（如烧杯、烧瓶等）中发生的局部小火，可用石棉网、表面皿或消防沙等盖灭。

② 有机溶剂在桌面或地面上蔓延燃烧时，不得用水冲洗，可撒上细沙或用灭火毯扑灭。

③ 钠、钾等金属着火，可采用干燥的细沙覆盖。严禁用水和CCl_4灭火器，否则会导致猛烈的爆炸，也不能用CO_2灭火器。

④ 衣服着火时，切勿慌张奔跑，以免风助火势。化纤织物最好立即脱除，无法立即脱除时，一般小火可用湿抹布、灭火毯等包裹使火熄灭。若火势较大，可就近到喷淋器下面，用水浇灭。必要时可就地卧倒打滚，防止火焰烧向头部，并在地上压住着火处，使其熄灭。若看到他人衣服着火，可使用灭火毯帮助灭火，不要使用灭火器朝人喷射。

⑤ 在化学反应过程中，若因冲料、渗漏、油浴着火等引起反应体系着火（情况比较危险，处理不当会加重火势），扑救时必须谨防冷水溅在着火处的玻璃仪器上，必须谨防灭火器材击破玻璃仪器，造成严重的泄漏而扩大火势。有效的扑灭方法是用几层灭火毯包住着火部位，隔绝空气使其熄灭，必要时在灭火毯上撒些细沙。若仍不奏效，必须使用灭火器，应由火场的周围逐渐向中心处扑灭。

（3）火灾逃生方式方法

一般而言，火灾逃生可分为三种状况：一是逃生避难时；二是室内待救时；三是无法获救时。

① 逃生避难时的自救逃生方法与注意事项

a. 不可搭乘电梯，避免火灾导致电源中断，被困于电梯中。

b. 顺着指示标识，进入安全通道逃生。

c. 以湿毛巾掩口鼻，避免浓烟的侵袭。

d. 浓烟中采取低姿势行走。浓烟飘浮在上层，离地面30 cm左右的地方还有空气存在。

② 室内待救时的自救逃生方法与注意事项

a. 在室内待救时，设法告知外面的人自己待救的位置。

b. 在易于获救处等待救援。

c. 要避免吸入浓烟。浓烟是火灾中致命的杀手，大量的浓烟吸入体内会造成死亡，吸入微量的浓烟则可能导致昏厥，影响逃生。因此务必记住，逃生过程中，应采取必要的措施，尽量避免吸入浓烟。

③ 无法获救时的自救逃生方法与注意事项

当无法获救时，绝对不要放弃求生的意愿，此时应当力求镇静，利用现场物品，自己设法逃生。

a. 以衣物或窗帘做成逃生绳，将绳头绑在室内的柱子或固定物上，绳尾抛出阳台或窗外，沿着逃生绳往下攀爬逃生。

b. 沿室外排水管逃生，如室外有排水管可供攀爬至安全楼层或地面时，可利用室外排水管逃生。但攀爬时要注意排水管是否牢固，避免发生坠楼意外。

a. 绝不可轻易跳楼。在火灾中常会发生逃生无门、被迫跳楼的状况，但非到万不得已，绝不可跳楼，最好能静静待在房间内，设法防止火及烟的侵袭，等待消防人员的救援。

1.1.3 实验室中的有毒有害物质

剧毒化学品主要包括三类：无机化合物、有机化合物及生物碱类物质。无机剧毒化学品主要包括以下几类：氰化物，如氰化钠、氰化钾等；砷及砷化物，如砷、砒霜及其钠盐等；剧毒金属化合物，如铅齐汞、氯化汞等。有机剧毒化学品主要包括以下几类：氰化物类，如乙腈、丙烯腈、丁二腈等；其他有机剧毒化学品，如有机汞化合物（醋酸高汞、二甲基汞、苯基氯化汞等）、有机锡化合物等。生物碱是一类含氮的碱性天然有机化合物，广泛存在于植物体内，一些剧毒的生物碱包括士的宁、马钱子碱、阿托品、毒扁豆碱、吗啡、海洛因等。

（1）剧毒化学品的主要特点

① 快速、剧烈的毒性。很少量吸收即可造成严重中毒或死亡。

② 较强的隐蔽性。具有水溶性，多为白色粉状、块状固体或无色液体，易与食物、食盐、糖、面粉等混淆。有些无色无味，不易觉察。

③ 许多剧毒化学品同时还具有易燃、易爆、腐蚀等特性。

（2）实验室防中毒措施

实验室中有毒化学试剂的使用有时是不可避免的，但应采取必要措施防止中毒事故的发生。

① 尽量减少或避免剧毒、高毒化学品的使用，应以无毒、低毒的化学品或工艺代替有毒或剧毒的化学品或工艺。

② 严格按要求规程操作。

③ 实验前必须有预防措施，加强个人防护，个人防护用品不得带出实验室。

④ 实验过程中所有接触过剧毒化学品的容器、手套不得随意放置，要严格清洗，废液回收处置，注意消除二次毒源。

⑤ 注意溶液混合及加热等实验过程中有毒气体的突然产生与逸出。

⑥ 定期检查实验室内空气中有毒物质的浓度。

⑦ 要注意实验室及实验过程中的通风和净化回收。

⑧ 采取隔离操作和自动控制等，防止人和有毒物质直接接触。

1.1.4 腐蚀品的使用与防护

腐蚀品主要是指能灼伤人体组织并对金属、纤维制品等物质造成腐蚀的固体、液体或气体（蒸气）试剂。在化学实验室，经常需要接触或者使用具有一定腐蚀性的试剂，如常见的“三酸两碱”、苯甲酰氯、液溴等，这些试剂在带给我们奇妙的化学实验的同时，如果不注意防护也将给人体带来较大伤害。

（1）腐蚀性

腐蚀性是腐蚀品的主要特性。当人体直接接触到腐蚀品时，可造成人体皮肤表面灼伤、严重的深度创伤或人体组织坏死。腐蚀品不但对人体具有较大的腐蚀性，与布匹、木材、纸张、皮革等有机物质接触时，能够夺取有机物中的水分使之炭化，例如与红糖作用发生炭化。此外，腐蚀品与金属及非有机物也能产生腐蚀作用，如氢氟酸能与玻璃发生刻蚀作用。腐蚀品的典型代表为浓硫酸，浓硫酸不但具有强酸的腐蚀特性，与皮肤接触还能产生剧痛，使组织深度坏死，严重者累及骨骼，如果治疗不及时，将会导致严重后果，使用时必须给予特别关注。

（2）毒害性

除了具有强烈的腐蚀性外，多数腐蚀品还具有不同程度的毒害性，如氢氟酸、溴、五溴化磷和发烟硫酸挥发的三氧化硫对人体具有很大毒害性。

（3）较高的化学活性（氧化性）

腐蚀品具有较高的化学活性。有些腐蚀品虽然本身不燃烧，但具有较强的氧化性，当它与某些可燃物接触或处于高温时，可引起可燃物质燃烧，甚至有爆炸的危险，如高氯酸浓度超过72%时遇热极易爆炸，属爆炸品。浓度低于72%时属无机酸性腐蚀品，但遇还原剂、受热等情况下也会发生爆炸。有机腐蚀品大多可燃或易燃。

（4）腐蚀品储存和使用过程中的注意事项

腐蚀品具有较大的危险性，也是化学实验室常用的试剂。因此，在腐蚀品的储存和使用过程中，不但要熟悉其化学特性，还必须注意以下事项：

① 腐蚀品应储存于阴凉、通风、干燥的场所，避免阳光直射。

② 有机腐蚀品严禁接触明火或氧化剂。

③ 具有氧化性的腐蚀品不得与可燃物和还原剂同柜储存。

④ 酸性腐蚀品应远离氰化物、氧化剂、遇湿易燃物质。

⑤ 接触、使用腐蚀品前要熟悉腐蚀品的化学特性，做好个人防护。

⑥ 腐蚀品长期保存时应注意防止泄漏，特别是挥发性气体对周围设备的缓慢腐蚀。

⑦ 对于凝固点比较低的冰醋酸、苯酚等，冬季取用时，切不可采取直接加热熔化的方式。

（5）腐蚀品引发火灾的扑救

腐蚀品可造成人体化学灼伤，扑救时灭火人员必须穿防护服，佩戴防毒面具，腐蚀品着火一般可用水、干沙、泡沫灭火器进行扑救，但应注意腐蚀性液体泡沫飞溅对人造成伤害。某些强酸、强碱，遇水时能产生大量的热，不可用水扑救。

1.1.5　实验室常见电器的使用方法及注意事项

在实验室工作中，除触电事故外，用电不当造成仪器设备损坏、电器火花引燃试剂等现象也时有发生，必须引起足够重视。为预防用电事故的发生，防患于未然，下面列举实验室一些常见的用电错误及电器设备操作中存在的安全隐患，希望能引以为戒。

（1）同时使用多个电器易超过用电负荷引起火灾

当实验室插座较少，而用电仪器设备较多时，在一个接线板上，或一个插座（避免使用多转换插头）上同时使用多个用电器具，非常容易造成超负荷用电而引起火灾。如果出现插座不够用时，正确的方式是在实验室用电功率满足要求的前提下，采取正确的临时布线方式解决。接线板不宜水平放置，特别是不能直接放在地面上。

（2）实验室中正确使用吹风机

在化学实验室经常需要使用吹风机，如快速干燥玻璃仪器；磨口玻璃仪器打不开时用吹风机加热磨口，使其外部膨胀而打开等。但吹风机使用的是电加热丝加热的方式，有时使用不当，也容易引起事故。

当玻璃仪器内有残留的易燃气体时，使用吹风机容易引燃气体发生烧伤；当玻璃仪器内有有机易燃液体，使用吹风机时，有机液体会滴落到吹风机中的电加热丝上，极易引起火灾或烧伤。吹风机使用完毕后，应继续吹冷风，使其内部冷却后再关闭电源。

（3）正确使用小型变压器

化学实验室经常使用小型变压器，很多时候接线比较随意，特别容易发生事故。电器设备应定期检查，使用一段时间后进行更换，防止线路老化引发事故。

在使用小型变压器时，应注意以下事项：

① 远离水源，尤其不要放在通风橱内的水龙头旁。

② 变压器功率要和电器的功率一致或者略大。

③ 变压器电源线上最好装上开关，并接好指示灯，以提醒在使用完毕后切断电源。

④ 不要在变压器旁放置可燃性物质及化学试剂。

⑤ 变压器接线柱接线应用绝缘布防护。

⑥ 关闭时应将变压器旋钮旋至 0 V，再关闭电源。

⑦ 加热圈加热时必须远离易燃物料。

（4）电动搅拌器引发燃爆事故

电动搅拌器、电磁搅拌器都是化学实验室最为常用的电动搅拌设备。电动搅拌器电机所用的电刷，转动时连续不断地产生电火花，当环境中有高浓度有机易燃蒸气或发生易燃气体泄漏时，极易引发燃爆。另外，电动搅拌器、电磁搅拌器停止搅拌时，一定要将调速旋钮调到零，再关闭开关，防止下次重新打开电源时，搅拌速度太快而突发意外，如溶剂溅出、水银温度计折断或容器破裂等。

（5）电热油浴锅易发生火灾事故

电加热套是化学实验室通常采用的加热设备。使用电热温控油浴时，温度传感器一定要置于需控温的体系中，防止无限制地加热引起危险。使用过程中要随时观察温度，防止加热失控导致事故发生。烧瓶可直接放置在电加热套内，高效方便，但一定要注意检查烧瓶是否有裂纹。另外要防止添加试剂时，试剂滴落到电加热套内，引发火灾或爆炸。

（6）电烘箱的注意事项

电烘箱的功率较大，使用前注意不要过载！要检查电路。通电后，要有人看守，防止电加热失控。电烘箱在底层安装有电阻丝，干燥容器时，防止残留有机溶剂挥发引燃发生爆炸事故。使用烘箱时注意底层的温度和上层不一样，防止温度过高而发生意外。

1.1.6 化学废弃物的危害及处理原则

化学废弃物是指在生产、科研和教学活动中产生的，已失去使用价值的气态、固态、半固态及盛装在容器内的液态化学废弃物。主要包括实验过程中产生的“三废”（废气、废液、废固）物质，实验用剧毒物品及麻醉品、药品的残留物，放射性废弃物和实验动物组织等。废气通常在实验过程中产生，并通过通风系统排放。液体废弃物主要包括无机废液混合物和有机废液混合物。固体废物主要包括合成产物、分析样品等。另外，由于保存量过大，过期及失效的化学试剂、放大实验所生成的产物等，也成为化学废弃物的重要来源。

化学废弃物对人体的危害可分为直接危害与间接危害。直接危害是指由于人们无意或不当接触化学废弃物所造成的伤害，这与化学品造成的伤害相同。有时化学废弃物的组成更为复杂，预防与治疗更为麻烦，难度也更大。间接危害是指环境中的化学废弃物，通过受污染的动植物而进入人类的食物链，在短期或长期被食用过程中进入人体累积所造成的危害。如食用被重金属污染的土壤上收获的大米、小麦等粮食，重金属超标的贝类、鱼类等水产品和海产品等及农药杀虫剂污染的水果、蔬菜等。这种伤害的治疗是一个长期的过程，需要引起足够的重视。

化学废弃物的处理原则如下：

① 不能或不便处理的废液应详细记录、统一回收、集中处置。

② 含毒废气一定要经过吸收处理；酸性或碱性气体需要中和吸收处理，避免直接排放。

③ 化学废弃物不可直接倒入下水道，或用水稀释后倒入下水道，更不可偷偷倒入河流。

④ 特殊、高危、剧毒化学废弃物一定要进行无害化处理。

⑤ 废液或固体废物不可随意丢弃、掩埋。

⑥ 洒落的化学品一定要回收，不可混入生活垃圾。

⑦ 避免购入大量试剂，造成过期、失效。

⑧ 危险化学废弃物的包装及容器必须经过妥善处置。玻璃瓶不可随意丢弃或者打碎后丢弃。

1.2 专业实验技术及分析仪器

1.2.1 常用的专业实验技术

1.2.1.1 精馏

（1）精馏原理

精馏通常在精馏塔中进行，气液两相通过逆流接触，进行相际传热传质。液相中的易挥发组分进入气相，气相中的难挥发组分转入液相，于是在塔顶可得到几乎纯的易挥发组分，塔底可得到几乎纯的难挥发组分。料液从塔的中部加入，进料口以上的塔段，把上升蒸气中易挥发组分进一步增浓，称为精馏段；进料口以下的塔段，从下降液体中提取易挥发组分，称为提馏段。从塔顶引出的蒸气经冷凝，一部分冷凝液作为回流液从塔顶返回精馏塔，其余馏出液即为塔顶产品。塔底引出的液体经再沸器部分汽化，蒸气沿塔上升，余下的液体作为塔底产品。塔顶回流入塔的液体量与塔顶产品量之比称为回流比，其大小会影响精馏操作的分离效果和能耗。

（2）基本装置

精馏在精馏装置中进行，它由精馏塔、冷凝器和再沸器等构成，图 1-1 表明了板式塔中气液两相物流。精馏塔是精馏装置的核心，板式塔中的塔板是气液两相发生接触传质的场所，填料中气液两相的接触传质则发生在润湿的填料表面，从而造成气相中易挥发组分含量沿塔上升过程中逐步增大，而液相中易挥发组分含量沿塔下降过程中逐步减小。

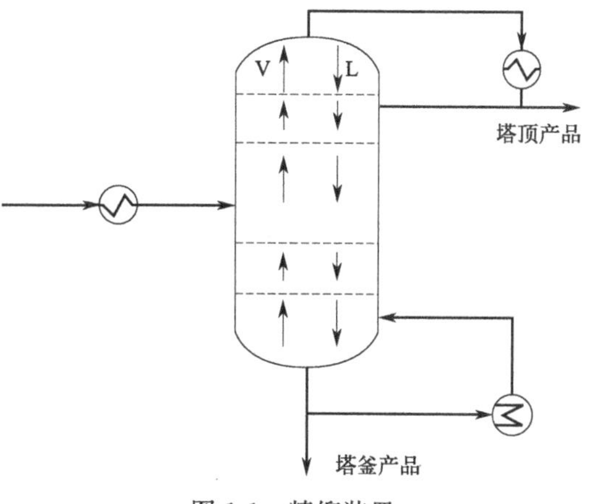

图 1-1　精馏装置

（3）操作步骤

① 原料液经预热后，送入精馏塔内。

② 进料板上与自塔上部下降的回流液体汇合后，逐板溢流，最后流入塔底再沸器中。

③ 在每层板上，回流液体与上升蒸气接触，进行热和质的传递过程。

④ 操作时，连续地从再沸器取出部分液体作为塔底产品（釜残液），部分液体汽化，产生上升蒸气，依次通过各层塔板。

⑤ 塔顶蒸气进入冷凝器中被全部冷凝，并将部分冷凝液借助重力作用（也可用泵）送回塔顶作为回流液体，其余部分经冷却器后被送出作为塔顶产品（馏出液）。

1.2.1.2　吸收

（1）吸收原理

气体混合物与适当的液体相接触，混合物中某些能溶解的组分便进入液相形成溶液，不能溶解的组分仍然留在气相，这样气体混合物就分离成两部分，这种利用溶解度的差异来分离气体混合物的操作称为吸收。吸收操作中所用的液体称为溶剂（或吸收剂），以 S 表示；混合气体中能溶解的部分称为溶质（或吸收质），以 A 表示，不能溶解的组分称为惰性组分（或载体），以 B 表示；吸收操作所得的溶液称为吸收液，排出的气体称为吸收尾气，吸收过程在吸收塔中进行。

（2）基本装置

气体吸收过程一般分为吸收和解吸，如图 1-2 所示。在气体吸收中，很多有价值的工业操作都涉及溶解的气体与液相之间的化学反应。它将促使单位体积液体所能溶解的气体量大大增加，又可降低液面上的气相平衡分压，加快液相内的反应速率，从而提高传质系数。如果反应是可逆的，则吸收了气体的溶液（富液）还可以由加热所产生的蒸气或惰性气体提馏带走所释放出来的气体，进行溶液的再生，然后重新进入吸收塔中。

（3）吸收的工业流程

无论物理吸收还是化学吸收，在化学和相关的工业部门应用都极为广泛。作为重要的分离过程之一，常有下列用途。

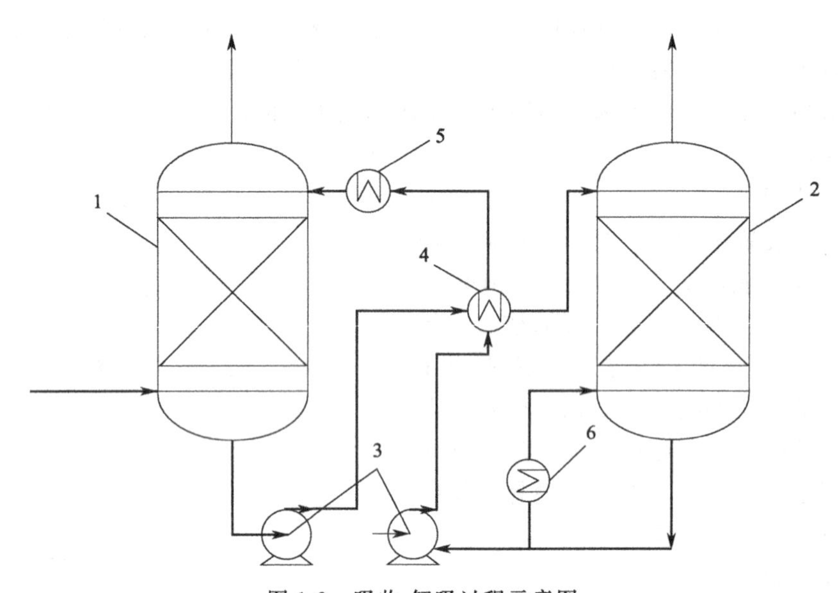

图 1-2 吸收-解吸过程示意图

1—吸收塔；2—再生塔；3—泵；4—换热器；5—水冷器；6—再沸器

① 获得产品

采用吸收剂将气体中有效组分吸收下来得到成品，吸收剂不再去解吸。例如，硫酸吸收 SO_3 制硫酸，水吸收 HCl 制盐酸，水吸收甲醛制福尔马林溶液以及氨水吸收 CO_2 制碳酸氢铵等。

② 气体混合物的分离

吸收剂选择性地吸收气体中某一组分借此达到分离的目的。例如，从焦炉气或城市煤气中分离苯，从裂化气或天然气的高温裂解气中分离乙炔，从乙醇催化裂解气中分离丁二烯等。

③ 气体净化

气体净化大致可分为两类：一类为原料气的净化，其主要目的是清除杂质，它们会使催化剂中毒或会产生副反应，例如，合成氨原料气的脱 CO_2、脱 CO 和脱 H_2S，石油气和焦炉气的脱 H_2S 以及硫酸原料气的干燥脱水等。另一类是尾气、废气的净化以保护环境，例如，燃煤锅炉烟气、冶炼废气等脱除 SO_2，硝酸尾气脱除 NO_x，磷肥生产中除去气态氟化物以及液氯生产时弛放气中脱除氯气等。

上述所说脱除的物质诸如 CO_2、H_2S、SO_2 等，回收后一般是有用的化工原料，吸收剂使用一次即弃去也不经济，所以这类吸收常伴有解吸过程。这样既保证吸收液的循环使用，又能回收有价值的产品，变废为宝。

1.2.1.3 萃取

(1) 基本原理

液液萃取（liquid-liquid extraction）也称为溶剂萃取（solvent extraction），简称萃取。液液萃取是利用溶质在互不相溶的溶剂中的溶解度差异，而实现溶质的提纯与分离。对于由溶质 A 与溶剂 B 组成的溶液，利用萃取剂 C 进行萃取。当萃取剂加入溶液中时，搅拌使溶液和萃取剂充分接触，此时溶质 A 会部分进入萃取剂 C 中，达到溶解平衡。溶质在两种溶剂之间的分配比例满足能斯特分配定律，即：$K=\frac{\text{溶质 A 在溶剂 B 中的浓度}}{\text{溶质 A 在溶剂 C 中的浓度}}$，$K$ 是一个常数，称为“分配系数”。达到分配平衡后，将两溶剂分开，然后在溶剂 B 中再加入纯溶剂 C，于是残存在溶剂 B 中的溶质 A 又会在溶剂 B 与溶剂 C 之间进行分配，这样经过若干次萃取，就可以将绝大部分溶质 A 从溶剂 B 中转移到溶剂 C 中。利用分配定律，可以计算出经过多次萃取后溶质的剩余量及萃取效率。

$$m_n=m_0\left(\frac{KV}{KV+S}\right)^n \tag{1-1}$$

$$\text{萃取效率}=\frac{m_0-m_n}{m_0} \tag{1-2}$$

式中　m_0——萃取前溶质的总质量；

m_n——萃取 n 次后溶液中剩余溶质的质量；

S——萃取剂的体积；

n——萃取次数；

K——分配系数；

V——原溶液的体积。

由式(1-2) 可知，当萃取次数足够多时，溶剂 B 中溶解的溶质 m_n 可以被忽略。在使用相同体积的溶剂进行萃取的条件下，多次萃取的效率优于单次萃取的效率，因此在萃取中始终坚持少量多次的原则。当分配系数比较大的时候，萃取次数取 3～5 次。

(2) 基本操作

常用的液液萃取操作包括：用有机溶剂从水溶液中萃取有机反应产物；用水从混合物中萃取酸、碱催化剂或者无机盐类；用稀碱或无机酸萃取有机溶液中的有机酸或有机碱。在盐湖化工中，经常用有机溶剂从盐湖卤水中萃取无机盐。

萃取时首先应注意萃取剂的选择。选择萃取剂需掌握如下主要依据：

① 萃取剂对提取物的选择性要大，而对杂质的溶解度要小，与被提取液的互溶度要小。

② 萃取剂要有适宜的相对密度和沸点，性质稳定，毒性小。

③ 对于难溶于水的物质首选石油醚。

④ 对于易溶于水的物质选用乙醚或者苯。

⑤ 对于极易溶于水的物质则可以选用乙酸乙酯。

萃取操作主要在分液漏斗中完成，具体操作步骤如下：

① 检查分液漏斗的盖子和旋塞是否严密，以防出现漏液现象。

② 将液体与萃取剂自分液漏斗上口倒入，盖好盖子，振荡漏斗，使两液层充分接触，静置片刻。一般装入的液体不要超过分液漏斗容量的 2/3，以免降低萃取效率。

③ 静置足够时间后，液体出现分层，进行分液，下层液体经旋塞放出，上层液体从上口倒出。

为确保萃取完全，可从最后一次提取液中取出少量，经干燥剂干燥后，再在表面皿上蒸发溶剂，检查是否有残留物。

萃取某些碱性或表面活性较强的物质时，常常会发生乳化现象。另外，当萃取溶剂与溶液部分互溶或它们的密度相差较小时，都会使两液层不能清晰地分层。避免出现乳化现象的方法如下：

① 较长时间静置。

② 由于萃取溶剂与溶液部分互溶而发生乳化现象时，可加入少量的电解质，利用“盐析”作用加以破坏。

当有机化合物在原有溶剂中的溶解度比在萃取溶剂中的溶解度大时，若用分液漏斗多次萃取不但效率偏低而且还需要大量的溶剂，应采用连续萃取装置，使溶液萃取后能自动流入到加热瓶中，再经汽化和冷凝变为液体，继续进行萃取，详见图 1-3。

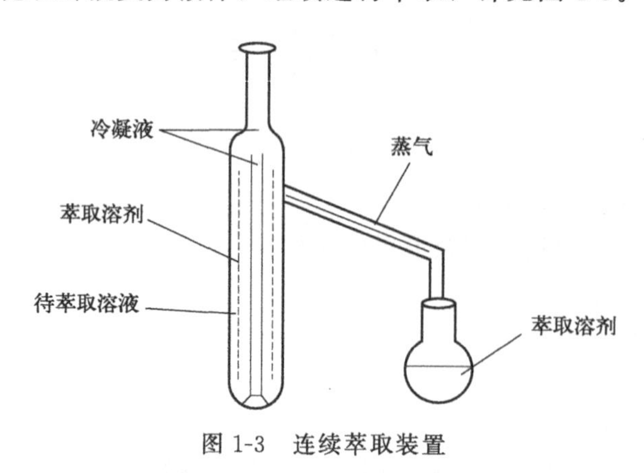

图 1-3　连续萃取装置

1.2.1.4　重结晶

(1) 重结晶原理

重结晶是纯化、精制固体物质，尤其是有机物质的一种重要手段，是将晶体溶于溶剂或熔融以后，又重新从溶液或熔体中结晶的过程。主要是利用混合物中各组分在某种溶剂中溶解度不同或在同一溶剂中不同温度时的溶解度不同而使它们相互分离。

(2) 溶剂的选择

重结晶过程中溶剂的选择较为重要，应考虑以下原则：

① 不与被提纯物质发生化学反应。

② 在较高温度时能溶解多量的被提纯物质；而在室温或更低温度时，只能溶解很少量的该种物质。

③ 对杂质溶解度非常大或者非常小（前一种情况是要使杂质留在母液中不随被提纯物晶体一同析出；后一种情况是使杂质在热过滤时被滤去）。

④ 容易挥发（溶剂的沸点较低），易与结晶分离除去。

⑤ 能得到较好的晶体。

⑥ 无毒或毒性很小，便于操作，价廉易得。

(3) 操作步骤

① 用选定的溶剂将固体加热溶解，在溶剂沸腾温度下制成近似饱和溶液。

② 若待提纯物中含有有色物质，则应优先选用合适的吸附剂进行脱色。

③ 趁热过滤，除去不溶性固体物质，操作时，注意过滤器的预热和溶液的保温，并尽可能快速过滤。

④ 大多数情况下，热过滤后的滤液冷却数分钟或数小时后，便有晶体析出。析出晶体的纯度与晶体颗粒的大小有关，颗粒的大小又取决于冷却速度，通常冷却速度越慢，得到的晶体颗粒越大，纯度也越高。

⑤ 结晶完全后，可通过减压过滤收集晶体并干燥。

(4) 三种诱导结晶法

对于一些溶液冷却后已经形成饱和溶液但未出现结晶，通常可以采用诱导结晶的方法获得平衡。常用的方法有扰动法、种晶法、低温冷却法。

① 扰动法：用玻璃棒摩擦液面以下的器壁，是一种应用最广的诱导结晶法。

② 种晶法：向饱和溶液中加入相同物质的结晶，这样在溶液中就有了一定量的晶核，从而可以诱导结晶。这种方法可以成功地分离其他方法难以分离的混合物。

③ 低温冷却法：溶液在低温下冷却，有利于晶核的生成，但不利于晶体的生长。因此，一旦有晶体出现，应立即移出冷浴，使温度回升，以获得较好的晶体。

1.2.1.5 膜分离

(1) 膜分离原理

膜分离是利用天然或者人工制备的、具有选择透过性的薄膜对双组分或者多组分液体或气体进行分离、提纯或富集。当膜两侧存在某种推动力时，原料侧组分选择性地透过膜，以达到分离的效果。推动力有两种：一种是通过外界能量，物质由低位向高位流动；另一种是通过化学位差，物质发生由高位向低位的流动。

描述膜渗透机理的主要模型如下：

① 溶解-扩散模型：用于液体膜、均质膜或非对称膜表皮层内的物质传递。在推动力作用下，渗透物质先溶解进入膜的上游侧，然后扩散至膜的下游侧，扩散是控制步骤。例如气体的渗透分离过程中，推动力是膜两侧渗透物质的分压差。根据亨利定律时，组分的渗透率是组分在膜中的扩散系数和溶解度系数的乘积。混合气体的分离依赖于各组分在膜中渗透率的差异。溶解-扩散模型用于渗透蒸发（又称汽渗，上游侧为溶液，下游侧抽真空或用惰性气体携带，使透过物质汽化而分离）时，还须包括膜的气液界面上各组分的热力学平衡关系。

② 优先吸附-毛细管流动模型：由于膜表面对渗透物的优先吸附作用，在膜的上游侧表面形成一层该物质富集的吸附液体层。然后，在压力作用下通过膜的毛细管，连续进入产品溶液中。此模型能描述多孔膜的反渗透过程。

从不可逆热力学导出的模型、膜分离过程通常不只依赖于单一的推动力，而且还有伴生效应（如浓差极化）。不可逆热力学唯象理论统一关联了压力差、浓度差、电位差对传质通量的关系，采用线性唯象方程描述这种具有伴生效应的过程，并以配偶唯象系数描述伴生效应的影响。

(2) 膜材料

膜材料的化学性质和膜的结构对膜分离的性能起着决定性的影响。对膜材料的要求是具有良好的成膜性、热稳定性、化学稳定性、耐酸碱、耐微生物侵蚀和耐氧化性能。

根据材料的不同，可分为无机膜和有机膜。无机膜主要是陶瓷膜和金属膜，其过滤精度较低，选择性较小。有机膜是由高分子材料制成的，如醋酸纤维素、芳香族聚酰胺、聚醚砜、含氟聚合物等。

制备无机膜的材料主要是金属、金属氧化物、陶瓷、玻璃以及沸石等无机材料。与有机膜材料相比，无机膜具有孔径分布较窄、孔径容易控制、化学稳定性好、通量较大、使用周期较长等优点，但也存在种类较少、力学性能高、膜较脆易碎等缺点。

有机膜材料也称为聚合物膜材料，通过对聚合物或膜表面进行改性，使膜具有所需的特性。纤维素膜材料是应用最早的，也是目前应用最多的，主要用于反渗透、超滤、微滤。芳香聚酰胺类和杂环类主要用于反渗透。聚酰亚胺由于其可耐高温、抗化学试剂，已用于超滤膜、反渗透膜、气体分离膜的制造。聚砜类由于其性能稳定、力学性能优良，可用作许多复合膜的支撑材料。

（3）技术特点

膜分离过程是一个高效、环保的分离过程，是多学科交叉的高新技术，在物理、化学和生物性质上呈现出各种各样的特性，具有较多的优势。它与传统过滤的不同在于，膜可以在分子范围内进行分离，并且这是一种物理过程，不发生相的变化也不需添加助剂。

膜的孔径一般为微米级，依据其孔径（或称为截留分子量）的不同，可将膜分为微滤膜、超滤膜、纳滤膜和反渗透膜。

① 微滤（MF）又称微孔过滤，它属于精密过滤，其基本原理是筛孔分离过程。微滤膜的材质分为有机和无机两大类，有机膜材料有醋酸纤维素、聚丙烯、聚碳酸酯、聚砜、聚酰胺等，无机膜材料有陶瓷和金属等。鉴于微孔滤膜的分离特征，微孔滤膜的应用主要是从气相和液相中截留微粒、细菌以及其他污染物，以达到净化、分离、浓缩的目的。

对于微滤而言，膜的截留特性是以膜的孔径来表征的，通常孔径范围为0.02～10 μm，故微滤膜能对大直径的菌体、悬浮固体等进行分离。可用于一般料液的澄清、过滤、除菌。

② 超滤（UF）是介于微滤和纳滤之间的一种膜过程，膜孔径在1 nm～0.05 μm之间。超滤是一种能够将溶液净化、分离、浓缩的膜分离技术，超滤过程通常可以理解成与膜孔径大小相关的筛分过程。以膜两侧的压力差为驱动力，以超滤膜为过滤介质，在一定的压力下，当水流过膜表面时，只允许水及比膜孔径小的小分子物质通过，达到溶液净化、分离、浓缩的目的。

对于超滤而言，膜的截留特性是以对标准有机物的截留分子量来表征的，通常截留分子量范围为1000～300000，故超滤膜能对大分子有机物（如蛋白质、细菌）、胶体、悬浮固体等进行分离，广泛应用于料液的澄清、大分子有机物的分离纯化、除热原。

③ 纳滤（NF）是介于超滤与反渗透之间的一种膜分离技术，孔径为几纳米，因此称纳滤。基于纳滤分离技术的优越特性，其在制药、生物化工、食品工业等诸多领域显示出广阔的应用前景。

对于纳滤而言，膜的截留特性是以对标准NaCl、$MgSO_4$、$CaCl_2$溶液的截留率来表征的，通常截留率范围在60%～90%，相应截留分子量范围在80～1000，故纳滤膜能对小分子有机物等与水、无机盐进行分离，实现脱盐与浓缩的同时进行。

④ 反渗透（RO）是利用反渗透膜只能透过溶剂（通常是水）而截留离子物质或小分子物质的选择透过性，以膜两侧静压为推动力，而实现对液体混合物分离的膜过程。反渗透是膜分离技术的一个重要组成部分，因具有产水水质高、运行成本低、无污染、操作方便、运行可靠等诸多优点，而成为海水和苦咸水淡化以及纯水制备的最节能、最简便的技术。反渗透技术已广泛应用于医药、电子、化工、食品、海水淡化等诸多行业，成为现代工业中首选的水处理技术。

反渗透的截留对象是所有离子，仅让水透过膜，对氯化钠的截留率在98%以上，出水为去离子水。反渗透法能够去除可溶性的金属盐、有机物、细菌、胶体粒子、发热物质。反渗透膜在生产纯净水、软化水、去离子水及产品浓缩、废水处理方面应用广泛，如垃圾渗滤液的处理。

1.2.2　专业实验常用的分析仪器

1.2.2.1　气相色谱仪

气相色谱法是利用气体作流动相的色谱分离分析方法。汽化的试样被载气（流动相）带入色谱柱中，柱中的固定相与试样中各组分分子作用力不同，各组分从色谱柱中流出时间不同，组分彼此分离。采用适当的鉴别和记录系统，制作出标有各组分流出色谱柱的时间和浓度的色谱图。根据图中标明的出峰时间和顺序，可对化合物进行定性分析；根据峰的高低和面积大小，可对化合物进行定量分析。该方法具有效能高、灵敏度高、选择性强、分析速度快、应用广泛、操作简便等特点，适用于易挥发性有机化合物的定性、定量分析。对非挥发性的液体和固体物质，可通过高温裂解，汽化后进行分析。

（1）气相色谱仪的结构及组成

气相色谱仪主要由气路系统、进样系统、分离系统、检测系统、记录系统以及温度控制系统等部分组成，其结构示意图如图1-4所示。在工作时，载气由钢瓶供给，经过减压阀减压和净化器净化后，调节至所需流速，随后进入气相色谱仪。载气在流经汽化室时，会携带样品进入色谱柱进行分离。分离后的组分依次流入检测器，检测器会根据物质的浓度或质量的变化将其转化为相应的响应信号。这些信号经过放大后，在记录仪上记录下来，最终得到色谱流出曲线。

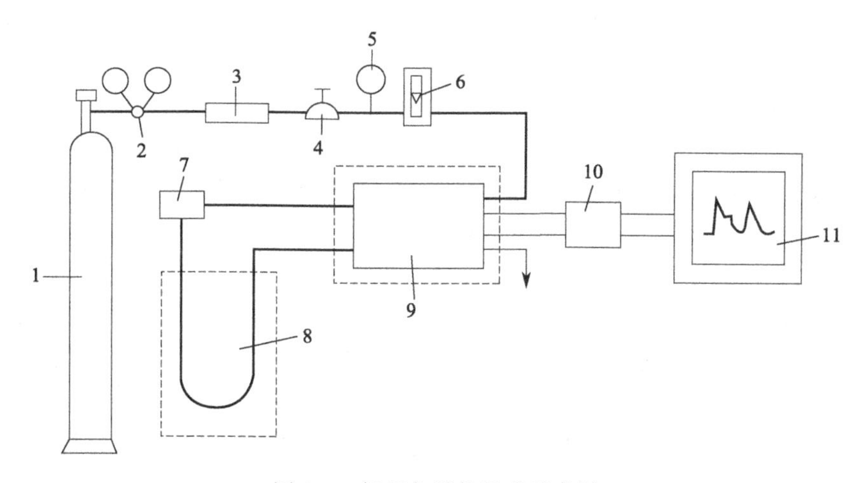

图1-4　气相色谱仪组成示意图

1—载气钢瓶；2—减压阀；3—净化器；4—稳压阀；5—压力表；6—转子流量计；7—进样器；8—色谱柱；9—检测器；10—放大器；11—记录仪

① 气路系统　气路系统包括气源、气体净化、气体流速控制和测量。其作用是提供稳定而可调节的气流，以保证气相色谱仪的正常运转。

② 进样系统　进样系统包括进样器及汽化室，其作用是定量引入样品并使其瞬间汽化。

③ 分离系统　分离系统由填充柱或毛细管柱与柱温箱组成。

④ 检测系统　检测系统由检测器与放大器等组成，可连接各种检测器，如热导检测器、氢火焰离子化检测器、电子捕获检测器、火焰光度检测器等。

⑤ 记录系统　记录系统的作用是采集并处理检测系统输出的信号以及显示和记录色谱

分析结果，主要包括记录仪，有的色谱仪还配有数据处理器。

⑥ 温度控制系统　色谱柱的柱温箱、汽化室和检测器都要加热和控温，因三者要求的温度不同，故需三套不同的温控装置。

(2) 气相色谱仪操作条件的选择

气相色谱仪操作条件的选择是否恰当，往往决定了分离目标能否实现，而选择这些实验条件的主要依据则是范氏方程以及分离度与各种色谱参数之间的关系式。

① 柱长及柱内径的选择　增加柱长可以使理论塔板数增大，从而提高分离效能。然而，如果柱长过长，分析时间会增加，峰宽也会加大，反而会导致总分离效能下降。因此，在一般情况下，只要满足所需的分离度，应尽可能选择短而窄的色谱柱。

② 载气及流速的选择　载气种类影响峰展宽、柱压降和检测器灵敏度。根据范氏方程，载气流速低时，宜用分子量大的载气如 N_2；流速高时，宜用分子量小的载气如 H_2 或 He，以提高柱效。载气流速影响分离效率和分析时间，为缩短时间，常选稍高于最佳流速，虽柱效略降但省时，常用载气流速为 20～80 mL/min。考虑到检测器灵敏度，热导检测器宜用 H_2 或 He，氢火焰离子化检测器宜用 N_2。

③ 柱温的选择　柱温是影响分离效能和分析时间的关键因素，它主要影响分配系数、容量因子以及组分在流动相和固定相中的扩散系数。在选择柱温时，一般原则是，在保证难分离物质达到所需分离度的前提下，尽可能采用较低的柱温。这样做的好处包括增加固定相的选择性、降低组分在流动相中的纵向扩散、提高柱效、减少固定液的流失、延长色谱柱的使用寿命以及降低检测器的本底噪声。对于宽沸程样品，为了获得最佳分离效果，通常采用程序升温法，即按照预先设定的程序，使柱温随时间线性或非线性地增加。

④ 进样量的选择　进样量的多少对谱带的初始宽度有着直接的影响。因此，在检测器灵敏度足够高的前提下，进样量越少越有利于实现良好的分离效果。一般来说，色谱柱越长、管径越粗、组分的容量因子越大，所允许的进样量越大。通常，对于填充柱而言，气体样品的进样量在 0.1～1 mL 之间，而液体样品的进样量则在 0.1～1 μL 之间，最大不应超过 4 μL。此外，为了减少纵向扩散并提高柱效，进样速度要快，进样时间也要尽可能短。

⑤ 汽化温度的选择　汽化温度的选择受样品挥发性、沸点范围及进样量等多重因素影响。若汽化温度选择不当，可能会导致柱效下降。通常，汽化室的温度应设定为样品沸点或略高于沸点，以确保样品能够瞬间汽化。然而，温度不应超过沸点 50 ℃以上，以防止样品发生分解。对于一般的气相色谱分析，汽化温度通常比柱温高出 10～50 ℃即可。

1.2.2.2 高效液相色谱仪

高效液相色谱法（high performance liquid chromatography，HPLC）是在经典色谱法的基础上，引用了气相色谱法的理论，在技术上，流动相改为高压输送（最高输送压力可达 29.4 MPa）。色谱柱以特殊的方法用小粒径的填料填充而成，从而使柱效大大高于经典液相色谱（每米塔板数可达几万或几十万）；同时柱后连有高灵敏度的检测器，可对流出物进行连续检测。高效液相色谱法分析对象广，它只要求样品能制成溶液，而不需要汽化，因此不受样品挥发性的约束，更适用于不易挥发、热稳定性差、分子量大的高分子化合物以及离子型化合物的分析检测。

(1) 高效液相色谱仪的结构及组成

高效液相色谱仪主要由高压输液系统、进样系统、分离系统、检测系统和数据处理系统等部分组成，其结构示意图如图 1-5 所示。高效液相色谱仪工作时，高压泵将储罐中的流动相吸入色谱系统，并输出至进样器。被测物由进样器注入，并随流动相通过色谱柱进行分离。分离后的组分进入检测器，检测信号由数据处理系统采集与处理，并记录色谱图，废液进入收集器。

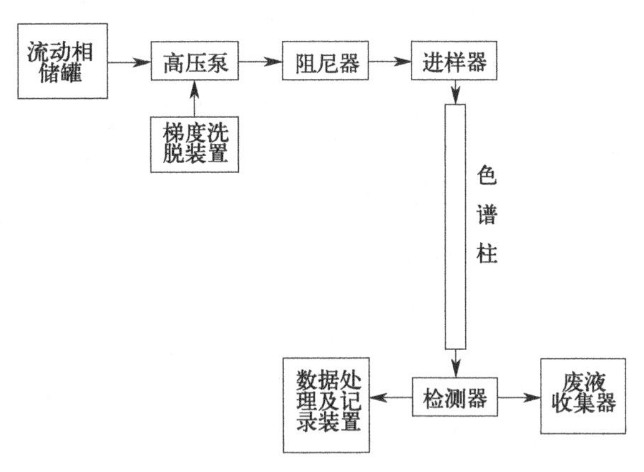

图 1-5　高效液相色谱仪示意图

① 高压输液系统　高压输液系统包含流动相、高压泵和梯度洗脱装置等。高压流动相通过色谱柱时，能降低样品扩散，加快移动速度，有利于提高分辨率、回收样品和保持样品的生物活性。梯度洗脱装置可根据固定相和样品性质调整流动相，如改变极性、离子强度、pH 值或使用竞争性抑制剂、变性剂等。

② 进样系统　进样系统是将待分析样品引至色谱柱的关键装置，兼具取样和进样功能。HPLC 进样系统的性能直接影响分析结果的稳定性和数据准确度。因此，进样装置需具备良好密封性、极小的死体积和高度重复性。在 HPLC 中，进样方式常分为阀进样（如六通阀）和自动进样，后者特别适用于处理大量样品。

③ 分离系统　色谱柱作为色谱系统的核心，要求具备高效、高选择性和快速分析等特点。目前，HPLC 常用的微粒填料包括多孔硅胶、硅胶键合相、氧化铝、有机聚合物微球（含离子交换树脂）以及多孔碳等，这些填料的粒度通常为 3 μm、5 μm、7 μm、10 μm 等。为了在分析过程中控制样品的解离，常使用缓冲液来调节流动相的 pH 值。

④ 检测系统　检测器是 HPLC 仪的三大核心部件（高压输液泵、色谱柱、检测器）之一，负责将洗脱液中组分的质量浓度转换为电信号。HPLC 的检测器需具备高灵敏度、低噪声、宽线性范围、良好重复性和广泛应用性。在 HPLC 中，检测器主要分为两类：专用型检测器，仅对被分离组分的特定物理或化学特性有响应，如紫外检测器、荧光检测器、电化学检测器；通用型检测器，对试样和洗脱液的整体物理或化学性质有响应，如蒸发光散射检测器、示差折光检测器。

⑤ 数据处理系统　数据处理系统可对测试数据进行采集、储存、处理、显示、打印等操作，使样品的分离、制备或鉴定工作能正确开展。

（2）高效液相色谱法的特点

① 高压　液相色谱法采用液体作为流动相，当液体流经色谱柱时，会遇到较大的阻力。为了确保液体能够迅速通过色谱柱，必须对载液施加高压，通常压力范围可达 15～35 MPa。

② 高速　流动相在柱内的流速相较于经典色谱有显著提升，通常可达到 1～10 mL/min。因此，高效液相色谱法所需的分析时间大幅缩短，一般少于 1 h。

③ 高效　近年来，研究出了许多新型固定相，使得高效液相色谱法的分离效率得到了显著提升。

④ 灵敏度高　高效液相色谱法现已广泛采用高灵敏度的检测器，从而进一步提升了分析的灵敏度。例如，荧光检测器的灵敏度可达到 10^{-11} g。此外，该方法所需的样品量极小，通常仅需几微升。

⑤ 应用范围广　与高效液相色谱法相比，气相色谱法虽具备诸多优点，但受限于技术条件，难以分析沸点过高或热稳定性差的物质。高效液相色谱法不受试样挥发性限制，适用于高沸点、热稳定性差、分子量大的有机物。据统计，气相色谱法适用的化合物约占30%，而高效液相色谱法适用的则占70%～80%。

1.2.2.3　色谱-质谱联用

色谱-质谱联用技术是分离并分析复杂物质的一种理想方法。色谱作为一种强大的分离手段，能够将微量多组分样品有效分离为单一组分，并测得各组分的相对含量，然而，对分离出的各组分进行明确鉴定却颇具挑战。相反，质谱在分离混合物时面临困难，但对于纯化合物的定性及结构鉴定却极为有效。因此，色谱与质谱的联用不仅能充分发挥两者的优势，还能有效弥补各自的不足。当前，色谱-质谱联用已成为有机质谱研究的一个重要领域。其中，气相色谱-质谱（GC-MS）和液相色谱-质谱（LC-MS）等联用技术尤为突出。然而，这些技术面临的主要问题是如何解决与质谱相连的接口问题，以及如何实现相关信息的高速获取与有效存储。

（1）气相色谱-质谱联用

GC-MS作为分析仪器中较早实现联用技术的设备，在分析中能够同步进行色谱分离和质谱数据采集。该技术不仅具备出色的定性鉴定能力，还融合了色谱技术的卓越分离性能，使得能够对复杂样品进行准确的定性和定量分析。在GC-MS分析中，常用的定性方法是将样品中的物质与标准谱库中的物质进行比对，而定量方法则可以采用外标法、内标法以及归一化法等多种方法。当一个混合物样品被注入色谱仪后，它会在色谱柱上进行分离，并经过一系列过程最终形成色谱峰，这个图谱称为总离子流色谱图（TIC）。当某组分的色谱峰即将达到峰顶时，会触发质谱仪开始扫描，从而获得该组分的质谱图。因此，气相色谱-质谱联用技术在药物分析、食品安全分析以及环境监测等众多领域都发挥着至关重要的作用。

（2）液相色谱-质谱联用

LC-MS联用技术是以液相色谱作为分离系统，质谱作为检测系统的一种高效分析手段。在该技术中，样品首先在液相色谱部分进行分离，随后被离子化，并按照质荷比的大小在质谱的质量分析器中依次分开，最终由检测器接收并转化为质谱图。LC-MS联用技术充分体现了色谱和质谱的优势互补，将色谱的高分离能力与质谱的高选择性、高灵敏度以及能够提供分子量与结构信息的优点完美结合，成为复杂体系样品分析的一种重要手段。其基本过程包括：样品通过液相色谱的进样口注入，经色谱柱分离后进入接口，在接口中由液相中的离子或分子转变成气相中的离子，随后被聚焦于质量分析器中并根据质荷比进行分离，最后由检测器接收并将离子信号转变为电信号，传送至计算机数据处理系统进行进一步的分析和处理。

1.2.2.4　普通光学显微镜

普通光学显微镜是一种常见的实验室工具，用于放大微小物体并观察其细节结构。它利用光学原理，把肉眼不能分辨的微小物体放大成像，以供人们提取微细结构信息。普通光学显微镜原理图如图1-6所示。

（1）组成结构

光学显微镜包括光学系统和机械装置两大部分，而数码显微镜还包括数码摄像系统，现分述如下：

① 机械装置

a. 机架是显微镜的主体部分，包括底座和弯臂。

b. 目镜筒位于机架上方，靠圆形燕尾槽与机架固定，目镜插在其上。根据是否有摄像功能，可分为双目镜筒和三目镜筒；根据瞳距的调节方式不同，可分为铰链式和平移式。

c. 物镜转换器是一个旋转圆盘，上有3～5个孔，分别装有低倍或高倍物镜镜头。转动物镜转换器可以让不同倍率的物镜进入工作光路。

d. 载物台是放置玻片的平台，其中央具有通光孔。台上有一个弹性的标本夹，用来夹住载玻片。右下方有移动手柄，使载物台面可在XY双方向进行移动。

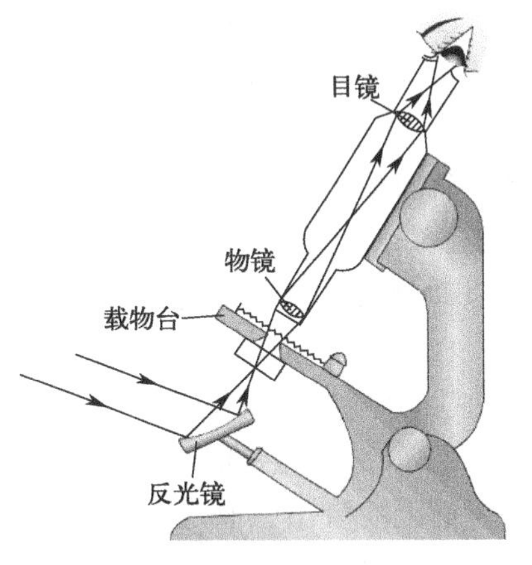

图1-6 普通光学显微镜原理

e. 调焦机构，利用调焦手轮可以驱动调焦机构，使载物台做粗调和微调的升降运动，从而使被观察物体对焦清晰成像。

f. 聚光器安装在聚光器调节机构上，调节螺旋可以使聚光器升降，用以调节光线的强弱。

② 光学系统

a. 目镜是插在目镜筒顶部的镜头，由一组透镜组成，可以使物镜成倍地分辨、放大物像，例如10×、15×等。按照所能看到的视场大小，目镜可分为视场较小的普通目镜和视场较大的大视场目镜（或称广角目镜）两类。较高档显微镜的目镜上还装有视度调节机构，操作者可以方便快捷地对左右眼分别进行视度调整。此外，在目镜上可以加装测量分划板，测量分划板的像总能清晰地调焦在标本的焦面上。并且，为了防止目镜被取走以及减小运输过程中被损坏的可能性，目镜可以被锁定。

b. 物镜安装在转换器的孔上，也是由一组透镜组成的，能够把物体清晰地放大。物镜上刻有放大倍数，主要有10×、40×、60×、100×等。高倍物镜中多采用浸液物镜，即在物镜的下表面和标本片的上表面之间填充折射率为1.5左右的液体（如杉木油），它能显著地提高显微观察的分辨率。

c. 光源有卤素灯、钨丝灯、汞灯、荧光灯、金属卤化物灯等。

d. 聚光器包括聚光镜、孔径光阑。聚光镜由透镜组成，它可以集中透射过来的光线，使更多的光能集中到被观察的部位。孔径光阑可控制聚光器的通光范围，用于调节光的强度。

③ 数码摄像系统

数码摄像系统包括摄像头、图像采集卡、软件、微机。

④ 显微镜的性能参数

显微镜的性能参数包括数值孔径、分辨率、放大率和焦点深度。

a. 数值孔径（NA）是物镜和被检样品之间介质的折射率（n）与物镜所接收的光锥顶角的一半α（半孔径角）正弦的乘积。$NA=n\sin\alpha$（香柏油$n=1.52$）。NA越大，显微镜的显微收光能力和空间分辨率越强。

b. 分辨率指显微镜能够分辨出的相邻两个物点的最短距离（R）。$R=0.61\lambda/NA$，显微镜的分辨距离越小，显微镜分辨能力越强。

c. 放大率指显微镜将物体放大多少倍的能力。通常用物镜放大率、目镜放大率及摄像透镜放大率三者的乘积表示。

d. 焦点深度：在显微镜的光轴上有一段距离范围内物体被看得清晰，超出这段距离的物体就模糊不清，这段距离位于显微镜焦点上下很小的范围之内，这段距离的上下限叫焦点深度。焦点深度的大小直接影响显微镜的观察效果。

e. 物镜的数值孔径与分辨率成反比。焦点深度与物镜的数值孔径和总放大率成反比。

(2) 光学显微镜的维护

① 必须熟练掌握并严格执行使用规程。

② 取送显微镜时一定要一手握住弯臂，另一手托住底座。显微镜不能倾斜，以免目镜从镜筒上端滑出。取送显微镜时要轻拿轻放。

③ 观察时，不能随便移动显微镜的位置。

④ 凡是显微镜的光学部分，只能用特殊的擦镜纸擦拭，不能乱用他物擦拭，更不能用手指触摸透镜，以免汗液沾污透镜。

⑤ 保持显微镜的干燥、清洁，避免灰尘、水及化学试剂的沾污。

⑥ 转换物镜镜头时，不能扳动物镜镜头，只能转动转换器。

⑦ 切勿随意转动调焦手轮。使用微动调焦旋钮时，用力要轻，转动要慢，转不动时不要硬转。

⑧ 不得任意拆卸显微镜上的零件，严禁随意拆卸物镜镜头，以免损伤转换器螺口，或螺口松动后使低高倍物镜转换时不齐焦。

⑨ 使用高倍物镜时，勿用粗动调焦手轮调节焦距，以免移动距离过大，损伤物镜和玻片。

⑩ 用毕送还前，必须检查物镜镜头上是否沾有水或试剂，如有则要擦拭干净，并且要把载物台擦拭干净，然后将显微镜放入箱内，并注意锁箱。

1.2.2.5 超净工作台

超净工作台原理是在特定的空间内，室内空气经预过滤器初滤，由小型离心风机压入静压箱，再经空气高效过滤器二级过滤，从空气高效过滤器出风面吹出的洁净气流具有一定和均匀的断面风速，可以排除工作区原来的空气，将尘埃颗粒和生物颗粒带走，以形成无菌的高洁净工作环境。其电路原理如图 1-7 所示。

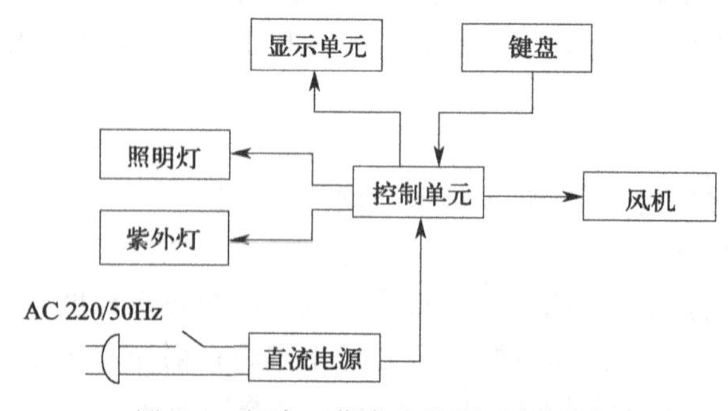

图 1-7 超净工作台电路原理方框图

(1) 分类

超净工作台根据气流的方向分为垂直流超净工作台（vertical flow clean bench）和水平

流超净工作台（horizontal flow clean bench）。垂直流工作台由于风机在顶部所以噪声较大，但是风垂直吹，多用在医药工程行业，保证人的身体健康；水平流工作台噪声比较小，风向往外吹，所以多用在电子行业，对身体健康影响不大。根据操作结构分为单边操作及双边操作两种形式；按其用途又可分为普通超净工作台和生物（医药）超净工作台；按操作人员数分为单人工作台和双人工作台；按结构分为常规型和新型推拉以及自循环型（仅限垂直流）。

（2）特点

① 操作方便，工作效率，预备时间短，开机 10 min 以上即可操作。

② 设预过滤器的高效空气过滤系统。在工厂化生产中，接种工作量很大，需经常长久地工作时，超净台是很理想的设备。超净台由三相电机作鼓风动力，功率 145～260 W，将空气通过由特定的微孔泡沫塑料片层叠合组成的“超级滤清器”后吹送出来，形成连续不断的无尘无菌的超净空气层流，即所谓“高效的特殊空气”，它除去了大于 0.3 μm 的尘埃、真菌和细菌孢子等。

③ 采用可调风量风机系统，轻触型开关及双速调节电压大小，可保证工作区风速始终处于理想状态。净空气的流速为 24～30 m/min，可以防止附近空气可能袭扰而引起的污染，这样的流速也不会妨碍采用酒精灯或本生灯对器械等的灼烧消毒。

（3）注意事项

① 超净台电源多采用三相四线，其中有一零线，连接机器外壳，应接牢在地线上，另外三线都是相线，工作电压是 380 V。三线接入电路中有一定的顺序，如线头接错了，风机会反转，这时声音正常或稍不正常，超净台正面无风（可用酒精灯火焰观察，不宜久试），应及时切断电源，只将其中任何两相的线头交换一下位置再接上，就可解决。三相线如只接入两相，或三相中有一相接触不良，则机器声音很不正常，应立即切断电源仔细检修，否则会烧毁电机。这些常识应在开始使用超净台时就了解清楚，避免造成事故与损失。

② 超净台进风口在背面或正面的下方，金属网罩内有一普通泡沫塑料片或无纺布，用于阻拦大颗粒尘埃，应常检查、拆洗，如发现泡沫塑料老化，应及时更换。除进风口以外，如有漏气孔隙，应当堵严，如贴胶布、塞棉花、贴胶水纸等。工作台正面的金属网罩内是超级滤清器，超级滤清器也可更换，如使用年久、尘粒堵塞、风速减小，不能保证无菌操作时，则可换上新的。

③ 超净台使用寿命的长短与空气的洁净度有关。在温带地区超净台可在一般实验室使用，然而在热带或亚热带地区，或多粉尘的地区，超净台则宜放在有双道门的室内使用。任何情况下不应将超净台的进风罩对着敞开的门或窗，以免影响滤清器的使用寿命。

④ 无菌室应定期用 70%酒精或 0.5%苯酚喷雾降尘和消毒，用 2%苯扎氯铵抹拭台面和用具（70%酒精也可），用福尔马林（40%甲醛）加少量高锰酸钾定期密闭熏蒸，配合紫外线灭菌灯（每次开启 15 min 以上）等消毒灭菌手段，以使无菌室经常保持高度的无菌状态。接种箱内部也应装有紫外线灯，使用前开灯 15 min 以上照射灭菌，但凡是照射不到之处仍是有菌的。在紫外线灯开启时间较长时，可激发空气中的氧分子缔合成臭氧分子，这种气氛有很强的杀菌作用，可以对紫外线没有直接照到的角落产生灭菌效果。由于臭氧有碍健康，在进入操作之前应关掉紫外线灯，十多分钟后即可入内。

⑤ 在超净工作台上亦可吊装紫外线灯，但应装在照明灯罩之外，并错开照明灯的排列，这样在工作时不妨碍照明。若将紫外线灯装入照明灯罩（玻璃板）里面，则毫无用处，因为紫外线不能穿透普通硅酸盐玻璃，因此紫外线灯管用的是石英玻璃。

⑥ 接种室内力求简洁，凡与本室工作无直接关系的物品一律不能放入，以保持无菌状态。接种室内的空气与外界空气应绝对隔绝，预留的通气孔道应尽量密闭。通气孔道可设上下气窗，气窗面积宜稍大，需覆上 4 层纱布作简单滤尘。在一天工作之后，可开窗充分换气，然后再予以密闭。覆在通气窗上的纱布应经常换洗。

1.3 实验设计与数据处理

实验设计与数据处理是以数理统计理论专业知识和实践经验为基础，为获得可靠的实验结果和有用信息，科学安排实验的一种方法，可对所得实验数据和结果进行分析，从而减少实验次数、缩短实验周期、迅速优化实验方案并获得最可靠的实验结果。掌握实验设计与数据处理的基本原理和方法，制定合理的实验方案，正确地处理和分析实验数据，能够更好地实现实验教学目的，帮助学生扎实地掌握教学内容，有效提高教学效果。

1.3.1 实验设计的原则与方法

根据实验项目要求的实验内容，拟定一个具体的实验安排表来指导实验的进程。化学工程与工业生物工程专业实验通常涉及多变量多水平的实验设计，不同变量和不同水平所构成的实验点在操作过程中的位置不同，对实验结果也有不同的影响，因此合理安排和组织实验，用最少的实验获取有价值的实验结果，成为实验设计的主要内容。实验设计需要遵循一些原则，如对照原则、重复原则、随机原则、均衡原则等。

（1）实验设计的原则

① 对照原则：空白对照、标准对照、实验对照。

② 重复原则：即研究对象要有一定的数量，或者说样本含量应足够。

③ 随机原则：即应保证每个实验对象都有同等机会进入实验或接受某种处理。

④ 均衡原则：即各处理组非实验因素条件基本一致，以消除其影响。

（2）常用的实验设计方法

实验设计方法的发展经历了从经验向科学的发展过程，常见的实验设计方法主要有：完全随机设计、配对（伍）设计、正交实验设计、拉丁方设计等。这里主要介绍几种常用的实验设计。

① 完全随机设计

将实验对象随机分配至两个或多个处理组进行实验观察，又称单因素设计、成组设计。这种方法是把实验对象随机分配给处理（自变量）的各水平，每个实验对象只接受一个水平的处理。其特点是一个自变量有两个或两个以上水平（$P \geqslant 2$），其变异的控制是随机化方式。优点是操作简单、应用广泛；缺点是效率低，只能分析单因素效应。

② 配对（伍）设计

将受试对象配对或配伍，以消除非实验因素的影响。配对设计又称随机区组设计。配对有自身配对和不同个体配对，配伍实际上是配对的拓展。优点是所需样本数和效率均高于成组设计，而且很好地控制了混杂因素的作用，但配对条件不易满足。

该方法是先将受试对象在无关变量上进行匹配，然后将它们随机分配给不同的实验处理。其特点是分离无关变量，一个自变量有两个或两个以上水平（$P \geqslant 2$），一个无关变量也有两个或多个水平（$n \geqslant 2$），且自变量与无关变量之间没有交互作用。假设各处理水平总体平均数无差异，则各区组总体平均数也无差异。

③ 正交实验设计

正交实验设计是研究多因素多水平的一种设计方法，它是根据正交性从全面实验中挑选出部分有代表性的点进行实验，这些有代表性的点具有“均匀分散，齐整可比”的特点。正交实验设计是一种高效率、快速、经济的实验设计法。

以往需要自己进行表的设计，目前可从网络直接下载正交实验设计软件，在使用此软件前要做好以下准备。

a. 确定各因素的水平数：根据研究目的，一般二水平（有、无）可作因素筛选用，也适用于实验次数少、分批进行的研究；三水平可观察变化趋势，选择最佳搭配；多水平能一次满足实验要求。

b. 选定正交表：日本著名的统计学家田口玄一将正交实验选择的水平组合列成表格，称为正交表，用 $L_n(t^c)$ 表示，L 为正交表的代号，n 为实验的次数，t 为水平数，c 为因素个数。如 $L_9(3^4)$，表示需做 9 次实验，最多可观察 4 个因素，每个因素均为 3 水平。

④ 其他实验设计方法

a. 交叉设计：交叉设计是在配对设计基础上再加入时间因素，可分析在不同阶段的效应。

b. 拉丁方设计：当分析的因素有三个，而且处理或控制的水平数相等时，可以考虑用拉丁方设计。拉丁方设计实验中使用较少的受试对象，但各组间有较高的均衡性，因此统计效率较高。

1.3.2 数据记录、处理与分析

对实验过程所观测的数据进行科学的分析和处理，获得研究对象的变化规律，达到不同实验的目的，是进行实验研究的最终目的。实验结果处理不当会对前面所有实验过程造成全面的否定。

1.3.2.1 数据记录

（1）有效数字

实验仪器所标出的刻度精确程度总是有限的。例如 50 mL 量筒，最小刻度为 1 mL，在两刻度间可再估计一位，所以，实际测量能读到 0.1 mL，如 34.5 mL 等。若为 50.0 mL 滴定管，最小刻度为 0.1 mL，再估计一位，可读至 0.01 mL，如 16.78 mL 等。总之，在 34.5 mL 与 16.78 mL 这两个数字中，最后一位是估计出来的，是不准确的。通常把只保留最后一位不准确数字，而其余数字均为准确数字的这种数字称为有效数字。也就是说，有效数字是实际上能测量到的数字。

有效数字不仅表示量的大小，而且反映了所用仪器的准确程度。例如，“取 2.5 g NaCl”，不仅说明 NaCl 质量为 2.5 g，而且表明用精确度为 0.1 g 的台秤称就可以了。若是“取 2.5000 g NaCl”，则表明一定要在分析天平上称取。所以，记录测量数据时，不能随便乱写，不然就会夸大或缩小准确度。

（2）平均值

常用平均值有算术平均值、均方根平均值和几何平均值等，其中最常用的是算术平均

值，具体内容会在“误差分析”部分中详细介绍。

1.3.2.2 数据处理与分析

实验获得数据后，先对数据进行整理和基本分析。常用的方法主要有误差分析、显著性检验、表图表示、回归分析等数据处理方法。

(1) 误差分析

1) 误差来源

实验过程中误差是不可避免的。引起误差的原因很多，主要有以下几种。

模型误差：数学模型只是对实际问题的一种近似描述，因而它与实际问题之间必然存在误差。

实验误差：数学模型中总包含一些变量，它们的值往往是由实验观测得到的。实验观测不可能绝对准确，由此产生的误差为实验误差。

截断误差：一般数学问题常常难以求出精确解，需要简化为较易求解的问题，以简化问题的解作为原问题的近似解，这样由于简化问题所引起的误差称为方法误差或截断误差。

舍入误差：在计算过程中往往要对数字进行舍入，无穷小数和位数很多的数必须舍入成一定的位数，由此产生的误差称为舍入误差。

2) 误差的分类

实验误差根据其性质和来源不同可分为三类：系统误差、随机误差和过失误差。

系统误差是由仪器误差、方法误差和环境误差构成的误差，即仪器性能欠佳、使用不当、操作不规范，以及环境条件的变化引起的误差。系统误差是实验中潜在的弊端，若已知其来源，应设法消除。若无法在实验中消除，则应事先测出其数值的大小和规律，以便在数据处理时加以修正。

随机误差是实验中普遍存在的误差，这种误差从统计学的角度看，具有有界性、对称性和抵偿性，即误差仅在一定范围内波动，不会发散，当实验次数足够多时，正、负误差将相互抵消，数据的算术平均值将趋于真值。因此，不宜也不必去刻意地消除它。

过失误差是由于实验者的操作失误造成的显著误差。这种误差通常会造成实验结果的扭曲。在原因清楚的情况下，应及时消除。若原因不明，应根据统计学的准则进行判别和取舍。

3) 误差的表达

在误差表达中所涉及的几个概念是数据的真实值和平均值、绝对误差、相对误差、绝对和相对偏差、算术平均偏差和标准偏差。

① 真实值和平均值

真实值（T）简称真值，是指某物理量客观存在的确定值。通常一个物理量的真值是不知道的，是我们努力要测到的。严格来讲，由于测量仪器、测定方法、环境、人的观察力、测量的程序等都不可能是完美无缺的，故真值是无法测得的，它是一个理想值。科学实验中真值的定义是：设在测量中观察的次数为无限多，则根据误差分布定律正负误差出现的概率相等，故将各观察值相加，加以平均，在无系统误差的情况下，可能获得接近于真值的数值。故“真值”在现实中是指观察次数无限多时，所求得的平均值（或是文献手册中所谓的“公认值”）。然而对工程实验而言，观察的次数都是有限的，故用有限观察次数求出的平均值，只能近似真值，或称为最佳值。一般称这一最佳值为平均值。常用的平均值有下列几种。

a. 算术平均值：这种平均值最常用。凡测量值的分布服从正态分布时，用最小二乘法原理可以证明：在一组等精度的测量中，算术平均值为最佳值或最可信赖值。

$$\bar{x}=\frac{x_1+x_2+\cdots+x_n}{n}=\frac{\sum_{i=1}^{n}x_i}{n} \tag{1-3}$$

式中，x_1，x_2，…，x_n 为各次测量值；n 为测量的次数。

b. 均方根平均值

$$\bar{x}_{均}=\sqrt{\frac{x_1^2+x_2^2+\cdots+x_n^2}{n}}=\sqrt{\frac{\sum_{i=1}^{n}x_i^2}{n}} \tag{1-4}$$

c. 加权平均值：对同一物理量用不同方法去测定，或对同一物理量由不同人去测定，计算平均值时，常对比较可靠的数值予以加重平均，称为加权平均。

$$\bar{w}=\frac{w_1x_1+w_2x_2+\cdots+w_nx_n}{w_1+w_2+\cdots+w_n}=\frac{\sum_{i=1}^{n}w_ix_i}{\sum_{i=1}^{n}w_i} \tag{1-5}$$

式中，x_1，x_2，…，x_n 为各次测量值；w_1，w_2，…，w_n 为各测量值的对应权重。各测量值的权重一般凭经验确定。

d. 几何平均值

$$\bar{x}=\sqrt[n]{x_1x_2x_3\cdots x_n} \tag{1-6}$$

e. 对数平均值

$$\bar{x}_n=\frac{x_1-x_2}{\ln x_1-\ln x_2}=\frac{x_1-x_2}{\ln\frac{x_1}{x_2}} \tag{1-7}$$

以上介绍的各种平均值，目的是要从一组测量值中找出最接近真值的那个值。平均值的选择主要取决于一组测量值的分布类型，在化工原理实验研究中，数据分布较多属于正态分布，故通常采用算术平均值。

② 绝对误差

某物理量在一系列测量中，某测量值与其真值之差称为绝对误差。实际工作中常以最佳值代替真值，测量值与最佳值之差称为残余误差，习惯上也称为绝对误差。

$$绝对误差(E)=测定值(x)-真值(T) \tag{1-8}$$

③ 相对误差

为了比较不同测量值的精确度，以绝对误差与真值（或近似于平均值）之比作为相对误差。

$$相对误差(RE)=\frac{测定值(x)-真值(T)}{真值(T)} \tag{1-9}$$

④ 绝对偏差和相对偏差

偏差有绝对偏差和相对偏差。

$$绝对偏差(d)=x_i-\bar{x} \tag{1-10}$$

相对偏差是指单次测定值对平均值的偏离程度。

$$相对偏差=\frac{x_i-\bar{x}}{\bar{x}}\times 100\% \tag{1-11}$$

相对偏差也指绝对偏差在平均值中所占的百分比。绝对偏差和相对偏差都有正负之分，各单次测定的偏差之和等于零。对多次测定数据的精密度常用算术平均偏差表示。

⑤ 算术平均偏差

算术平均偏差是指单次测定值与平均值的偏差（取绝对值）之和，除以测定次数。即

$$算术平均偏差(\bar{d})=\frac{\sum|x_i-\bar{x}|}{n} \quad (i=1,2,\cdots,n) \tag{1-12}$$

算术平均偏差和相对平均偏差不计正负。

⑥ 标准偏差

在数理统计中常用标准偏差来衡量精密度。

a. 总体标准偏差：总体标准偏差用来表示测定数据的分散程度，其数学表达式为：

$$总体标准偏差(\sigma)=\sqrt{\frac{\sum(x_i-\mu)^2}{n}} \tag{1-13}$$

式中，μ 为总体均值。

b. 样本标准偏差：一般测定次数有限，μ 值不知道，只能用样本标准偏差来表示精密度，其数学表达式为：

$$样本标准偏差(S)=\sqrt{\frac{\sum(x_i-\bar{x})^2}{n-1}} \tag{1-14}$$

式中，$(n-1)$ 在统计学中称为自由度，意思是在 n 次测定中，只有 $(n-1)$ 个独立可变的偏差，因为 n 个绝对偏差之和等于零，所以只要知道 $(n-1)$ 个绝对偏差，就可以确定第 n 个的偏差。

c. 相对标准偏差：标准偏差在平均值中所占的百分率叫做相对标准偏差，也叫变异系数或变动系数（CV），其计算式为：

$$CV=\frac{S}{\bar{x}}\times 100\% \tag{1-15}$$

用标准偏差表示精密度比用算术平均偏差表示要好。因为单次测定值的偏差经平方后，较大的偏差就能显著地反映出来。所以生产和科研的分析报告中常用 CV 表示精密度。

d. 样本标准偏差的简化计算：按上述公式计算，得先求出平均值，再求出 $(x_i-\bar{x})^2$，然后计算出 S 值，比较麻烦。可以通过数学推导，简化为下列等效公式：

$$S=\sqrt{\frac{\sum x_i^2-(\sum x_i)^2/n}{n-1}} \tag{1-16}$$

利用这个公式，可直接从测定值来计算 S 值，而且很多计算器上都有 $\sum x$ 以及 $\sum x^2$ 功能，有的计算器上还有 S 及 σ 功能，所以计算 S 值还是十分方便的。

(2) 显著性检验

显著性检验又称假设检验或统计检验，是用于分析实验效果的一种方法。根据数据的类型和资料的特点，可分为 t 检验、F 检验、x^2 检验几种。

① t 检验（两个均数差异的比较）

对连续性和间断性变量资料，当实验结果仅有两组时，对结果的差异存在与否可以采用 t 检验。例如，我们对实验材料施以两种处理，对两种结果要进行比较分析时，可以用 t 检验进行分析。

② F 检验

F 检验也叫方差分析，是对连续性变量多种处理的差异进行分析的方法，当实验结果有多种，多个均数之间进行分析时可以采用这种方法。它的原理是将实验中总变异部分分为由不同变异原因所形成的各种变异，并进行显著性检验与多重比较。

③ x^2 检验

又称卡方检验或属性的统计分析，对于间断性资料、实验的阴性与阳性结果等属性性状均可以采用卡方检验。根据资料的类型，又分为适合性和独立性两种。

（3）表图表示

1）列表法

列表法是将实验的原始数据、运算数据和最终结果直接列举在各类数据表中以得到最终实验数据的一种数据处理方法。根据记录内容的不同，数据表主要分为两种：原始数据记录表和实验结果记录表。其中，原始数据记录表是在实验前预先制定的，记录的内容是未经任何运算处理的原始数据。实验结果记录表的内容是经过运算和整理得出的主要实验结果，简明扼要，直接反映主要实验指标和操作参数之间的关系。

列表法的主要要求如下：

a. 要写出所列表的名称，列表要简单明了，便于看出有关量之间的关系和处理数据；

b. 列表要标明符号所代表物理量的意义（特别是自定义的符号），并写明单位，单位及量值的数量级写在该符号的标题栏中，不要重复记在各个数值上；

c. 列表的形式不限，根据具体情况列出项目，有些个别的或与其他项目联系不大的数据可以不列入表内，除原始数据外，计算过程中的一些中间结果和最后结果也可以列入表中；

d. 表中所列数据要正确反映测量结果的有效数字。

2）图示法

图示法是以曲线的形式简明地将实验结果进行表达的常用方法。它可以直观地显示变量间存在的极值点、转折点、周期性及变化趋势，尤其在一些没有解析解的条件下，是数据处理的有效手段。

① 作图规则

为了使图线能够清楚地反映出变化规律，并能比较准确地确定有关变量值或求出有关常数，在作图时必须遵守以下规则：

a. 作图必须用坐标纸。当确定了作图的参量以后，根据情况选用直角坐标纸、极坐标纸或其他坐标纸。

b. 坐标纸的大小及坐标轴的比例，要根据测得的有效数字和结果的需要来定。原则上，数据中的可靠数字在图中应为可靠的。常以坐标纸中小格对应可靠数字最后一位的一个单位，有时对应比例也可适当放大些。但对应比例的选择要有利于标实验点和读数。最小坐标值不必都从零开始，以便作出的图线大体上能充满全图，使布局美观、合理。也可以使用计算机绘图软件，如 Origin、GraphPad Prism 等软件作图。

c. 标明坐标轴。对于直角坐标系，要以自变量为横轴，以因变量为纵轴。用粗实线在坐标纸上描出坐标轴，标明其所代表的物理量（或符号）及单位，在轴上每隔一定间距标明该物理量的数值。

d. 根据测量数据，实验点要用×、○、◇、□等符号标出。

e. 把实验点连接成图线。由于每个实验数据都有一定的误差，所以图线不一定要通过每个数据点。应该按照数据点的总趋势，把实验点连成光滑的曲线（仪表的校正曲线不在此列），使大多数的数据点落在图线上，其他的点在图线两侧均匀分布，这相当于在数据处理中取平均值。对于个别偏离图线很远的点，要重新审核，进行分析后决定是否应剔除。

f. 作完图后，在图上明显位置上标明图名、作者和作图日期，有时还要附简单的说明，如实验条件等，使读者能一目了然，最后要将图粘贴在实验报告上。

② 作图法求直线的斜率、截距和经验公式

若在直角坐标纸上得到的图线为直线，且直线的方程为 $y=kx+b$，则可用如下步骤求直线的斜率、截距和经验公式。

a. 在直线上选两点 $A(x_1,y_1)$ 和 $B(x_2,y_2)$。为了减小误差，A、B 两点应相隔远一些，但仍要在实验范围之内，并且 A、B 两点一般不选实验点。用与表示实验点不同的符号将 A、B 两点在直线上标出，并在旁边标明其坐标值。

b. 将 A、B 两点的坐标值分别代入直线方程 $y=kx+b$，可解得斜率 $k=\dfrac{y_2-y_1}{x_2-x_1}$。

c. 如果横坐标的起点为零，则直线的截距可从图中直接读出；如果横坐标的起点不为零，则可用下式计算直线的截距：

$$b=\frac{x_2y_1-x_1y_2}{x_2-x_1} \tag{1-17}$$

d. 将求得的 k、b 的数值代入方程 $y=kx+b$ 中，就得到经验公式。

（4）回归分析

回归分析用于研究和解释两个变量之间的相互关系。实验过程中各变量之间总是相互作用、相互影响的。分析两个变量之间相互关系的密切程度，称为相关分析，反映两变量间的互依关系，而回归反映两变量间的依存关系。两者都是分析两变量间数量关系的统计方法，其实际的因果关系要靠专业知识判断，不要对实际毫无关联的事物进行回归或相关分析。

变量之间相关程度在相关分析中以相关系数（r 或 R）大小来衡量，相关系数越大则说明两个变量间的相关程度越强，否则越弱。相关系数 r 与回归系数 b 的正负号一致，正值说明正比，负值说明反比，而且 b 或 r 与 0 的差异有否显著性可用 t 检验。两个变量之间平行关系的研究就称作相关分析。如果两个变量（x,y）有相关关系，且相关系数的显著性检验有显著性，则可以根据实验数据（x,y）的各值，归纳出由一个变量 x 的值推算另一个变量 y 的估计值的函数关系，找出经验公式，这就是回归分析。回归分析的类型很多。研究一个因素与实验指标间相关关系的回归分析称为一元回归分析；研究几个因素与实验指标间相关关系的称为多元回归分析。无论是一元回归分析还是多元回归分析，都可以分为线性回归和非线性回归两种形式。如果两变量 x 和 y 之间的关系是线性关系，就称为一元线性回归或称直线拟合。如果两变量之间的关系是非线性关系，则称为一元非线性回归或称曲线拟合。

此处只介绍一元线性回归方程的求法。

① 回归方程的建立

假定配制了一系列的标准试样，它们的含量（c）为 x_1、x_2、x_3…，假定它们的物理量（比如吸光度 A）对应得到 y_1、y_2、y_3…，它们的一元线性回归方程为：

$$y=a+bx,\ a=\bar{y}-b\bar{x} \tag{1-18}$$

$$b=\frac{\sum(x_i-\bar{x})(y_i-\bar{y})}{\sum(x_i-\bar{x})^2} \tag{1-19}$$

$$\bar{x}=\frac{1}{n}\sum x_i,\ \bar{y}=\frac{1}{n}\sum y_i \tag{1-20}$$

式中，x_i、y_i 为单次测定值。

上述方程是基于最小二乘法的原理，计算斜率 b 和截距 a，进而建立了拟合方程 $a=\bar{y}-b\bar{x}$。

② 回归方程的检验

建立的回归方程是否可信，通常可以通过相关系数 r 的计算来检验：

$$r=b\sqrt{\frac{\sum(x_i-\bar{x})^2}{\sum(y_i-\bar{y})^2}}=\frac{\sum(x_i-\bar{x})(y_i-\bar{y})}{\sqrt{\sum(x_i-\bar{x})^2(y_i-\bar{y})^2}} \tag{1-21}$$

r 值越接近 1，回归方程越可信。

1.3.3　常用的数据处理软件

上述各种数据分析方法的具体运算过程可参考统计分析相关方面的书籍。事实上，随着计算机的广泛使用，用计算机处理数据已是必然的趋势，且方便快捷。现在比较常用的数据处理软件有 Origin、Excel、Matlab、SPSS（statistical pro-gram for social sciences）、SAS（statistical analysis system）等，这使我们的实验数据处理变得非常方便，可提高实验的准确度和数据处理效率。因此在今后具体的实验过程中，同学们可以应用这些软件处理实验数据。

1.4　仿真实验系统软件简介

近年来，虚拟现实技术在国内外都得到了飞速发展并且逐步走向成熟，该技术融合应用了多媒体、传感器、新型显示、互联网和人工智能等多领域技术，拓展了人类感知能力，改变了产品形态和服务模式，在制造、教育、文化、健康、商贸等行业领域都得到了广泛应用，不仅为用户带来更具感染力及沉浸感的体验，而且也给人们的生活方式带来前所未有的变革。

仿真系统软件采用虚拟现实技术，依据实验室实际布局搭建模型，按实际实验过程完成交互，完整再现了实验室的实验操作过程及实验中反应现象发生的实际效果。每个实验操作配有实验简介及操作手册。3D 操作画面具有很强的环境真实感、操作灵活性和独立自主性，为学生提供了一个自主发挥的实验平台，有利于调动学生动脑思考，培养学生的动手能力，同时也增强了学习的趣味性。此外，还为学生提供了一个自主发挥的平台，也为实验“互动式”预习、“翻转课堂”等新型教育方式转化到基础化学实验中提供了新思路、新方法及新手段，必将对本科专业实验教育教学的改革与发展起到积极的促进作用。

（1）登录及注册

① 登录“实验空间—国家虚拟仿真实验教学项目共享服务平台”（网址 http：//www.ilab-x.com/）。

② 首次进入需使用电话号码及真实姓名注册，注册昵称使用本人学号，注册完成即可登录（图1-8～图1-13）。

图1-8 实验空间界面

图1-9 用户注册界面1

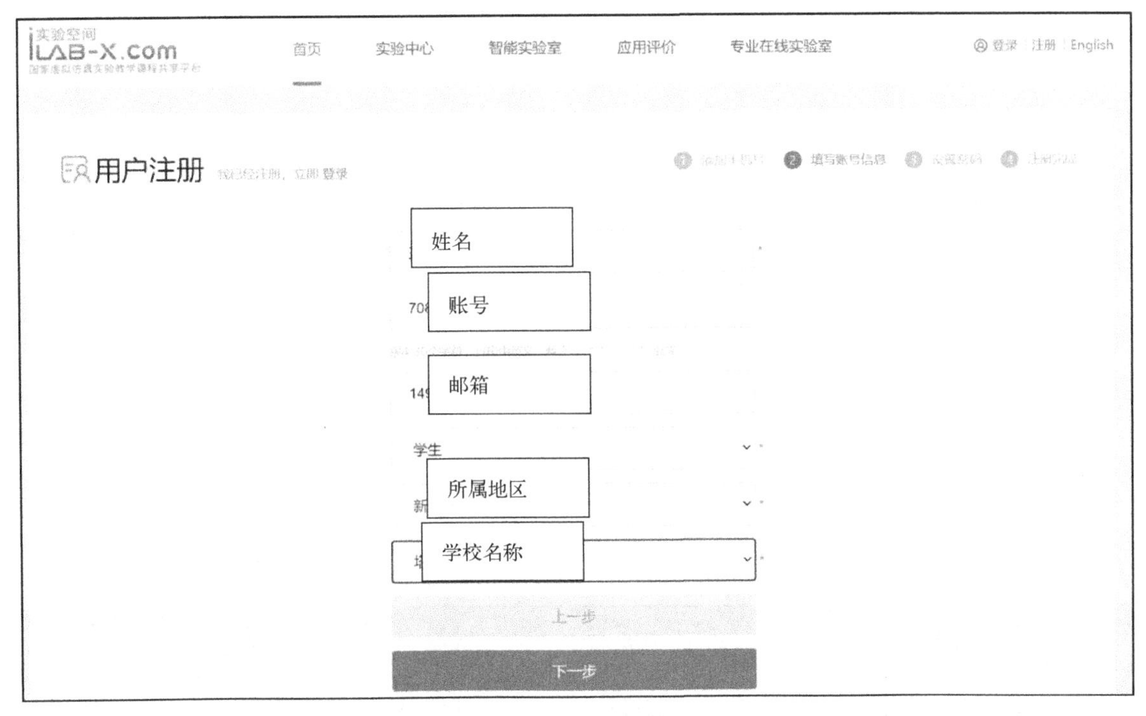

图 1-10　用户注册界面 2

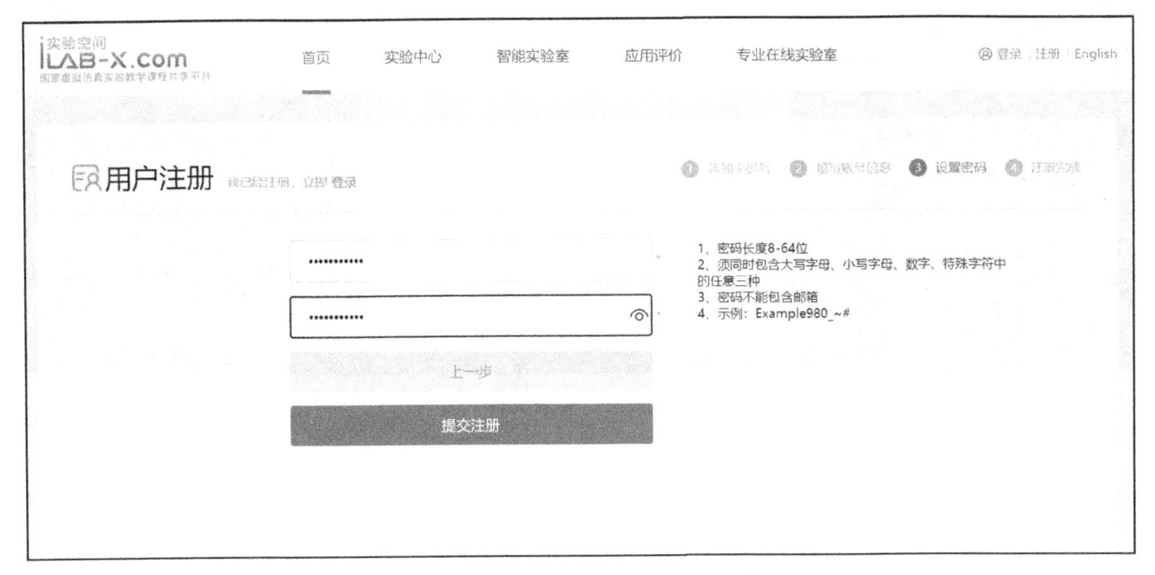

图 1-11　用户注册界面 3

③ 登录成功后搜索相应仿真实验项目并完成所选项目内容（图 1-14）。

（2）网络条件要求

① 客户端到服务器的带宽要求（需提供测试带宽服务）：要求带宽 20 Mb/s 以上。

② 能够提供的并发响应数量（需提供在线排队提示服务）：可同时满足 1000 个终端的服务要求。

图 1-12 注册成功界面

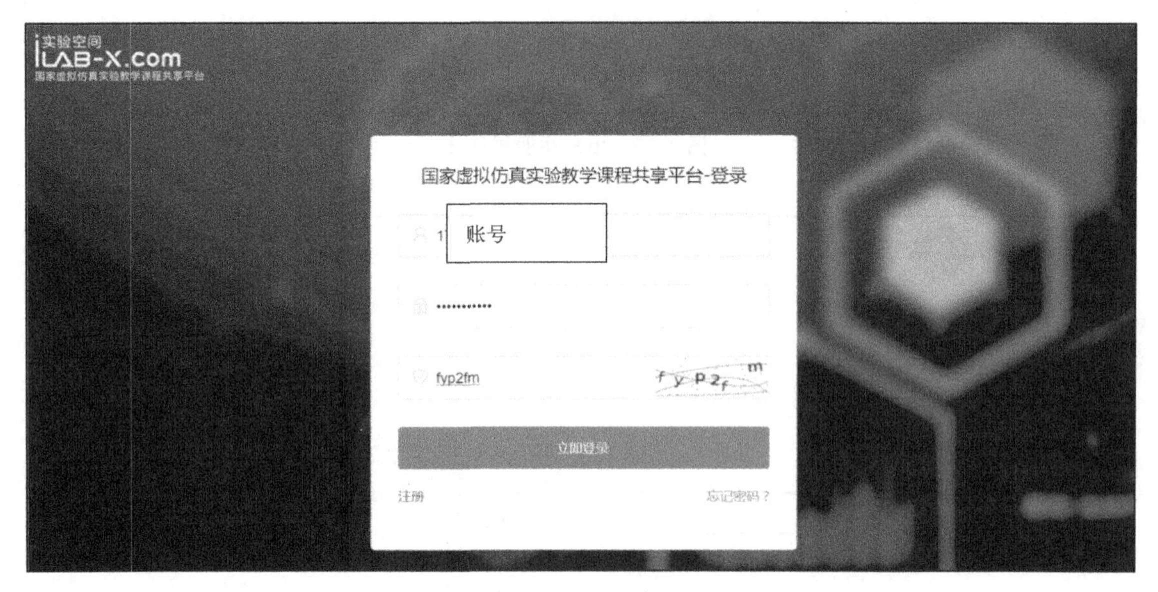

图 1-13 登录界面

(3) 用户操作系统要求

① 计算机操作系统和版本要求（如 Windows、Unix、IOS、Android 等）

仿真程序客户端操作系统采用 Windows 7 及其以上版本；管理平台服务器操作系统采用 Windows 7 及其以上版本。

② 支持移动端

移动端使用软件正在设计编写中。

(4) 用户非操作系统软件配置要求

① 非操作系统软件要求（兼容支持 2 种及以上主流浏览器）

如谷歌浏览器、IE 浏览器（IE8 以上）、360 浏览器、火狐浏览器等。

② 特定插件

图 1-14　实验项目界面

插件名称：虚拟仿真运行平台。

插件容量：44.3 M。

（5）用户硬件配置要求

① 计算机硬件配置要求

推荐配置　CPU：Intel I52.0 GHz；内存：4G；硬盘：300 G；显卡：NVGT7001G 以上。

② 其他计算终端硬件配置要求

服务器推荐配置　CPU：Intel E52.0 GHz；内存：8 G；硬盘：300 G 及以上千兆网卡。

思考题

（1）化生专业实验技术有哪些？

（2）化生专业实验分析设备有哪些？

（3）化生专业实验与其他实验有什么区别？

（4）如何学好化生专业实验？

（5）实验设计的基本原则有哪些？

（6）简述常用的实验设计方法。

（7）简述实验数据的处理与分析方法。

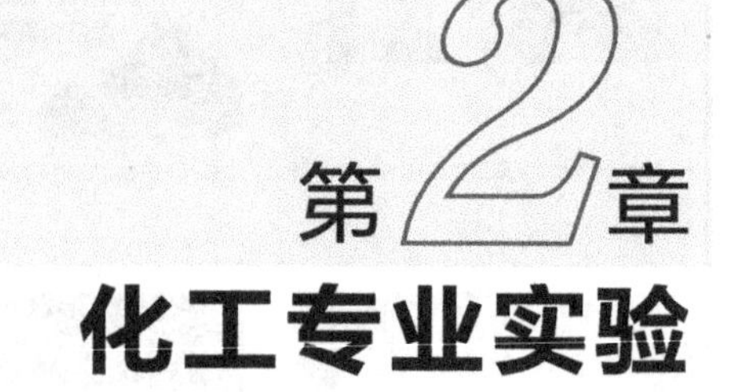

第2章 化工专业实验

实验一　二元体系气液平衡数据的测定

【实验目的】

(1) 了解和掌握用双循环气液平衡器测定气液平衡数据的方法。

(2) 从实验测得的 T-P-x-y 数据计算各组分的活度系数。

(3) 学会气液平衡相图的绘制。

(4) 掌握恒温水浴使用方法和用阿贝折光仪分析组成的方法。

【实验原理】

在化学工业中，蒸馏、吸收过程的工艺和设备设计都需要准确的气液平衡数据，此数据对提供最佳化的操作条件、减少能源消耗和降低成本等，都具有重要的意义。尽管有许多体系的平衡数据可以从资料中找到，但这往往是在特定温度和压力下的数据。随着科学技术的发展，以及新产品、新工艺的开发，许多新物系的平衡数据还未被测定过，需要通过实验测定以满足工程计算的需要。此外，在溶液理论研究中提出了各种描述溶液内部分子间相互作用的模型，准确的平衡数据是对这些模型的可靠性进行检验的重要依据。

平衡数据实验测定方法有两类，即间接法和直接法。直接法中又有静态法、流动法和循环法等，其中循环法应用最为广泛。若要测得准确的气液平衡数据，平衡釜是关键。现已采用的平衡釜型式有多种，而且各有特点，应根据待测物系的特征，选择适当的釜型。

用常规的平衡釜测定平衡数据，样品用量大，测定时间长。本实验用的小型平衡釜的主要特点是釜外有真空夹套保温，釜内液体和气体分别形成循环系统，可观察釜内的实验现象，且样品用量少，达到平衡速率快，因而实验时间短。

气液平衡数据实验测定是在一定温度、压力下，在已建立气液相平衡的体系中，分别取出气相和液相样品，测定其浓度。本实验采用的是广泛使用的循环法，所测定的体系为乙醇(1)-环己烷 (2)，样品分析采用阿贝折光仪。

以循环法测定气液平衡数据的平衡器类型很多，但基本原理一致，如图 2-1 所示，当体系达到平衡时，A、B 容器中的组成不随时间而变化，这时从 A 和 B 两容器中取样分析，可得到一组气液平衡实验数据。

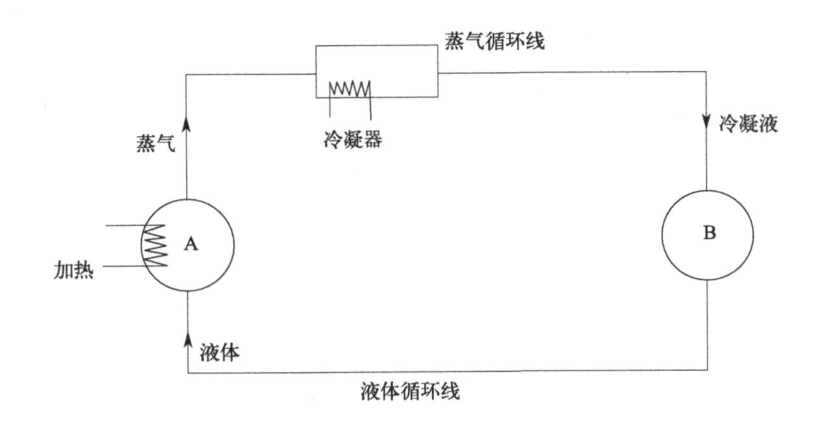

图 2-1 循环法测定气液平衡

当达到平衡时，除了两相的压力和温度分别相等外，每一组分的化学势也相等，即逸度相等，其热力学基本关系为：

$$f_i^{\mathrm{L}}=f_i^{\mathrm{V}} \tag{2-1}$$

$$\phi_i P y_i=\gamma_i f_i^0 x_i \tag{2-2}$$

常压下，气相可视为理想气体，$\phi_i=1$；再忽略压力对液体逸度的影响，$f_i=p_i^0$，从而得出低压下气液平衡关系式为：

$$P y_i=\gamma_i p_i^0 x_i \tag{2-3}$$

式中 P——体系压力（总压），mmHg（1mmHg=133.3224Pa）；

p_i^0——纯组分 i 在平衡温度下的饱和蒸气压，可用安托万（Antoine）方程计算；

x_i，y_i——组分 i 在液相和气相中的摩尔分数；

γ_i——组分 i 的活度系数。

由实验测得等压下气液平衡数据，则可用

$$\gamma_i=\frac{P y_i}{x_i p_i^0} \tag{2-4}$$

计算出不同组成下的活度系数。

【实验装置与试剂】

（1）实验装置

实验装置见图 2-2。

本装置包括气液平衡釜一台。采用电加热方式，能够调整加热功率，方便控制加热速率，釜外真空夹套保温。

（2）其他仪器和试剂

其他仪器：阿贝折光仪 1 台；恒温水浴 1 台；5mL 移液管 2 支；5 mL 注射器带针头若干；取样瓶若干。

试剂：无水乙醇（分析纯）；环己烷（分析纯）。

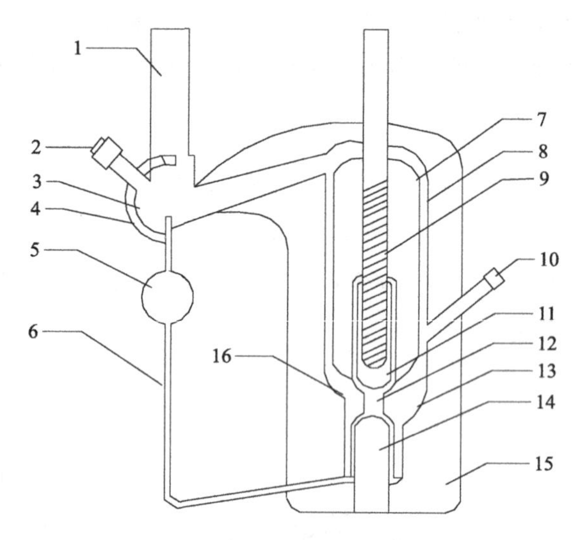

图 2-2　气液平衡装置示意图

1—磨口；2—气相取样口；3—气相贮液槽；4—连通管；5—缓冲球；6—回流管；
7—平衡室；8—钟罩；9—温度计套管；10—液相取样口；11—液相贮液槽；12—提升管；
13—沸腾室；14—加热套管；15—真空夹套；16—加料液面

【实验步骤及方法】

（1）准备工作

按照表 2-1 配制乙醇（1)-环已烷（2）标准溶液，并测量其在 30 ℃下的折射率，得到 x_1-n_D 标准曲线（见图 2-3）。

表 2-1　乙醇-环己烷标准溶液的折射率

乙醇体积/mL	1	4	3	2	1	0
环已烷体积/mL	0	1	2	3	4	1
环已烷所占摩尔比	0	0.115551	0.258376	0.439425	0.676412	1
折射率	1.3567	1.365	1.376	1.3895	1.4053	1.4205

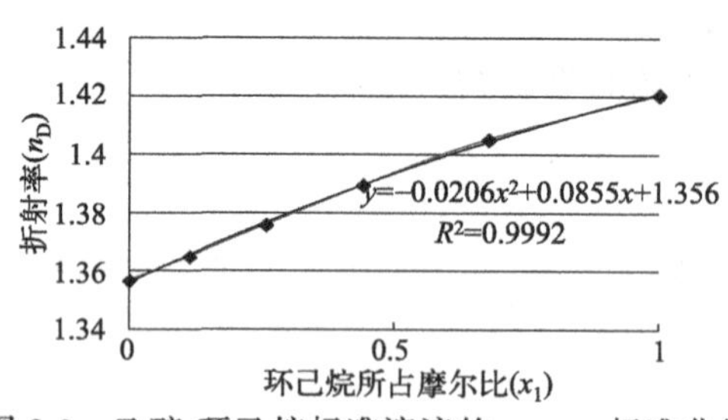

图 2-3　乙醇-环已烷标准溶液的 x_1-n_D 标准曲线

将 x_1-n_D 数据关联回归，得到以下方程式：

$$y=-0.0206x^2+0.0855x+1.356 \tag{2-5}$$

通过测定未知液折射率 y，再根据方程(2-5)，便可计算出未知液中环已烷的浓度。

（2）加料，向平衡釜内加入无水乙醇约 45 mL。

（3）开启冷凝水，接通电源加热，开始时加热电压调至 50 V，5 min 后调至 30 V，再等 5 min 后慢慢调至 50 V 左右即可，以平衡釜内液体沸腾为准。稳定回流 20 min 左右，以建立平衡状态。

(4) 读数，稳定后的沸腾温度为平衡温度 t(℃)，由于测定时平衡釜直通大气，所以平衡压力为实验时的大气压 P(mmHg)。

(5) 取样，分别在平衡釜的气相取样口和液相取样口取出气、液相样品各 2.5 mL 于干燥、洁净的取样瓶中。

(6) 然后再由液相取样口加入纯环己烷 5 mL，改变体系浓度，再做一组数据，待气液相稳定后，再按照 (5) 取出气液相样品，进行分析，根据实验要求，气液相分别取若干个样品。

注意：如果要做乙醇-环己烷的气液平衡数据，则需要连续不断重复(5)、(6)步骤，约取 14 个样品，直至平衡釜中环己烷浓度达到 95%以上，才能做出完整的乙醇-环己烷气液平衡曲线。也可在找出乙醇-环己烷恒沸点后，加大取液量，比如取出 10 mL 样品，再加入 10 mL 环己烷，使得混合物中环己烷浓度得以快速改变。再或者，配制不同浓度的乙醇-环己烷溶液，分别加入平衡釜中，每次只测量一个浓度下的气液平衡数据，做完一个浓度后清洗平衡釜，再做下一个浓度。

(7) 测量样品的折射率，每个样品测量两次，最后取两个数据的平均值，根据关联的 x_1-n_D 方程式，计算气相或液相样品的组成。

(8) 所有试验完成后，将加热及保温电压逐步降低到零，关闭电源。待釜内温度降至室温，关冷却水，整理实验仪器及实验台。

【实验记录与数据处理】

(1) 组分在平衡温度下饱和蒸气压计算

采用 Antoine（安托万）方程计算组分在一定温度下的饱和蒸气压：

$$\lg p_i^0 = A_i - \frac{B_i}{C_i + t} \tag{2-6}$$

式中 p_i^0——组分 i 在平衡温度下的饱和蒸气压，mmHg；

t——平衡温度，℃；

A_i，B_i，C_i——安托万常数（见表 2-2）。

表 2-2 乙醇、环己烷安托万常数

组分	A	B	C
乙醇	8.04494	1554.3	222.65
环己烷	6.84498	1203.526	222.863

数据处理表格见表 2-4。

(2) 气液相组成分析

待取出的样品冷却到常温，用滴管吸取部分样品，用阿贝折光仪分析其折射率，然后计算其组成，填写在表 2-3 和表 2-4 中。

表 2-3 平衡釜操作记录

实验时间________ 室温______℃ 大气压______

序号	投料量	时间	釜加热电压/V	平衡釜温度/℃	冷凝液滴速	现象
1						
2						
3						
4						

表 2-4 折射率及气液相平衡组成

实验序号	平衡温度 t/℃	液相样品折射率			气相样品折射率			平衡组成	
		第 1 次	第 2 次	平均值	第 1 次	第 2 次	平均值	液相 $x_{环己烷}$	气相 $y_{环己烷}$
1									
2									
3									
4									
5									
6									
7									
8									

由表 2-4 气液相组成数据，绘制乙醇-环己烷体系在常压下的气液平衡相图。

（3）活度系数计算

按式(2-4）计算不同组成下的活度系数。由于是在常压下测量，所以为做实验时的大气压，y_i、x_i 计算求出，p_i^0计算求出，因此活度系数便能求出，计算结果列入表 2-5。

表 2-5 平衡温度下饱和蒸气压和活度系数

实验序号	平衡温度 t/℃	$p^0_{乙醇}$/mmHg	$p^0_{环己烷}$/mmHg	$\gamma_{乙醇}$	$\gamma_{环己烷}$
1					
2					
3					
4					
5					
6					
7					
8					

【实验报告】

（1）简述实验目的、实验装置及药品、实验原理。

（2）记录实验过程的原始数据（实验数据记录表）。

（3）绘制气液平衡相图。

（4）求解活度系数。

（5）实验结果分析与讨论。

【思考题】

（1）什么是热力学一致性检验？

（2）什么是相平衡方程？请举例说明相平衡方程的计算。

（3）本实验中气液两相达到平衡的判据是什么？

（4）影响气液平衡数据测量精确度的因素是什么？

（5）试举出气液平衡应用的例子。

实验二 三元液液平衡数据的测定

液液平衡数据是萃取过程开发和萃取塔设计及生产操作的重要依据。液液平衡数据的获得主要依赖于实验测定。

【实验目的】

(1) 测定醋酸-水-醋酸乙烯酯在室温下的液液平衡数据。

(2) 用醋酸-水、醋酸-醋酸乙烯酯两对二元液液平衡数据以及醋酸-水二元液液平衡数据，求得活度系数关联式常数，并推算三元液液平衡数据，与实验数据进行比较。

(3) 通过实验，掌握三元系统液液平衡数据测定方法，掌握实验技能，学会三角形相图的绘制。

【实验原理】

三元液液平衡数据的测定，有直接法和间接法两种。直接法是配制一定组成的三元混合物，在恒温下充分搅拌接触，达到两相平衡。静置分层后，分别测定两相的溶液组成，并据此标绘平衡联结线。直接法可以直接获得相平衡数据，但对分析方法要求比较高，分析困难。

间接法是先用浊点法测出三元系的溶解度曲线，并确定溶解度曲线上的组成与某一物性（如折射率、密度、吸光度等）的关系，然后再测定相同温度下平衡联结线数据，这时只需根据已确定的曲线来确定两相的组成。对于醋酸-水-醋酸乙烯酯（VAc）这个特定的三元体系，由于分析醋酸最为方便，因此采用浊点法测定溶解度曲线，并按此三元溶解度数据，对水层以醋酸及醋酸乙烯酯为坐标进行标绘，对油层以醋酸及水为坐标进行标绘，得到曲线，以备测定联结线时应用。然后配制一定的三元混合物，经搅拌，静置分层后，分别取出两相样品，分析其中的醋酸含量，由溶解度曲线查出另一组分的含量，并用减量法确定第三组分的含量，如图 2-4 所示。

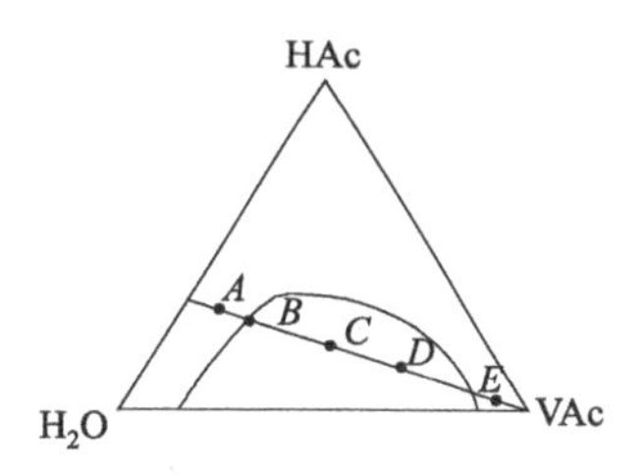

图 2-4　$HAc-H_2O-VAc$ 的三元相图

本实验采用间接法测定醋酸-水-醋酸乙烯酯这个特定的三元系的液液平衡数据。

三元液液平衡的推算：若已知互溶的两对二元气液平衡数据以及部分互溶的二元液液平衡数据，应用非线性最小二乘法，可求出各对二元活度系数关联式的参数。由于 Wilson 方程对部分互溶系统不适用，因此关联液液平衡常采用 NRTL 或 UNIQUAC 方程。

当已计算出 $HAc-H_2O$、HAc-VAc、$VAc-H_2O$ 三对二元系的 NRTL 或 UNIQUAC 参数后，可用 Null 法求出。

在某一温度下，已知三对二元的活度系数关联式参数，并已知溶液的总组成，可计算平衡液相的组成。令溶液的总组成为 x_{if}，分成两液层，一层为 A，组成为 x_{iA}，另一层为 B，组成为 x_{iB}，设混合物的总量为 1 mol，其中液相 A 占 M mol，液相 B 占 $(1-M)$mol。

对 j 组分进行物料衡算：

$$x_{if}=x_{iA}M+(1-M)x_{iB} \tag{2-7}$$

若将 x_{iA}、x_{iB}、x_{if} 在三角坐标上标绘，则三点应在一条直线上，此直线称为共轭线。

根据液液平衡的热力学关系式：

$$x_{iA}\gamma_{iA}=x_{iB}\gamma_{iB} \tag{2-8}$$

$$x_{iA}=\frac{\gamma_{iB}}{\gamma_{iA}}x_{iB}=K_i x_{iB} \tag{2-9}$$

式中，

$$K_i=\frac{\gamma_{iB}}{\gamma_{iA}} \tag{2-10}$$

将式(2-8)、式(2-9) 和式(2-10) 代入式(2-7)

$$x_{if}=MK_ix_{iB}+(1-M)x_{iB}=x_{iB}(1-M+MK_i) \tag{2-11}$$

$$x_{iB}=\frac{x_{if}}{1+M(K_i-1)} \tag{2-12}$$

由于

$$\sum x_{iA}=1,\sum x_{iB}=1 \tag{2-13}$$

因此

$$\sum x_{iB}=\sum\frac{x_{if}}{1+M(K_i-1)}=1 \tag{2-14}$$

$$\sum x_{iA}=\sum K_ix_{iB}=1 \tag{2-15}$$

$$\sum x_{iB}-\sum x_{iA}=\sum\frac{x_{if}}{1+M(K_i-1)}-\sum\frac{K_ix_{if}}{1+M(K_i-1)}=0 \tag{2-16}$$

经整理得

$$\sum\frac{x_{if}(K_i-1)}{1+M(K_i-1)}=0 \tag{2-17}$$

对三元系可展开为：

$$\frac{x_{1f}(K_1-1)}{1+M(K_1-1)}+\frac{x_{2f}(K_2-1)}{1+M(K_2-1)}+\frac{x_{3f}(K_3-1)}{1+M(K_3-1)}=0 \tag{2-18}$$

式中，γ_{iA} 是 A 相组成及温度的函数；γ_{iB} 是 B 相组成及温度的函数。x_{if} 是已知数，先假定两相混合的组成。由式(2-10)、式(2-12) 和式(2-17) 可求得 K_1、K_2、K_3，式(2-18) 中只有 M 是未知数，因此是个一元函数求零点的问题。

当已知温度、总组成、关联式常数时，求两相组成的 x_{iA} 及 x_{iB} 的步骤如下：

(1) 假定两相组成的初值 (可用实验值作为初值)，求 K_i，解式(2-17) 中的 M 值。

(2) 求得 M 后，由式(2-11)、式(2-12) 得 x_{iB}，由式(2-13)、式(2-14) 和式(2-15) 得 x_{iA}。

(3) 判据

若 $\left|\frac{\gamma_{iA}x_{iA}}{\gamma_{iB}x_{iB}}\right|-1\leqslant\varepsilon$，则可得计算结果；若不满足，则由上面求出的 x_{iA}、x_{iB} 求出 K_3，反复迭代，直至满足判据要求。

【实验装置与试剂】

恒温箱的结构如图 2-5 所示。作用原理是：由电加热器加热并用风扇搅动气流，促使箱内温度均匀，温度由半导体温度计测量，并由恒温控制器控制加热温度。实验前应先接通电源进行加热，使温度达到实验要求，并保持恒温。

实验仪器还包括电光分析天平、100 mL 磨口锥形瓶、量筒及医用注射器等。

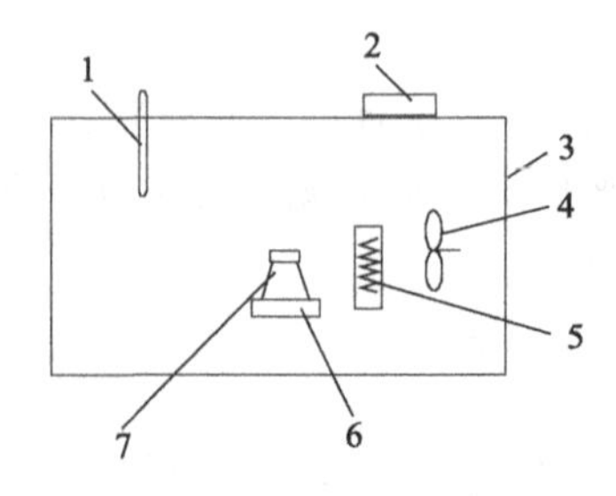

图 2-5　实验恒温装置示意图

1—半导体温度计；2—恒温控制器；3—木箱；4—风扇；5—电加热器；6—电磁搅拌器；7—锥形瓶

实验试剂包括醋酸、醋酸乙烯酯及去离子水，它们的物理常数如表 2-6 所示。

表 2-6　醋酸、醋酸乙烯酯及去离子水物理常数

药品	沸点/℃	密度 ρ/(g/cm^3)
醋酸	118	1.049
醋酸乙烯酯	72.5	0.9312
水	100	0.997

【实验步骤及方法】

(1) 实验步骤

测定平衡联结线：根据相图，配制部分互溶区的三元溶液约 30 g，预先计算称取各组分的质量，用密度估算体积（表 2-7）。取一干燥的 100 mL 底部有支口的锥形瓶，将底部支口用硅橡胶塞住，用分析天平称取质量，然后加入醋酸、水、醋酸乙烯酯后分别称重，计算出三元溶液的浓度，计算示例如下。

表 2-7　醋酸、水、醋酸乙烯酯的实验用量

组别	H_2O/g	VAc/g	HAc/g
1	9.60	11.90	7.20
2	11.80	11.50	6.40
3	10.30	16.20	4.00
4	15.20	12.50	3.80

$$\rho_1=(9.60+11.90+7.20)/(13+10+7)=0.9567(\mathrm{g/cm^3})$$

$$\rho_2=0.99\mathrm{g/cm^3},\rho_3=1.0167\mathrm{g/cm^3}$$

$$\rho_4=1.05\mathrm{g/cm^3}$$

将盛有部分互溶溶液的锥形瓶放入已调节至实验温度的恒温箱，电磁搅拌 30 min，静置恒温 10～15 min，使溶液分层达到平衡。将已静置分层的锥形瓶从恒温箱中取出，用带刻度的针筒分别取油层及水层，利用酸碱滴定法分析其中的醋酸含量，由溶解度曲线查出另一组成，就可算出其他组分的组成。

(2) 实验值与计算值比较

将温度和溶液的总组成 HAc、H_2O、VAc 的质量分数输入计算机，得出两液相的计算值（以摩尔分数表示）及实验值（以摩尔分数表示），进行比较。具体计算方法见实验原理。

【实验记录与数据处理】

(1) 在三角形相图中，将表 2-8 中给出的醋酸-水-醋酸乙烯酯三元体系的溶解度数据作成光滑的溶解度曲线，将测得的数据标绘在图上。

表 2-8　HAc-H_2O-VAc 三元体系液液平衡的溶解度数据（298 K）

序号	HAc	H_2O	VAc
1	0.05	0.017	0.933
2	0.10	0.034	0.866
3	0.15	0.055	0.795
4	0.20	0.081	0.719
5	0.25	0.121	0.629
6	0.30	0.185	0.515
7	0.35	0.504	0.146
8	0.30	0.605	0.095

续表

序号	HAc	H_2O	VAc
9	0.25	0.680	0.070
10	0.20	0.747	0.053
11	0.15	0.806	0.044
12	0.10	0.863	0.037

(2) 记录均为 1 mL 的水相和油相在滴定过程中所消耗的氢氧化钠的量（0.5 mol/L），每组平行滴定三次，取平均值，消耗的氢氧化钠的体积填入表 2-9。

表 2-9 滴定消耗的 NaOH 溶液的体积

组别	水相(H_2O-HAc)/mL			油相(VAc-HAc)/mL		
1						
	平均值			平均值		
2						
	平均值			平均值		
3						
	平均值			平均值		
4						
	平均值			平均值		

(3) 由以上数据表、水相及油相溶解度曲线，得数据表 2-10，将四个组别所有数据点绘制于三角形相图中。

表 2-10 水相、油相共轭溶液数据

组别	水相(H_2O-HAc)		油相(VAc-HAc)	
	HAc	H_2O	HAc	VAc
1				
2				
3				
4				

【实验报告】

(1) 简述实验目的、实验装置及药品、实验原理。

(2) 记录实验过程的原始数据（实验数据记录表）。

(3) 绘制平衡曲线。

(4) 测定三元液液相平衡数据。

(5) 绘制平衡联结线。

(6) 实验结果分析与讨论。

【思考题】

(1) 什么是平衡联结线？

(2) 三元相图的表示方法有哪些？各有哪些区别？

(3) 本实验通过怎样的操作达到液液平衡？

(4) 温度和压力对液液平衡的影响如何？

(5) 什么是共轭溶液？

实验三 固体小球对流传热系数的测定

工程上经常遇到通过流体宏观运动将热量传给壁面或者由壁面将热量传给流体的过程，此过程通称为对流传热（或对流给热）。显然，流体的物性和流动状态以及周围的环境都会影响对流传热。了解与测定各种环境下的对流传热系数具有重要的实际意义。

【实验目的】

(1) 测定不同环境与小钢球之间的对流传热系数，并对所得结果进行比较。

(2) 了解非定常态导热的特点以及毕渥数（Bi）的物理意义。

(3) 熟悉流化床和固定床的操作特点。

【实验原理】

自然界和工程上，热量传递的机理有传导、对流和辐射。传热时可能有几种机理同时存在，也可能以某种机理为主，不同的机理对应不同的传热方式或规律。

当物体中有温差存在时，热量将由高温处向低温处传递，物质的导热性主要是分子传递现象的表现。

通过对导热的研究，傅里叶提出：

$$q_y=\frac{Q_y}{A}=-\lambda\frac{\mathrm{d}T}{\mathrm{d}y} \tag{2-19}$$

式中，$\frac{\mathrm{d}T}{\mathrm{d}y}$为 y 方向上的温度梯度，K/m。

式(2-19) 称为傅里叶定律，表明导热通量与温度梯度成正比。负号表明，导热方向与温度梯度的方向相反。

金属的热导率比非金属大得多，大致在 50～415 W/(m·K) 范围。纯金属的热导率随温度升高而减小，合金却相反，但纯金属的热导率通常高于由其组成的合金。本实验中，小球材料的选取对实验结果有重要影响。

热对流是流体相对于固体表面做宏观运动时，引起的微团尺度上的热量传递过程。事实上，它必然伴随有流体微团间及与固体壁面间的接触导热，因而是微观分子热传导和宏观微团热对流两者的综合过程。宏观尺度上的运动是热对流的实质。流动状态（层流和湍流）不同，传热机理也就不同。

牛顿提出对流传热规律的基本定律——牛顿冷却定律：

$$Q=qA=\alpha A(T_{\mathrm{W}}-T_{\mathrm{f}}) \tag{2-20}$$

式中，α 并非物性常数，其取决于系统的物性因素、几何因素和流动因素，通常由实验来测定。本实验测定的是小球在不同环境和流动状态下的对流传热系数。

强制对流较自然对流传热效果好，湍流较层流的对流传热系数大。

本实验尽量避免热辐射传热对实验结果带来的误差。

物体的突然加热和冷却过程属于非定常态导热过程。此时导热物体内的温度，既是空间位置又是时间的函数，$T=f(x,y,z,t)$。物体在导热介质的加热或冷却过程中，导热速率同时取决于物体内部的导热热阻以及与环境间的外部对流热阻。为了简化，可以忽略两者之一进行处理。然而能否简化，需要确定一个判据。通常采用无量纲特征数毕渥数（Bi），即物体内部导热热阻与物体外部对流热阻之比进行判断。

$$Bi=\frac{内部导热热阻}{外部对流热阻}=\frac{\delta/\lambda}{1/\alpha}=\frac{\alpha V}{\lambda A} \tag{2-21}$$

式中，$\delta=V/A$ 为特征尺寸，对于球体为 $R/3$。

若 Bi 数很小，$\frac{\delta}{\lambda}\ll\frac{1}{\alpha}$，表明内部导热热阻≪外部对流热阻，此时，可忽略内部导热，简化为整个物体的温度均匀一致，使温度仅为时间的函数，即 $T=f(t)$。这种将系统简化为具有均一性质进行处理的方法，称为集中参数法。实验表明，只要 $Bi<0.1$，忽略内部热阻进行计算，其误差不大于5%，通常为工程计算所允许。

将一直径为 d_s、温度为 T_0 的小钢球，置于温度为恒定 T_f 的周围环境中，若 $T_0>T_f$，小球的瞬时温度 T 随着时间 t 的增加而减小。根据热平衡原理，球体温度随时间的变化应等于通过对流换热向周围环境的散热速率。

$$-\rho cV\frac{dT}{dt}=\alpha A(T-T_f) \tag{2-22}$$

$$\frac{d(T-T_f)}{T-T_f}=-\frac{\alpha A}{\rho cV}dt \tag{2-23}$$

初始条件：$t=0$，$T-T_f=T_0-T_f$

对式(2-23) 积分得：

$$\int_{T_0-T_f}^{T-T_f}\frac{d(T-T_f)}{T-T_f}=-\frac{\alpha A}{\rho cV}\int_0^t dt \tag{2-24}$$

$$\frac{T-T_f}{T_0-T_f}=\exp\left(-\frac{\alpha A}{\rho cV}t\right)=\exp(-BiFo) \tag{2-25}$$

$$Fo=\frac{\lambda t}{c\rho\left(\frac{V}{A}\right)^2} \tag{2-26}$$

定义时间常数 $\tau=\frac{\rho cV}{\alpha A}$，分析式(2-25) 可知，当物体与环境间的热交换经历了四倍于时间常数的时间后，即 $t=4\tau$，可得：

$$\frac{T-T_f}{T_0-T_f}=e^{-4}=0.018$$

表明过余温度 $T-T_f$ 的变化已达98.2%，以后的变化仅剩1.8%，对工程计算来说，往后可近似作定常数处理。

对于小球$\frac{V}{A}=\frac{R}{3}=\frac{d_s}{6}$，代入式(2-25) 整理得：

$$\alpha=\frac{\rho cd_s}{6}\times\frac{1}{t}\ln\frac{T-T_f}{T_0-T_f} \tag{2-27}$$

或

$$Nu=\frac{\alpha d_s}{\lambda}=\frac{\rho cd_s^2}{6}\times\frac{1}{t}\ln\frac{T-T_f}{T_0-T_f} \tag{2-28}$$

通过实验可测得钢球在不同环境和流动状态下的冷却曲线，由温度记录仪记下 T-t 的关系，就可由式(2-27) 和式(2-28) 求出相应的 α 和 Nu 的值。

对于气体在 $20<Re<180000$ 范围，即高 Re 数下，绕球换热的经验式为：

$$Nu=\frac{\alpha d_s}{\lambda}=0.7Re^{0.6}Pr^{\frac{1}{3}} \tag{2-29}$$

若在静止流体中换热：$Nu=2$。

【实验装置】

图 2-6 为固体小球对流传热系数测定实验装置。

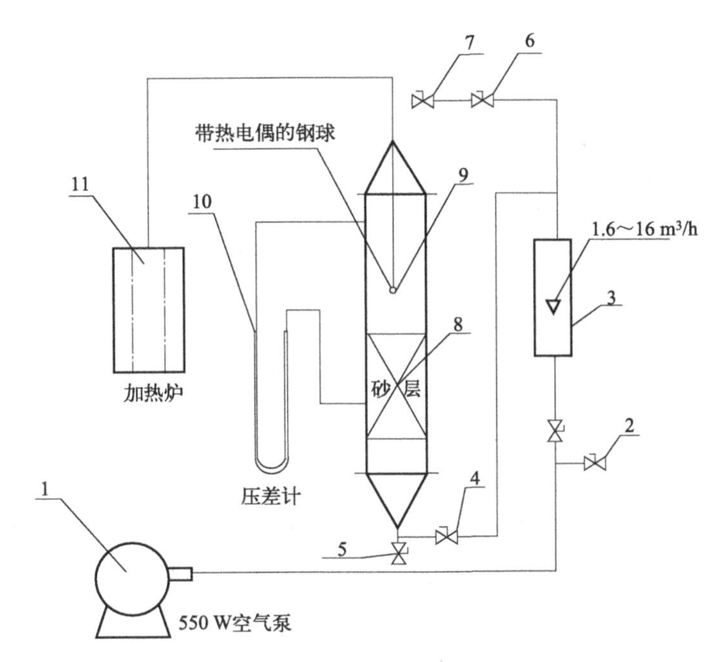

图 2-6　固体小球对流传热系数测定实验装置

1—风机；2—放空阀；3—转子流量计；4～7—管路调节阀；
8—砂粒床层反应器；9—带嵌装热电偶的钢球；10—反应器压差计；11—管式加热炉

【实验步骤及方法】

（1）测定小钢球的直径 d_s 为 16 mm。

（2）打开管式加热炉的加热电源，调节加热温度至 400～500 ℃。

（3）将嵌有热电偶的小钢球悬挂在加热炉中，并打开温度记录仪，从温度记录仪上观察钢球温度的变化。当温度升至 400 ℃时，迅速取出钢球，放在不同的环境条件下进行实验，钢球的温度随时间变化的关系由温度记录仪记录，称为冷却曲线。

（4）装置运行的环境条件有：自然对流、强制对流、固定床和流化床。流动状态有层流和湍流。

（5）自然对流实验：将加热好的钢球迅速取出，置于大气中，尽量减少钢球附近的大气扰动，记录下冷却曲线。

（6）强制对流实验：打开实验装置上的阀 2 和 5，关闭阀 4、6、7，开启风机，调节阀 6 和 2，调节空气流量达到实验所需值。迅速取出加热好的钢球，置于反应器的空塔身中，记录下空气的流量和冷却曲线。

（7）固定床实验：将加热好的钢球置于反应器的砂粒层中，其他操作同（6），记录下空气的流量和冷却曲线。

（8）流化床实验：打开阀 2 和 7，关闭阀 4、5、6，开启风机，调节阀 4 和 2，调节空气流量达到实验所需值。将加热好的钢球迅速置于反应器的流化层中，记录下反应器的压降和冷却曲线。

【实验记录与数据处理】

(1) 计算不同环境和流动状态下的对流传热系数 α。

(2) 计算实验用小球的 Bi 数，确定其值是否小于 0.1。

(3) 将实验值与理论值进行比较。

【实验报告】

(1) 简述实验目的、实验任务、实验原理。

(2) 实验需查找哪些数据？需测定哪些数据？

(3) 记录实验过程中的原始数据（不同环境下温度与时间的数据）。

(4) 绘制温度与时间的曲线、$\ln\dfrac{T-T_f}{T_0-T_f}$ 与时间的曲线。

(5) 分析实验结果同理论值偏差的原因。

(6) 实验结果分析与讨论。

【思考题】

(1) 影响热量传递的因素有哪些？

(2) Bi 数的物理含义是什么？

(3) 本实验对小球体的选择有哪些要求？为什么？

(4) 本实验加热炉的温度为何要控制在 400～500 ℃？太高或太低有何影响？

(5) 自然对流条件下实验要注意哪些问题？

(6) 每次实验的时间需要多长？应如何判断实验结束？

附：公式中的主要符号说明

A——面积，[m^2]　　Bi——毕渥数，[无量纲]　　c——比热容，[J/(kg·K)]

d_s——小球直径，[m]　　Fo——傅里叶数，[无量纲]　　Nu——努塞尔数，[无量纲]

Pr——普朗特数，[无量纲]　　Q_y——y 方向上的导热速率，[J/s]

q_y——y 方向上单位时间单位面积的导热量，[J/(m^2·s)]

R——半径，[m]　　Re——雷诺数，[无量纲]　　T——温度，[K]或[℃]

T_0——初始温度，[K]或[℃]　　T_f——流体温度，[K]或[℃]　　T_w——壁温，[K]或[℃]

t——时间，[s]　　V——体积，[m^3]　　α——对流传热系数，[W/(m^2·K)]

λ——热导率，[W/(m·K)]　　δ——特征尺寸，[m]　　ρ——密度，[kg/m^3]

τ——时间常数，[s]　　μ——黏度，[Pa·s]

实验四　沸石分子筛的制备与成型

人工合成的沸石称为分子筛，是结晶型的硅铝酸盐，具有均匀的孔隙结构，其化学组成可表示为：

$$Me_{\frac{x}{n}}[(AlO_2)_x(SiO_2)_y]\cdot mH_2O$$

其中，Me 为金属阳离子；n 为金属阳离子价数；x 为铝原子数；y 为硅原子数；m 为结晶水的分子数。

分子筛的基本结构单位是硅氧和铝氧四面体，四面体通过氧原子相互连接可形成环，环上的四面体再通过氧桥相互连接，可构成三维骨架的孔穴（或称笼），在分子筛的晶体结构中，含有许多形状整齐的多面体笼，不同结构的笼再通过氧桥相互连接形成各种不同结构的分子筛。

沸石分子筛具有优异的择形催化、酸性催化、吸附分离和离子交换能力，在炼油和石油化工中的干燥、吸附及催化裂化、异构化、烷基化等很多反应中应用广泛。它还能与某些贵金属组分结合组成多功能催化剂。

【实验目的】

（1）了解催化剂制备条件以及催化剂颗粒形状与催化剂性能之间的关系。

（2）掌握离子交换法制备 Y 型沸石催化剂的原理及方法。

（3）掌握催化剂挤条成型的方法。

（4）掌握焙烧的原理和作用。

【实验原理】

沸石催化剂属于固体酸催化剂，它的酸性来源于交换态铵离子的分解、氢离子交换或者所包含的多价阳离子在脱水时的水解。由于合成分子筛的基本型是 Na 型分子筛，它不显酸性，为产生酸性，必须将多价阳离子或氢质子引入晶格中，所以制备沸石催化剂往往要进行离子交换。同时，通过这种交换，还可以改进分子筛的催化性能，从而获得更广泛的应用。

Y 型沸石是目前广泛应用的沸石类型，其结构类似于金刚石的密堆立方晶系结构。其主要通道孔径约为 0.8～0.9 nm，Si/Al 比 1.5～3.0。若以 β 笼代替金刚石的碳原子结点，相邻的两个 β 笼通过六方柱笼联结，就形成一个超笼，即八面沸石型的晶体结构（图 2-7），多个这种结构继续连接下去，就得到 Y 型分子筛结构。在八面沸石型分子筛晶胞结构中，阳离子的分布有三种优先占的位置，即位于六方柱笼中心的 S_{I}，位于 β 笼的六圆环中心的 S_{II}，位于八面沸石笼中靠近 β 笼的四元环上的 S_{III}。

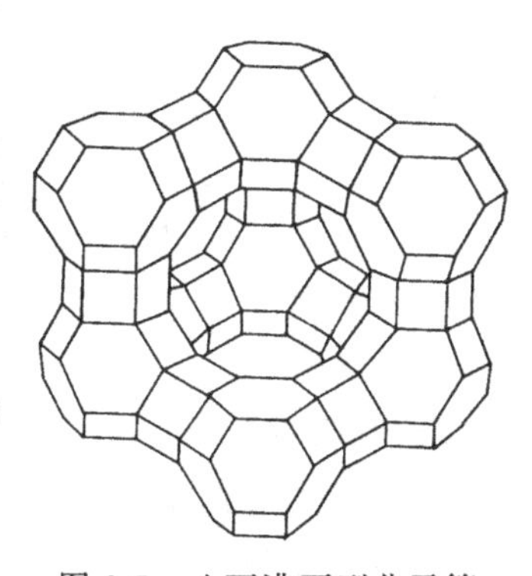

图 2-7　八面沸石型分子筛

本实验通过离子交换法制备 HY 型沸石催化剂。HY 型沸石催化剂的制备过程主要由以下几步组成：

样品→离子交换→洗涤→过滤→干燥→成型→焙烧→成品

（1）离子交换

分子筛的离子交换反应一般在水溶液中进行，常用酸或铵盐进行交换。酸交换通常可用无机酸（HCl、H_2SO_4、HNO_3 等）或有机酸（醋酸、酒石酸等）。采用无机酸 HCl 进行交换时的反应为：

$$NaY + HCl \rightleftharpoons HY + NaCl$$

酸交换时，沸石晶格上的铝也能被 H^+ 取代成为脱铝沸石，其催化性能会发生变化，具有特殊的催化性能，常用于加氢反应、异构化反应、烷基化反应、酯化反应等反应中。

铵交换是用铵盐溶液对 NaY 进行离子交换，交换时不会脱铝。采用 NH_4Cl 溶液进行交换时，反应式表示如下：

$$NaY + NH_4Cl \rightleftharpoons NH_4Y + NaCl$$

NH_4Y 在 300～500 ℃下焙烧一定时间，即可转变成具有酸性的 HY 型分子筛。反应式表示如下：

$$NH_4Y \xrightarrow{\text{加热 } 300\sim500\ ℃} HY + NH_3 \uparrow$$

离子交换反应是可逆反应，必须进行多次离子交换才能达到较高的交换率。溶液的浓度、交换温度、交换次数、交换时间等因素均对钠离子的交换率有影响。另外，在离子交换过程中，位于小笼中的钠离子一般很难被交换出来，可通过中间焙烧，使残留的 Na^+ 重新分布，移至易交换的位置，然后再用铵盐溶液交换，这样可以大大提高离子交换率。

（2）焙烧

焙烧是使催化剂具有一定活性的不可缺少的步骤。把干燥过的催化剂在不低于反应温度下进行焙烧，可以脱去水分，得到所需的活性组分，并使催化剂获得一定的晶型、晶粒大小、孔结构和比表面，同时保持催化剂的稳定性和增强催化剂的机械强度。用铵盐交换得到的铵型 Y 型沸石，当加热处理时，铵型变成氢型。如将温度进一步提高，则可进一步脱水，出现路易斯酸中心。

对制备的分子筛进行吡啶红外光谱表征，研究表明，在 3540 cm^{-1} 和 3643 cm^{-1} 处出现—OH 带，其峰强度随处理温度的变化而发生变化；若在该峰出峰位置，吸附吡啶会导致带的消失，两者均证明 HY 分子筛的羟基是酸位中心，且 NH_4Y 沸石一般在 350～550 ℃焙烧产生的酸度最大。

（3）成型

工业上使用的催化剂，大多具有一定的形状和尺寸，常用的有球状、柱状、粒状、条状、中空状、环状等。成型方法包括压片成型、挤条成型、油中成型、喷雾成型、转动成型等方法。成型过程中需要加入黏合剂，常用的黏合剂有田菁粉、干淀粉、氧化铝等。当分子筛粉末和黏合剂充分混合均匀后，再捏和充分使分子筛和黏合剂紧密掺和，然后采用螺杆挤条机挤条成型。

【实验装置】

离子交换装置如图 2-8 所示。将称量好的 NaY 分子筛装入三口烧瓶，加入配制好的 NH_4Y 溶液，装好冷凝管、搅拌器、温度计等，打开电加热套，加热到反应温度，反应一定时间后，冷却降温，分离出固体后，重复 2 次，经过滤、洗涤、干燥、成型、焙烧后，即制得 HY 分子筛。

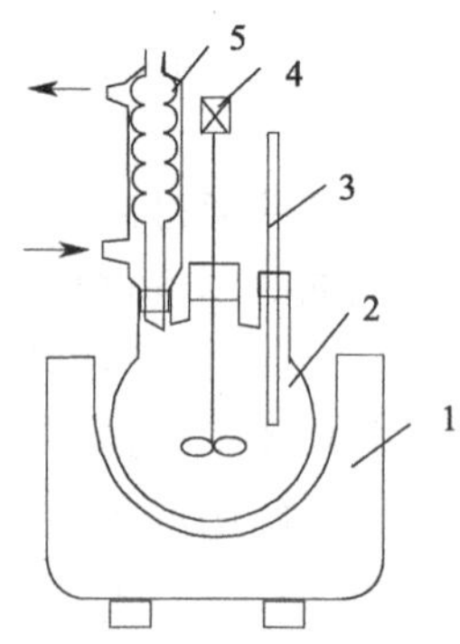

图 2-8 离子交换装置

1—电加热套；2—三口烧瓶；3—温度计；4—电动搅拌器；5—回流冷凝管

【实验步骤及方法】

（1）离子交换

在电子天平上称取 25 g 合成或天然 NaY 分子筛装入三口烧瓶中，用量筒量取预先配制好的 1 mol/L NH_4Cl 溶液 250 mL，然后将三口烧瓶放入电加热套中，装上回流冷凝管、电动搅拌器、电加热套接触温度计、温度计，并打开冷却水。启动搅拌器，打开电加热套电源，加热升温，控制温度在 100 ℃，搅拌反应 1 h，然后停止搅拌，移走电加热套，并冷却降温。卸下回流冷凝管、搅拌器和温度计，待分子筛完全沉至瓶底后，将上层清液分出，然后重新加入 250 mL 1 mol/L NH_4Cl 开始第二次交换，其余步骤同上。第二次交换完成后，待烧瓶温度降至 40～50 ℃时，进行过滤和洗涤。

(2) 过滤、洗涤

将砂芯漏斗装在抽滤瓶上，连通抽滤瓶和循环水真空泵，向砂芯漏斗中倒入混合沉淀液体，抽真空过滤接近滤干时，用 100 mL 蒸馏水均匀淋入，继续滤干，断开抽滤瓶和真空泵，与大气相通，关闭真空泵。将滤饼取出，放入 250 mL 烧杯内，加蒸馏水 100 mL，用玻璃棒将滤饼捣碎进行搅拌洗涤，再进行真空抽滤。重复上述操作至取滤液少许于试管中，加 0.1 mol/L $AgNO_3$ 溶液几滴，无白色沉淀出现，即表示滤液中无氯离子，洗涤完毕。将滤饼取出放在 250 mL 烧杯内，置于干燥箱中，在 120 ℃下烘干。

(3) 成型

将烘干后的分子筛研细，然后以 4∶1（质量比）的比例加入黏合剂氧化铝，混合均匀后加入少量水进行捏和，捏和充分后将物料放入挤条机中进行挤条成型，成型的催化剂经烘干后截断成一定长度的圆柱，以备活化。

(4) 焙烧

将催化剂颗粒放入瓷坩埚内，置于马弗炉炉膛中心。以 5 ℃/min 的升温速率，程序升温至 500 ℃，在此温度下保持 4 h，降至室温，取出坩埚放入干燥器中，以备反应用。

【实验记录与数据处理】

(1) 记录本实验的实验条件和实验数据，写在实验报告中。

例如：反应中加入____ g NaY 分子筛，____ mL 1 mol/L NH_4Cl，反应温度____℃，反应时间____ h，离子交换____次。过滤洗涤____次，____℃下烘干____h，加入黏合剂后，挤条成型，最后在____℃焙烧____h，放好备用。

(2) 观察成型后催化剂的外观形状并测定尺寸。

例如：形状________（圆柱形、球形等），尺寸________。

【实验报告】

(1) 简述实验目的、实验装置及实验药品。

(2) 写清实验原理、实验步骤、注意事项。

(3) 记录实验过程的原始数据，填在实验报告中。

(4) 实验结果讨论与实验改进建议。

【思考题】

(1) 分子筛催化剂的酸性是如何产生的？

(2) 什么叫作双功能分子筛催化剂？如何制备？

(3) 催化剂成型时需要哪几种助剂？每种助剂的作用是什么？各举出几种。

(4) 如何测定离子交换率？采用哪些措施可以提高离子交换率？

(5) 参考本实验过程，设计稀土离子交换改性 Y 型沸石的实验，画出实验流程。

实验五 单釜与三釜串联返混性能测定

在实际工业反应器中，由于物料在反应器内的流动速度不均匀，或内部构件的影响造成物料与主体流动方向相反的逆向流动，或在反应器内存在不理想流动，都会导致偏离理想流动，从而使得在反应器出口物料中有些在器内停留时间很长，而有些则停留时间很短，因此反应程度不同。而反应器出口物料应该是所有具有不同停留时间的物料的混合物，反应的实际转化率应该是这些物料的平均值。为了定量地确定出口物料的反应转化率或产物的定量分布，就必须定量地描述出口物料的停留时间分布。停留时间分布可以用于定性判别反应器中流体的流型，确定其是否符合要求，提出相应的改进方案，通过求取模型参数还可以用于反应器设计。

【实验目的】

(1) 掌握停留时间分布的测定方法。

(2) 了解停留时间分布与多釜串联模型的关系。

(3) 了解模型参数 m 的物理意义及计算方法。

【实验原理】

在连续流动的反应器内，不同停留时间的物料之间的混合称为返混。返混程度的大小一般很难直接测定，通常利用物料停留时间分布的测定来研究。然而测定不同状态的反应器内停留时间分布时可以发现，相同的停留时间分布可以有不同的返混情况，即返混与停留时间分布不存在一一对应的关系，因此不能用停留时间分布的实验测定数据直接表示返混程度，而要借助于反应器数学模型来间接表达。

物料在反应器内的停留时间完全是一个随机过程，需用概率分布方法来定量描述。所用的概率分布函数为停留时间分布密度函数 $E(t)$ 和停留时间分布函数 $F(t)$。停留时间分布密度函数 $E(t)$ 的物理意义是：同时进入的 N 个流体粒子中，停留时间介于 $t \sim (t+\mathrm{d}t)$ 间的流体粒子所占的分率 $\mathrm{d}N/N$ 为 $E(t)\mathrm{d}t$。停留时间分布函数 $F(t)$ 的物理意义是：流过系统的物料中停留时间小于 t 的物料的分率。$F(t)$ 与 $E(t)$ 关系为 $F(t)=\int_0^t E(t)\mathrm{d}t$ 。

停留时间分布的测定方法主要采用应答技术，根据示踪物的加入方式分为脉冲法、阶跃法、周期输入法等，常用的是脉冲法。当系统达到稳定后，在系统的入口处瞬间注入一定量 M 的示踪物，同时开始在出口流体中检测、记录示踪物的浓度随时间的变化情况，即物料的停留时间分布。本实验采用脉冲法测定停留时间分布，得到停留时间分布密度函数。

由停留时间分布密度函数的物理含义可知

$$E(t)\mathrm{d}t = VC(t)\mathrm{d}t/M \tag{2-30}$$

式中 $C(t)$——t 时刻反应器内示踪物的浓度；

$E(t)$——停留时间分布密度函数；

V——混合物的流量。

$$M=\int_0^{\infty} VC(t)\,\mathrm{d}t \tag{2-31}$$

所以

$$E(t)=\frac{VC(t)}{\int_0^{\infty} VC(t)\,\mathrm{d}t}=\frac{C(t)}{\int_0^{\infty} C(t)\,\mathrm{d}t} \tag{2-32}$$

由此可见 $E(t)$ 与示踪物浓度 $C(t)$ 成正比。因此，本实验中用水作为连续流动的物料，以饱和 KCl 作示踪物，在反应器出口处检测溶液电导值。在一定浓度范围内，KCl 浓度与电导值成正比，所以可用电导值来间接地表示物料的停留时间变化，即 $E(t) \propto L(t)$。$L(t)=L_t-L_{\infty}$，L_t 为 t 时刻的电导值；L_{∞} 为无示踪物时的电导值。

停留时间分布规律可用概率论中三个特征值来表示，数学期望（平均停留时间）$\bar{t}$、方差 σ_t^2 和对比时间 θ。

$\bar{t}$ 的表达式为：

$$\bar{t}=\int_0^{\infty} tE(t)\,\mathrm{d}t=\frac{\int_0^{\infty} tC(t)\,\mathrm{d}t}{\int_0^{\infty} C(t)\,\mathrm{d}t} \tag{2-33}$$

数据采用离散形式，用电导值 $L(t)$ 表示，并取相同时间间隔 Δt，则：

$$\bar{t}=\frac{\sum tC(t)\Delta t}{\sum C(t)\Delta t}=\frac{\sum tL(t)}{\sum L(t)} \tag{2-34}$$

方差 σ_t^2 的表达式为：

$$\sigma_t^2=\int_0^{\infty}(t-\bar{t})^2E(t)\,\mathrm{d}t=\int_0^{\infty} t^2E(t)\,\mathrm{d}t-\bar{t}^2 \tag{2-35}$$

也采用离散形式，用电导值 $L(t)$ 表示，并取相同 Δt，则：

$$\sigma_t^2=\frac{\sum t^2C(t)}{\sum C(t)}-(\bar{t})^2=\frac{\sum t^2L(t)}{\sum L(t)}-\bar{t}^2 \tag{2-36}$$

若用无量纲对比时间 θ 来表示，即 $\theta=t/\bar{t}$。

无量纲方差为 $\sigma_\theta^2=\sigma_t^2/\bar{t}^2$。

在测定了一个系统的停留时间分布规律后，需要用反应器模型来描述并评价其返混程度，本实验采用多级串联全混釜模型。

多级串联全混釜模型是将一个实际反应器中的返混程度与若干个等体积全混釜串联时的返混程度等效。若全混釜个数为 m，m 则称为模型参数。多级串联全混釜模型假定每个反应器均为全混釜，反应器之间无返混，每个全混釜体积相同，则可以推导得到多级串联全混釜反应器的停留时间分布关系，并得到无量纲方差 σ_θ^2 与模型参数 m 的关系为：

$$m=\frac{1}{\sigma_\theta^2} \tag{2-37}$$

当模型参数 $m=1$，$\sigma_\theta^2=1$，为全混流反应器特征；

当模型参数 $m\to\infty$，$\sigma_\theta^2\to 0$，为平推流反应器特征。

此处 m 是模型参数，是个虚拟釜数，并不限于整数。

【实验装置】

多釜串联实验装置如图 2-9 所示。

三釜串联反应器中每个釜的体积为 1 L，单釜反应器体积为 3 L，用可控硅直流调速装置调速。实验时，水分别从两个转子流量计流入两个系统，稳定后在两个系统的入口处分别快速注入示踪物饱和 KCl 溶液，由每个反应釜出口处电导电极检测出口处物料的电导值，间接地表示示踪物浓度变化，并由记录仪自动记录下来。

【实验步骤及方法】

(1) 打开总电源开关，打开水位控制开关，开启水阀门，当水位指示绿灯亮后，关小入水阀门，慢慢打开进水转子流量计的阀门。调节水流量维持在 20 L/h，保持流量，直至各釜充满水，并能正常地从最后一级流出。

(2) 开启电磁阀开关和电导仪总开关，分别开启三釜中搅拌电机开关，再旋转调节电机转速的旋钮，使三釜搅拌转速大于 200 r/min。

(3) 设定记录时间间隔，待系统稳定后，打开示踪剂旋钮迅速注入示踪剂，在电脑上开始记录数据。

(4) 当电脑上显示的浓度在 2 min 内觉察不到变化时，即认为终点已到。关闭仪器、电

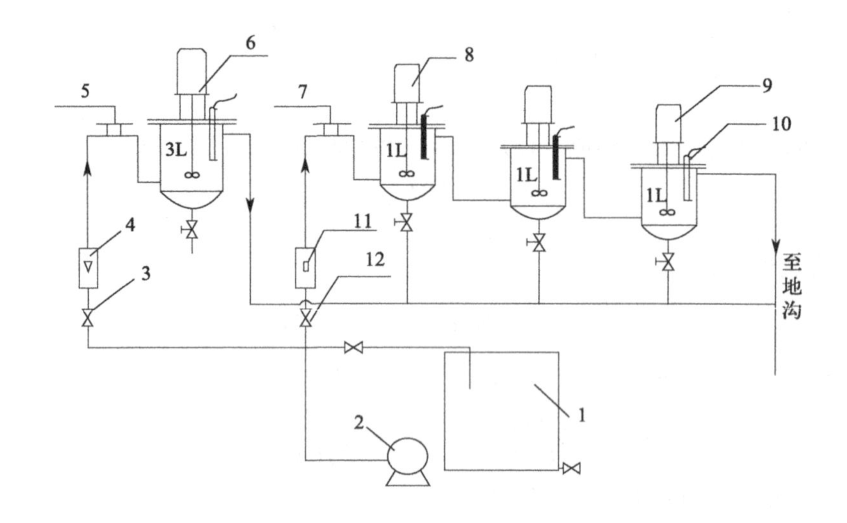

图 2-9 多釜串联实验装置

1—水箱；2—水泵；3,12—调节阀；4,11—转子流量计；5,7—示踪剂入口；6,8—电机；9—调速电机；10—电导率仪探头

源、水源，排清釜中料液，实验结束。

【实验记录与数据处理】

根据实验结果，可以得到单釜与三釜的停留时间分布曲线，这里的物理量——电导值 L 对应了示踪剂浓度的变化；测定的时间由电脑记录数据读出。根据记录的数据，用离散化计算方法，相同时间间隔取点，一般可取 20 个数据点左右，再由式(2-34) 和式(2-36) 分别计算出各自的 $\bar{t}$ 和 σ_t^2，及无量纲方差 $\sigma_\theta^2=\sigma_t^2/\bar{t}^2$。通过多釜串联模型，利用式(2-37) 求出相应的模型参数 m，随后根据 m 值，就可确定单釜和三釜系统的返混程度大小。对实验结果进行讨论。

整个实验过程采用微机数据采集与分析处理系统，可直接由电导率仪输出信号至计算机，由计算机负责数据采集与分析，在显示器上画出停留时间分布动态曲线图，并在实验结束后自动计算平均停留时间、方差和模型参数。停留时间分布曲线图与相应数据均可方便地保存或打印输出，减少了手工计算的工作量。

【实验报告】

(1) 简述实验目的、实验装置及药品、实验原理。

(2) 记录实验过程的原始数据（实验数据记录表）。

(3) 计算出单釜与三釜系统的平均停留时间 $\bar{t}$ 和方差 σ_t^2，及无量纲方差 $\sigma_\theta^2=\sigma_t^2/\bar{t}^2$，并与理论值比较。

(4) 计算模型参数 m，判断两种系统的返混程度大小。

(5) 实验结果分析与讨论。

【思考题】

(1) 何谓示踪剂？示踪剂选择的原则是什么？

(2) 模型参数的物理意义是什么？

(3) 试描述如何通过测定的实验数据来计算模型参数。

（4）为什么说返混与停留时间分布不是一一对应的？为什么要通过测定停留时间分布来研究返混程度？

（5）测定停留时间分布的方法有哪些？本实验采用哪种方法？

（6）什么叫作返混？造成返混的原因是什么？返混程度的两种极限形式是什么？

实验六　管式反应器流动特性测定

在连续管式反应器中，与物料流动方向垂直的径向截面处，总是呈现不均匀速度分布。这主要是因为边界层存在使得由于壁面的阻滞而减慢流速，造成了径向速度分布的不均匀性，使径向和轴向都存在一定程度的混合，这种速度分布的不均匀性和径向、轴向的混合，也造成反应器出口物料的停留时间不同，反应器内存在返混。为了定量地确定出口物料的反应转化率或产物的定量分布，必须定量地描述出口物料的停留时间分布。停留时间分布可以用于定性判别反应器中流体的流型，确定其是否符合要求，并提出相应的改进方案，求取模型参数还可以用于反应器设计。

【实验目的】

（1）了解连续均相管式循环反应器的返混特性。

（2）分析观察连续均相管式循环反应器的流动特征。

（3）研究不同循环比下的返混程度，计算模型参数 n。

【实验原理】

工业生产上，某些反应为了控制反应物的合适浓度，以便控制温度、转化率和收率，同时需要使物料在反应器内有足够的停留时间，并具有一定的线速度，将反应物的一部分物料返回到反应器进口，使其与新鲜的物料混合再进入反应器进行反应。在连续流动的反应器内，不同停留时间的物料之间的混合称为返混。对于这种反应器循环与返混之间的关系，需要通过实验来测定。

在连续均相管式循环反应器中，若循环流量等于零，则反应器的返混程度与平推流反应器相近，管内流体的速度分布和扩散，会造成较小的返混。若有循环操作，则反应器出口的流体被强制返回反应器入口，也就是返混。返混程度的大小与循环流量有关，通常定义循环比 R 为：

$$R=\frac{\text{循环物料的体积流量}}{\text{离开反应器物料的体积流量}}$$

式中，离开反应器物料的体积流量等于进料的体积流量。

循环比 R 是连续均相管式循环反应器的重要特征，可自零变至无穷大。

当 $R=0$ 时，相当于平推流管式反应器；

当 $R=\infty$ 时，相当于全混流反应器。

因此，对于连续均相管式循环反应器，可以通过调节循环比 R，得到不同返混程度的反应系统。一般情况下，循环比大于 20 时，系统的返混特性已经非常接近全混流反应器。

返混程度的大小一般很难直接测定，通常利用物料停留时间分布的测定来研究。然而测定不同状态的反应器内停留时间分布时可以发现，相同的停留时间分布可以有不同的返混情况，即返混与停留时间分布并不是一一对应的关系，因此不能用停留时间分布的实验测定数据直接表示返混程度，而要借助于反应器数学模型来间接表达。

停留时间分布的测定方法有脉冲法、阶跃法、周期输入法等，常用的是脉冲法。当系统达到稳定后，在系统的入口处瞬间注入一定量 M 的示踪物料，同时开始在出口流体中检测示踪物料的浓度变化。

由停留时间分布密度函数的物理含义，可知

$$E(t)\,\mathrm{d}t = VC(t)\,\mathrm{d}t/M \tag{2-38}$$

式中，$C(t)$为 t 时刻反应器内示踪剂浓度；$E(t)$为停留时间分布密度函数；V 为混合物的流量。

$$M = \int_0^{\infty} VC(t)\,\mathrm{d}t \tag{2-39}$$

所以

$$E(t) = \frac{VC(t)}{\int_0^{\infty} VC(t)\,\mathrm{d}t} = \frac{C(t)}{\int_0^{\infty} C(t)\,\mathrm{d}t} \tag{2-40}$$

由于电导率与浓度之间存在线性关系，故可以直接对电导率进行复化辛普森积分，其公式如下：

$$\int_0^{\infty} E(t)\,\mathrm{d}t = \frac{h}{6}\left[E(a) + 4\sum_{k=0}^{n-1} E(x_{k+\frac{1}{2}}) + 2\sum_{k=1}^{n-1} E(x_k) + E(b)\right] \tag{2-41}$$

式中，h 为记录数据的总时间；n 为要处理的数据个数；a 为第一组数据；b 为最后一组数据。

由此可见，$E(t)$与示踪剂浓度 $C(t)$成正比。因此，本实验中用水作为连续流动的物料，以食盐水作示踪剂，在反应器出口处检测溶液的电导值。在一定范围内，食盐水的浓度与电导值成正比，则可用电导值来表达物料的停留时间变化关系，即 $E(t) \propto L(t)$。$L(t) = L_t - L_{\infty}$，L_t 为 t 时刻的电导值，L_{∞}为无示踪剂时的电导值。

由实验测定的停留时间分布密度函数 $E(t)$，有两个重要的特征值，即平均停留时间 $\bar{t}$ 和方差 σ_t^2，可由实验数据计算得到。若用离散形式表达，并取相同时间间隔 Δt 则：

$$\bar{t} = \frac{\sum tC(t)\Delta t}{\sum C(t)\Delta t} = \frac{\sum tL(t)}{\sum L(t)} \tag{2-42}$$

$$\sigma_t^2 = \frac{\sum t^2 C(t)}{\sum C(t)} - (\bar{t})^2 = \frac{\sum t^2 L(t)}{\sum L(t)} - \bar{t}^2 \tag{2-43}$$

式中，$L(t)$为液体的电导值。

若用无量纲对比时间 θ 来表示，即 $\theta = t = \bar{t}$；无量纲方差 $\sigma_\theta^2 = \sigma_t^2/\bar{t}^2$。

在测定了一个系统的停留时间分布后，如何评价其返混程度则需要用反应器模型来描述，本实验采用的是多釜串联模型。

多釜串联模型是将一个实际反应器中的返混程度与若干个全混釜串联时的返混程度等效。这里若干个全混釜个数 n 是虚拟值，并不代表反应器个数，n 称为模型参数。多釜串联模型假定每个反应器均为全混釜，反应器之间无返混，每个全混釜体积相同，则可以推导得到多釜串联反应器的停留时间分布函数关系，并得到无量纲方差 σ_θ^2 与模型参数 n 的关系为：

$$n = \frac{1}{\sigma_\theta^2} \tag{2-44}$$

当模型参数 $n=1$，$\sigma_\theta^2=1$，为全混流反应器特征；当模型参数 $n \to \infty$，$\sigma_\theta^2 \to 0$，为平推流反应器特征。这里 n 是模型参数，是个虚拟釜数，并不限于整数。通过 n 值的大小，可以判断混合的程度。

【实验装置】

管式反应器流动特性实验工艺流程图如图2-10所示。本实验装置由管式反应器和循环系统组成，连续流动物料为水，示踪剂为食盐水。实验时，水从水箱用进料泵往上输送，经进料流量计测量流量后，进入管式反应器，在反应器顶部分为两路，一路到循环泵经循环流量计测量流量后进入反应器，另一路经电导率仪测量电导后排入地沟。待系统稳定后，食盐从盐水池通过电磁阀快速进入反应器，由系统出口处电导电极检测示踪剂浓度变化，并显示在电导率仪上由记录仪记录。

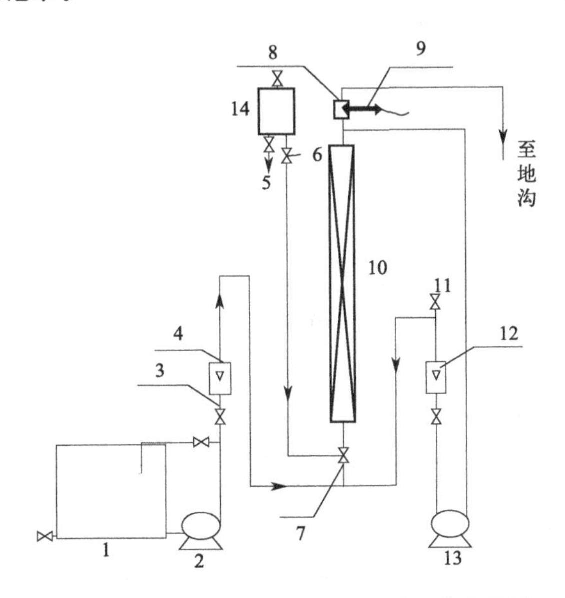

图2-10　管式反应器流动特性实验工艺流程图

1—水箱；2,13—水泵；3—调节阀；4,12—转子流量计；5—排空阀；6—两分电磁阀；7—喷管；8—六分出口；9—电导电极；10—管式反应管；11—放空阀；14—示踪剂储瓶

【实验步骤及方法】

(1) 实验准备

① 配制0.017 mol/L食盐溶液。

② 熟悉流量计、循环泵的操作。

③ 熟悉进样操作，可抽清水模拟操作。

④ 熟悉“管式循环反应器数据采集”系统的操作。

(2) 实验步骤

① 通电：开启电源开关，将电导率仪预热，以备测量。打开电脑，打开“管式循环反应器数据采集”软件，准备开始。

② 通水：首先要放空，开启进料泵，让水注满管道，缓慢打开放空阀，有水柱喷出即放空成功；其次使水注满反应管，并从塔顶稳定流出，此时调节进水流量为15 L/h，保持流量稳定。

③ 循环进料：首先要放空，开启循环水泵，让水注满管道，缓慢打开放空阀，有水柱喷出即放空成功；其次通过调节流量计阀门的开度，调节循环水的流量。

④ 进样操作：a. 将预先配制好的食盐溶液注入示踪剂储瓶内，待系统稳定后，迅速注入示踪剂（0.1～1.0 s），自动进行数据采集，每次采集时间约需 30 min；b. 当电脑记录显示的曲线在 3 min 内觉察不到变化时，即认为终点已到，点击“停止”键，并立即按“保存数据”键存储数据；c. 打开“历史记录”选择相应的保存文件进行数据处理，实验结果可保存或打印；d. 改变循环比 R 值，重复 a～c 步骤，本实验选用循环比 $R=0$、3 或 5。

⑤ 实验结束：先用水冲洗电磁阀及管路，再关闭自来水阀门、流量计、水泵、电导率仪、总电源，退出实验程序，关闭计算机，将仪器复原。

（3）实验内容

① 观察管式循环反应器的流动特征。

② 用脉冲示踪法测定管式循环反应器停留时间分布。

③ 改变循环比，确定不同循环比下的系统返混程度。

（4）操作要点

① 实验循环比 $R=0$、3 或 5。

② 调节流量稳定后方可注入示踪剂，整个操作过程中注意控制流量。

③ 为便于观察，可以在示踪剂中加入颜料。

④ 抽取示踪剂时勿吸入底层晶体，以免堵塞。

⑤ 一旦失误，应等示踪剂出峰全部走平后，再重做。

【实验记录与数据处理】

（1）拷贝实验数据，打印出来放在实验报告中。

（2）选择一组实验数据，用离散方法计算平均停留时间、方差，从而计算无量纲方差和模型参数，要求写清计算步骤。

（3）列出数据处理结果表，与计算机计算结果比较，分析偏差原因。

【实验报告】

（1）简述实验目的、实验装置及实验药品。

（2）写清实验原理、实验步骤、注意事项。

（3）记录实验过程的原始数据，写在实验报告中。

（4）实验结果讨论与实验改进建议。

【思考题】

（1）什么叫做平推流模型？什么叫做全混流模型？

（2）何谓循环比？何谓返混？循环比和返混程度有什么关系？

（3）连续均相管式反应器如何减小或加大返混程度？

（4）表征返混程度的模型参数是什么？该参数的大小反映了什么？

实验七　乙苯脱氢制苯乙烯

苯乙烯是用苯取代乙烯中的一个氢原子形成的有机化合物，在工业中具有重要的用途和价值，是合成橡胶和塑料的最重要单体之一，其自聚或与其他单体共聚可用来生产丁苯橡胶、聚苯乙烯、泡沫聚苯乙烯、ABS 树脂、SAN 树脂、SBS 橡胶等。此外，还可用于制药、染料、农药以及选矿等行业，用途十分广泛。

苯乙烯的生产方法主要有乙苯催化脱氢法、环氧丙烷-苯乙烯联产法、热解汽油抽提法等。其中乙苯催化脱氢法最早由美国陶氏公司开发，是目前国内外生产苯乙烯的主要方法，世界上约有90%的苯乙烯是通过该方法进行生产的。

【实验目的】

(1) 了解以乙苯为原料，氧化铁系为催化剂，在固定床单管反应器中制备苯乙烯的过程。

(2) 学会稳定工艺操作条件的方法。

(3) 掌握乙苯脱氢制苯乙烯的转化率、选择性、收率与反应温度的关系。

【实验原理】

本实验以乙苯为原料，氧化铁系为催化剂，在固定床单管反应器中制备苯乙烯。

(1) 本实验的主副反应

主反应：

$$C_6H_5-C_2H_5 \longrightarrow C_6H_5-CH=CH_2 + H_2 \quad 117.8\ kJ/mol$$

副反应：

$$C_6H_5-C_2H_5 \longrightarrow C_6H_6 + C_2H_4 \quad 105\ kJ/mol$$

$$C_6H_5-C_2H_5 + H_2 \longrightarrow C_6H_6 + C_6H_6 \quad -31.5\ kJ/mol$$

$$C_6H_5-C_2H_5 + H_2 \longrightarrow C_6H_5-CH_3 + CH_4 \quad -54.5\ kJ/mol$$

在水蒸气存在的条件下，还可能发生下列反应：

$$C_6H_5-C_2H_5 + H_2O \longrightarrow C_6H_5-CH_2 + CO_2 + H_2$$

此外，副反应还有芳烃缩合及苯乙烯聚合生成焦油等。这些连串副反应的发生不仅使反应选择性下降，而且极易使催化剂表面结焦进而活性下降。

(2) 影响反应的因素

① 温度的影响

乙苯脱氢反应为吸热反应，$\Delta H^{\ominus}>0$，从平衡常数与温度的关系式$\frac{\partial \ln K_p}{\partial T_p}=\frac{\Delta H^{\ominus} K_p}{RT^2}$可知，提高温度可增大平衡常数，从而提高脱氢反应的平衡转化率。但是温度过高会使副反应增加，苯乙烯选择性下降，能耗增大，设备材质要求提高，故应控制在适宜的反应温度。本实验的反应温度为540～600 ℃。

② 压力的影响

乙苯脱氢为体积增加的反应，从平衡常数与压力的关系式$K_p=K_n\left(\frac{P_{总}}{\sum n_i}\right)^{\Delta\gamma}$可知，当$\Delta\gamma>0$时，降低总压$P_{总}$可使$K_n$增大，从而增加反应的平衡转化率，故降低压力有利于平衡向脱氢方向移动。本实验加入水蒸气的目的是降低乙苯的分压，以提高平衡转化率，较适宜的水蒸气用量为：水∶乙苯为1.5∶1（体积比）或8∶1（物质的量之比）。

③ 空速的影响

乙苯脱氢反应系统中有平衡副反应和连串副反应，随着接触时间的增加，副反应也增加，苯乙烯的选择性可能下降，适宜的空速与催化剂的活性及反应温度有关，本实验乙苯的液空速以 $0.6h^{-1}$ 为宜。

（3）催化剂

乙苯脱氢反应中，催化剂是提高反应转化率、实现高选择性的关键，其中铁系催化剂是应用较广的一种。本实验采用氧化铁系催化剂，其组成为：Fe_2O_3-CuO-K_2O-CeO_2。

【实验装置】

乙苯脱氢制苯乙烯实验流程图如图 2-11 所示。由管式反应器、物料加入系统和循环水冷却系统组成。乙苯、水分别由加料泵加入，流量由泵上进料阀门控制，流量大小由计量管显示，乙苯和水进入混合器、汽化器，加热汽化后进入反应器反应，由热电偶传输信号在仪表屏上控制、显示汽化器反应温度，且温度、流量均可由计算机控制。循环水冷却系统保证冷凝器中粗产品物料冷凝，并由分离器收集粗产品，经气相色谱仪测定液相产品组成。

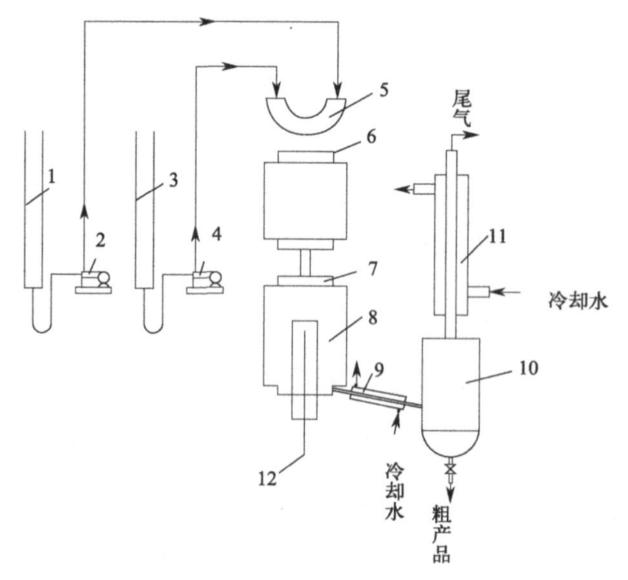

图 2-11 乙苯脱氢制苯乙烯实验流程图

1—乙苯计量管；2,4—加料泵；3—水计量管；5—混合器；6—汽化器；7—反应器；8—电热夹套；9,11—冷凝器；10—分离器；12—热电偶

【实验步骤及方法】

（1）实验准备

① 药品：乙苯（化学纯），蒸馏水。

② 实验器具：天平 1 台，秒表 1 只，量筒 1 只，烧杯 1 只，色谱分析取样瓶若干。

（2）反应条件控制

汽化温度为 300 ℃，脱氢反应温度为 540～600 ℃，水-乙苯为 1.5∶1（体积比），乙苯空速 $0.6h^{-1}$，相当于乙苯加料 0.5 mL/min，蒸馏水 0.75 mL/min（50 mL 催化剂）。

（3）实验步骤

① 了解并熟悉实验装置及流程，明确物料走向及加料、出料方法。

② 接通电源，使汽化器、反应器分别逐步升温至预定的温度，同时打开冷却水，并关

闭乙苯加料泵旁进料阀。

③ 分别校正蒸馏水和乙苯的流量（0.75 mL/min和0.5 mL/min）。

④ 当汽化器温度达到300 ℃后，反应器温度达400 ℃左右时开始加入已校正好流量的蒸馏水。当反应温度升至500 ℃左右，加入已校正好流量的乙苯，继续升温至540 ℃，稳定30 min。

⑤ 反应开始每隔10～20 min取一次数据，每个温度至少取两个数据，粗产品从分离器中放入量筒内。然后用分液漏斗分去水层，称出烃层液质量。

⑥ 取少量烃层液样品，用气相色谱分析其组成，进行数据处理。

⑦ 反应结束后，停止加乙苯。反应温度维持在500 ℃左右，继续通水蒸气，进行催化剂的清焦再生，约半小时后停止通水，并降温。

⑧ 关闭总电源和冷却水阀门。

【实验记录与数据处理】

（1）原始记录，见表2-11。

表2-11 原始记录表

时间/min	温度/℃		原料流量/(mL/min)				粗产品/g		尾气
	汽化器	反应器	乙苯		水		烃层液	水层	
			始	终	始	终			

（2）粗产品分析结果，见表2-12。

表2-12 粗产品分析结果

反应温度/℃	乙苯加入量/g	粗产品							
		苯		甲苯		乙苯		苯乙烯	
		含量/%	质量/g	含量/%	质量/g	含量/%	质量/g	含量/%	质量/g

（3）计算结果

乙苯的转化率为：

$$x=\frac{RF}{FF}\times 100\% \tag{2-45}$$

式中，x为转化率；RF为原料消耗量，g；FF为原料加入量，g。

苯乙烯的选择性为：

$$S=\frac{p}{RF}\times 100\% \tag{2-46}$$

式中，S为目标产物的选择性；p为目标产物量，g。

苯乙烯的收率为：

$$Y=xS\times 100\% \tag{2-47}$$

（4）色谱分析

① 分析条件1（GC7890T色谱仪）

分析柱：B柱为分析柱，内装25% DNP，A柱为参考柱。

载气：H_2，柱前压0.07 MPa，约8.2圈。

检测器：热导池，电流120 mA。

柱温：110 ℃；进样器温度：150 ℃；检测器温度：150 ℃。

进样量：2 μL，B进样口。

② 分析条件2（SP-2色谱处理机）

参数：衰减1000；斜率300；最小面积500；其余为初始值。

③ 操作方法

a. 打开H_2钢瓶，减压阀出口压力调节至1.3 MPa左右；

b. 调节色谱仪载气流量阀，使分析柱内有载气通过，打开色谱仪电源，按要求设定温度；

c. 温度稳定后，调节载气流量阀，使B柱前压达到0.07 MPa，A气路与B气路圈数相同，设定检测器工作电流；

d. 打开处理机，基线稳定后即可分析，开机后30 min内可达稳定；

e. 分析结束后关闭色谱仪、处理机电源，关闭钢瓶总阀和减压阀。

④ 数据处理

校正因子：$f_{苯}=f_{甲苯}=f_{乙苯}=f_{苯乙烯}=1$。

【实验报告】

(1) 简述实验目的、实验装置及实验药品。

(2) 写清实验原理、实验步骤、注意事项。

(3) 记录实验过程的原始数据，填写在实验报告中。

(4) 对实验数据进行处理，分别将转化率、选择性及收率对反应温度作出图表，找出最适宜的反应温度区域。

(5) 分析实验结果，包括曲线图趋势的合理性、误差、成败原因等。

(6) 实验结果讨论与实验改进建议。

【思考题】

(1) 影响产品转化率的动力学因素有哪些？各因素是如何影响的？

(2) 目前用于乙苯脱氢制苯乙烯的催化剂都有哪些？

(3) 乙苯脱氢生成苯乙烯反应是吸热还是放热反应？如何判断？如果是吸热反应，则反应温度为多少？本实验采用什么方法？工业上又是如何来实现的？

(4) 对本反应而言是体积增大还是减小？加压有利还是减压有利？工业上是如何来实现减压操作的？本实验采用什么方法？为什么加入水蒸气可以降低烃的分压？

(5) 在本实验中有哪几种液体产物生成？哪几种气体产物生成？如何分析？

(6) 进行反应物料衡算，需要哪些数据？如何搜集并进行处理？

实验八　气固相苯加氢催化反应

环己烷主要（占总量90%以上）用来生产环己醇、环己酮及己二酸，它们是制造尼龙-6和尼龙-66的重要原料。环己烷还用作树脂、油脂、橡胶和增塑剂等的溶剂。环己烷可从环烷基原油所得的汽油馏分中提取，但产量有限，纯度不高，要制得99.9%以上高纯环己烷相当困难。苯加氢制环己烷的生产工艺过程简单，成本低廉，而且得到的制品纯度极高，非常适用于合成纤维的生产。因此，主要用于合成尼龙用的高纯度的环己烷生产规模相当大，消耗的苯居苯消耗总量的第二位。

【实验目的】

(1) 了解苯加氢的实验原理和方法。

(2) 了解气固相加氢设备的结构和使用方法。

(3) 掌握加压的操作方法。

(4) 通过实验进一步考察流量、温度对苯加氢反应的影响。

【实验原理】

环己烷是生产聚酰胺类纤维的主要中间体之一，高纯度的环己烷可由苯加氢制得。

苯加氢制环己烷是典型的有机催化反应，无论在理论研究还是工业生产上，都具有十分重要的意义。苯加氢生产环己烷工业上常用的方法主要有气相法和液相法两种。气相法的优点是催化剂与产品分离容易，所需反应压力也较低，缺点是设备多而大，费用比液相高。液相法的优点是反应温度易于控制，投资小，原料消耗少，不足之处是所需压力比较高，转化率较低。

反应主要方程式如下：

$$\text{苯} + 3H_2 \xrightarrow[200\ ℃,2.5\ MPa]{Ni} \text{环己烷}$$

苯加氢制环己烷的反应是一个放热、反应体积减小的可逆反应，因此，低温和高压有利于反应正向进行。所以，苯加氢制环己烷的反应温度不宜过高，但也不能太低，否则反应物分子不能很好地活化，导致反应速率减慢。如果催化剂活性较好，选择性可达95%以上。

本实验选择在加压固定床微反应器中进行催化反应，催化剂采用 γ-Al_2O_3 负载 Ni 或 Cu。

【实验装置】

苯加氢催化反应流程示意图和加压固定床微反应装置的面板示意图如图2-12和图2-13所示。

实验流程：从氢气钢瓶出来的氢气，通过氢气减压阀控制输出压力，稳压阀调压，调节转子流量计到所需的流量，氢气与经过加料泵输送上来的苯混合，然后进入预热器预热到一定温度，在固定床反应器中反应，反应混合物经冷凝器冷凝成气液两相，在气液分离罐中分离，反应一定时间后，取气相产物，分析组成。

实验试剂包括：苯、氢气、氮气（吹扫用）、环己烷。

【实验步骤及方法】

(1) 装填20 mL催化剂（详见仪器操作说明）。

(2) 系统试漏（详见仪器操作说明）。

(3) 打开温度控制电源，通入氢气和氮气，将预热器温度控制表温度设定为200 ℃，催化剂加氢还原2 h，氢气和氮气的流速控制在20 mL/min，一段时间后温度会上升，调节给定温度使其不超过250 ℃为宜。还原活化完成后，设定预热器温度为150 ℃，当其温度降到

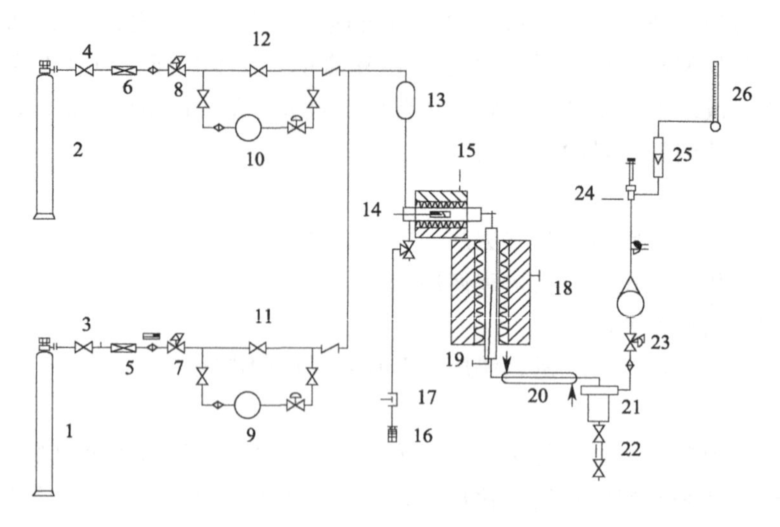

图 2-12　苯加氢催化反应流程示意图

1,2—气体钢瓶；3,4—减压阀；5,6—气体干燥器；7,8—稳压阀；9,10—转子流量计；11,12—质量流量计旁路阀；13—气体混合罐；14—预热器温度计；15—预热器；16—加料瓶；17—液体加料泵；18—加压固定床反应器；19—反应炉温度计；20—冷凝器；21—气液分离罐；22—液体取样罐；23—气体取样阀；24—气体取样口；25—尾气流量计；26—皂膜流量计

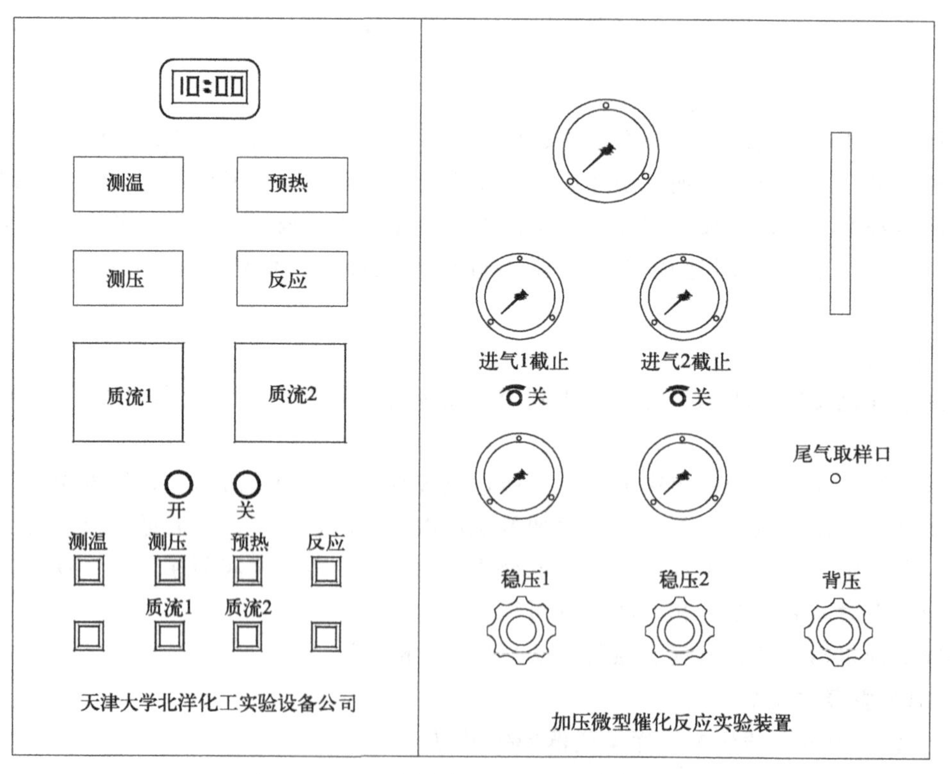

图 2-13　加压固定床微反应器面板示意图

150 ℃时开启苯的加料泵，观察在三通阀通大气的一侧有液体流出后，转动三通阀进液至预热器并观察预热器和反应器的温度有无变化。苯的进料流量为 20.00 mL/h，转子流量计流

量为 50～100 mL/min，反应时间 1.5 h。进料后要调节背压阀，使反应压力维持在 1.0 MPa。当反应结束后，可取样分析产物，该产物在取样时变成气体，故可分析气体组成并计量，最后取出液体，分析其含量。

【实验记录与数据处理】

(1) 气相色谱仪检测条件

检测器类型：FID 检测器；载气：N_2，0.4 MPa；毛细管柱：20 m；汽化温度：150 ℃；柱箱温度：100 ℃；检测器温度：250 ℃；色谱柱类型：PEG20M。

(2) 最佳反应温度的确定

泵流量 20.00 mL/h；转子流量计流量 50～100 mL/min，固定流量。反应时间 2.0 h；反应压力 1.0 MPa。

实验记录如表 2-13 所示。

表 2-13　反应温度确定表

反应压力/MPa	反应温度/℃	产物含量/%
1.0	130	
1.0	150	
1.0	170	
1.0	200	
1.0	250	
1.0	300	

(3) 最佳流量的确定

转子流量计流量 50～100 mL/min，固定流量；反应时间 2.0 h；反应温度：150 ℃。实验记录如表 2-14 所示。

表 2-14　流量确定表

转子流量计流量/(mL/min)	反应温度/℃	产物含量/%
4.0	150	
8.0	150	
10.0	150	
14.0	150	
18.0	150	
20.0	150	

(4) 实验数据处理　通过以上实验数据的测定，可以确定在该反应装置中进行苯催化加氢制备环己烷反应的最佳反应温度、最佳苯进料流量、目标产物最高转化率及收率。将以上所得的最优条件记录下来。

【实验报告】

(1) 简述实验目的、实验装置及药品、实验原理。

(2) 记录实验过程的原始数据（实验数据记录表）。

(3) 计算苯催化加氢制备环己烷反应的最佳反应温度、最佳苯进料流量、目标产物最高转化率及收率。

(4) 实验结果分析与讨论。

【思考题】

(1) 什么叫作气固相反应？气固相反应步骤有哪些？

（2）如何根据反应温度来选择合适的催化剂？

（3）气固相反应器中的物料流型属于哪种非理想流动模型？该模型的特点有哪些？

（4）苯催化加氢制环己烷目前催化剂有哪几类？试举出几种。

（5）气固相催化苯加氢反应中，反应温度、压力、空速对苯转化率和选择性有何影响？

（6）本次实验条件考察属于单因素考察，那么单因素考察在科研中有什么优势？

实验九　乙醇气相脱水制乙烯

近年来，随着原油价格上涨，石油裂解制乙烯的生产成本急剧上升，而生物质乙醇的生产技术取得了突破，可大幅度降低乙醇价格。据推算，当原油价格达到70美元/桶时，乙醇脱水制乙烯工艺路线可与石油裂解制乙烯路线相竞争。目前现有乙醇脱水制乙烯装置每吨乙烯的乙醇物耗为1.9～2.0 t，如果原料乙醇价格控制在每吨3000元左右，加上其他生产成本，每吨乙烯的生产成本可控制在700～800美元之间。近年来石油烃裂解生产的乙烯销售价维持在800～1100美元/t。因此，可看出生物质乙醇生产的乙烯具有较大优势和竞争力，同时乙醇脱水制得的乙烯纯度较高，与石油烃裂解制乙烯相比，可大大减少分离费用，且乙醇法制乙烯设备投资小、建设周期短、见效快。

【实验目的】

（1）了解乙醇气相脱水制备乙烯的工艺过程，学会设计实验流程和操作。

（2）掌握乙醇气相脱水操作条件对产物收率的影响，学会获取最佳工艺条件的方法。

（3）掌握固定床反应器的特点及其他有关设备的使用方法，提高自己的实验技能。

（4）掌握色谱分析原理和操作。

【实验原理】

乙醇在一定的温度和催化剂作用下，可以分子内脱水生成乙烯，也可以在分子间脱水生成乙醚。由于反应条件，尤其是反应温度以及催化剂的不同，还可进行某些其他反应。但是无论在生产规模、产品用途，还是深加工等方面，乙烯均更重要。

乙醇在催化剂存在下，反应式为：

$$2C_2H_5OH \longrightarrow C_2H_5OC_2H_5 + H_2O$$

$$C_2H_5OH \longrightarrow C_2H_4 + H_2O$$

通常，较高的反应温度有利于生成乙烯，而较低的反应温度则有利于生成乙醚。

常用的催化反应系统有以下三类：第一类以浓硫酸为催化剂，反应温度为170 ℃；第二类以γ-氧化铝为催化剂，反应温度为360 ℃；第三类以分子筛（ZSM-5）为催化剂，反应温度为300 ℃。

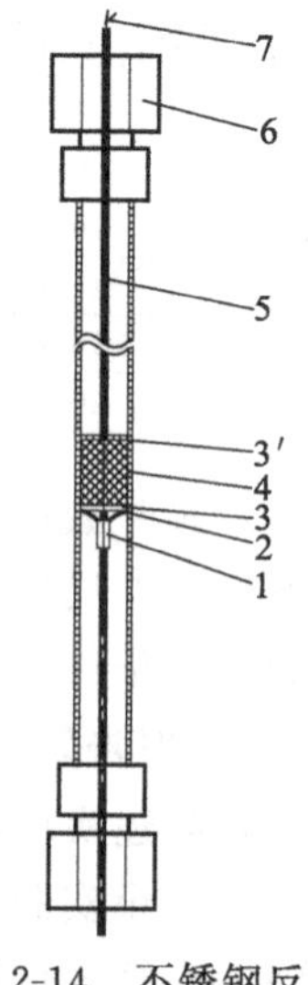

图2-14　不锈钢反应器

1—三脚架；2—丝网；3,3′—玻璃毛；4—催化剂；5—温度计套管；6—螺帽；7—热电偶

【实验装置与试剂】

（1）实验装置：本实验采用管式炉加热固定床反应器，反应器见图2-14，实验流程如图2-15所示。

（2）试剂：无水乙醇（分析纯）、分子筛催化剂，60～80目，填装量7 g。

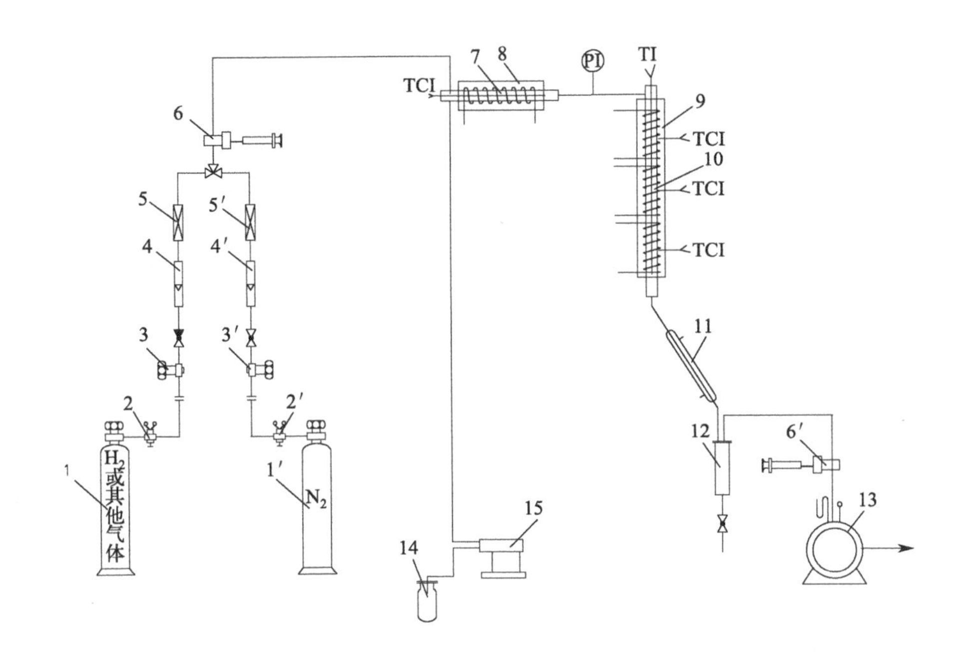

图 2-15　固定床实验装置流程示意图

TCI—控温热电偶；TI—测温热电偶；PI—压力计

1,1′—气体钢瓶；2,2′,3,3′—减压阀；4,4′—转子流量计；5,5′—干燥器；6,6′—取样器；

7—预热炉；8—预热器；9—反应炉；10—固定床反应器；11—冷凝器；

12—气液分离罐；13—湿式流量计；14—加料罐；15—液体加料泵

(3) 实验所需仪器：柱塞式隔膜加料泵、氮气钢瓶（含减压阀)、微量进样器（10 μL)、气相色谱仪、取样瓶、反应装置、分液漏斗。

【实验步骤及方法】

(1) 组装流程（将催化剂按图 2-14 所示装入反应器内)，通入氮气等惰性气体，检查各接口，用肥皂泡试漏。

(2) 检查电路是否连接妥当。

(3) 打开冷却水开关，通水。

(4) 一切准备工作完成后，开始升温，预热器温度控制在 130 ℃。待反应器温度达到 160 ℃后，启动乙醇加料泵。调节乙醇流量在 10 mL/h 范围内，并严格控制加料泵的冲程和速度，保证进料流量稳定。在每个反应条件下稳定 25 min 后，开始记下尾气流量和反应液体的质量，分别取气样和液样，用微量进样器进样至色谱仪中测定其产物组成。

(5) 在 160～300 ℃之间选不同的温度，改变三次进料流量，考察不同温度及进料流量下反应物的转化率与产品的收率。

(6) 反应结束后停止加乙醇原料，继续通水保持 30～60 min，以清除催化剂上的焦状物，使之再生后待用。

(7) 将预热器温度和反应器温度设定为 50 ℃，当温度降至设定温度时关闭反应装置电源。

(8) 实验结束，关闭水、电。

【实验记录与数据处理】

（1）原始数据表，见表 2-15

表 2-15 原始数据表

实验号	进料流量/(mL/h)	温度/℃		气相产物峰面积含量/%				液相产物峰面积含量/%			气体量/L	液体量/g
		预热器	反应器	乙烯	乙醇	乙醚	水	乙醇	乙醚	水		
1	10	130	160									
	15											
	20											
2	10	130	190									
	15											
	20											
3	10	130	220									
	15											
	20											
4	10	130	250									
	15											
	20											

（2）数据处理，见表 2-16。

表 2-16 数据处理表

实验号	反应温度/℃	乙醇进料量/(mL/h)	产物组成/mol				乙醇转化率/%	乙烯收率/%
			乙烯	乙醇	乙醚	水		
1	160	10						
		15						
		20						
2	190	10						
		15						
		20						
3	220	10						
		15						
		20						
4	250	10						
		15						
		20						

（3）计算举例：以 160 ℃，10 mL/h 为例，原始数据见表 2-17 和表 2-18。

表 2-17 原始数据处理举例

实验号	进料流量/(mL/h)	温度/℃		气相产物峰面积含量/%				液相产物峰面积含量/%			气体量/L	液体量/g
		预热器	反应器	乙烯	乙醇	乙醚	水	乙醇	乙醚	水		
1	10	130	160	67.27	1.132	18.78	4.016	26.51	11.63	61.86	0.4	3.7

表 2-18 热导检测器的摩尔校正因子（f_M）和质量校正因子（f_m）

化合物	乙烯	乙醇	乙醚	水
f_M	2.08	1.39	0.91	3.03
f_m		0.82	0.86	0.7

①
$$X_i=\frac{A_if_i}{\sum_{i=1}^{n}A_if_i} \tag{2-48}$$

$$n_{乙烯}=\frac{0.4}{22.4}\times\frac{67.27\times 2.08}{67.27\times 2.08+1.132\times 1.39+18.78\times 0.91+4.016\times 3.03}=0.01463(\text{mol})$$

$$n_{乙醇}=\frac{3.7}{46.07}\times\left(\frac{1.132\times 1.39}{67.72\times 2.08+1.132\times 1.39+18.78\times 0.91+4.016\times 3.03}+\frac{26.51\times 0.82}{26.51\times 0.82+11.63\times 0.86+61.86\times 0.7}\right)$$
$$=0.02343(\text{mol})$$

② 乙醇转化率

$$乙醇转化率=\frac{乙醇用量}{原料乙醇量}=\frac{0.01463+0.01249\times 2}{0.01463+0.01249\times 2+0.02343}=62.83\%$$

③ 乙烯的收率

$$乙烯的收率=\frac{生成的乙烯量}{原料乙醇量}=\frac{0.01463}{0.01463+0.01249\times 2+0.02343}=23.21\%$$

④ 计算结果列于数据处理表中，如表 2-19 所示。

表 2-19　数据处理表

实验号	反应温度/℃	乙醇进料量/(mL/h)	产物组成/mol				乙醇转化率/%	乙烯收率/%
			乙烯	乙醇	乙醚	水		
1	160	10	0.01463	0.02343	0.01249	0.04762	62.83	23.21

【实验报告】

(1) 简述实验目的、实验装置及药品、实验原理。

(2) 记录实验过程的原始数据（实验数据记录表）。

(3) 计算产物组成、乙醇转化率、乙烯收率。

(4) 实验结果分析与讨论。

【思考题】

(1) 气固相反应的特点有哪些？

(2) 乙醇脱水制乙烯操作条件如何控制？

(3) 简述管式反应器的特点。

(4) 乙醇脱水制乙烯的优缺点有哪些？

(5) 乙醇脱水制乙烯的催化剂有哪些？

(6) 通过数据计算，讨论如何控制反应条件，获得较高的乙醇转化率和乙烯收率。

实验十　液液传质系数测定

如何提高萃取设备的效率是人们关注的问题。为了解决这些问题，需要研究影响传质速率的因素和规律，以及控制传质过程的机理。然而，由于液液传质过程的复杂性，迄今为止，关于两相接触界面的动力学状态，物质通过界面的传递机理，以及相界面的传质阻力等问题的研究，仍需借助实验进行处理。

【实验目的】

（1）了解影响液液传质过程的因素。

（2）掌握用路易斯池测定液液传质系数的实验方法。

（3）掌握液液传质过程数学模型的构建方法。

（4）探讨流动情况、物系性质对液液界面传质的影响机理。

【实验原理】

工业设备中，常将一种液相以滴状分散于另一种液相中进行萃取。但当流体流经填料、筛板等内部构件时，会引起两相高度的分散和强烈的湍动，传质过程和分子扩散变得相当复杂，再加上液滴的凝聚与分散、流体的轴向返混等因素，使两相传质界面和传质推动力难以确定。因此，在实验研究中，常将过程进行分解，采用理想化和模拟的方法进行处理。

1954 年，路易斯（Lewis）提出用一个恒定界面的容器研究液液传质的方法（简称路易斯池）。在给定界面面积的情况下，分别控制两相的搅拌强度，以造成一个相内全混、界面无返混的理想流动状况，不仅明显地改善了设备内流体力学条件及相际接触状况，而且不存在因液滴的形成与凝聚而造成端效应的问题。

本实验采用改进型的路易斯池进行实验。在给定搅拌速度及恒定的温度下，测定两相浓度随时间的变化关系，借助物料衡算及速率方程获得传质系数。

$$-\frac{V_W dC_W}{A dt}=K_W(C_W-C_W^*) \tag{2-49}$$

$$\frac{V_O dC_O}{A dt}=K_O(C_O^*-C_O) \tag{2-50}$$

式中 V_W、V_O——t 时刻水相和有机相的体积；

A——界面面积；

K_W、K_O——以水相浓度和有机相浓度表示的总传质系数；

C_W^*——与有机相浓度 C_O 成平衡的水相浓度；

C_O^*——与水相浓度 C_W 成平衡的有机相浓度。

若平衡分配系数 m 可以近似取常数，则

$$C_W^*=\frac{C_O}{m}, C_O^*=mC_W \tag{2-51}$$

式(2-49)、式(2-50) 中的 dC/dt 的值，可将实验数据进行拟合求导得到。

若用系统达到平衡时的水相浓度 C_W^e 和有机相浓度 C_O^e 替换式(2-49)、式(2-50) 中的 C_W^* 和 C_O^*，则对上两式积分可推导出：

$$K_W=\frac{V_W}{At}\int_{C_W(0)}^{C_W(t)}\frac{dC_W}{C_W^e-C_W}=-\frac{V_W}{At}\ln\frac{C_W^e-C_W(t)}{C_W^e-C_W(0)} \tag{2-52}$$

$$K_O=\frac{V_O}{At}\int_{C_O(0)}^{C_O(t)}\frac{dC_O}{C_O^e-C_O}=-\frac{V_O}{At}\ln\frac{C_O^e-C_O(t)}{C_O^e-C_O(0)} \tag{2-53}$$

以 $\ln\frac{C^e-C(t)}{C^e-C(0)}$ 对 t 作图，从斜率也可获得传质系数。

求得传质系数后，就可讨论流动情况、物系性质等对传质速率的影响。

由于液液相际的传质远比气液相际的传质复杂，若用双膜理论关联液液相的传质速率，有如下假定：①界面是静止不动的，在相界面上没有传质阻力，且两相呈平衡状态；②紧靠界面两侧是两层滞流液膜；③传质阻力界面两侧的液膜阻力叠加而成；④溶质靠分子扩散进行传递。但结果常出现较大的偏差，这是由于实际上相界面往往是不平静的，除了主流体中的旋涡分量时常会冲到界面上外，有时还因为流体流动的不稳定，界面本身也会产生扰动而使传质速率增加好多倍。此外，微量表面活性物质的存在又可使传质速率明显降低。

关于产生界面现象和界面不稳定性的原因，大致有以下几点：

① 界面张力梯度导致的不稳定性

在相界面上溶质浓度的不均匀性造成了界面张力的差异。在张力梯度的驱动下界面附近的流体会从张力低的区域向张力较高的区域运动，张力梯度的随机变化导致相界面上发生强烈的旋涡现象，这种现象称为 Marangoni 效应。

② 密度梯度引起的不稳定性

界面附近如果存在密度梯度，则界面处的流体在重力场的作用下也会产生不稳定的对流，即所谓的 Taylor 不稳定现象。密度梯度与界面张力梯度导致界面对流交织在一起，会产生不同的效果。稳定的密度梯度会把界面对流限制在界面附近的区域；而不稳定的密度梯度会产生离开界面的旋涡，并且使空气渗入到主体相中。

③ 表面活性剂的作用

表面活性剂是降低液体界面张力的物质，其富集在界面会使界面张力显著下降，从而削弱界面张力梯度引起的界面不稳定性现象，制止界面湍动。此外，表面活性剂在界面处形成的吸附层，还会产生附加的传质阻力，降低传质系数。

【实验装置】

实验所用的路易斯池如图 2-16 所示。它由一段内径为 0.1 m、高为 0.12 m 的玻璃圆筒构成。池内体积约为 900 mL，用不锈钢制成的界面环（环中均匀分布小孔，每个小孔的面积为 3.8 cm^2），把池隔成大致等体积的两隔室。每隔室的中间部位装有互相独立的六叶搅拌桨，在搅拌桨的四周各装设六叶垂直挡板，防止在较高的搅拌强度下造成界面的扰动。两个搅拌桨由直流电机通过皮带轮驱动。光电传感器监测着搅拌桨的转速，并装有调速装置，

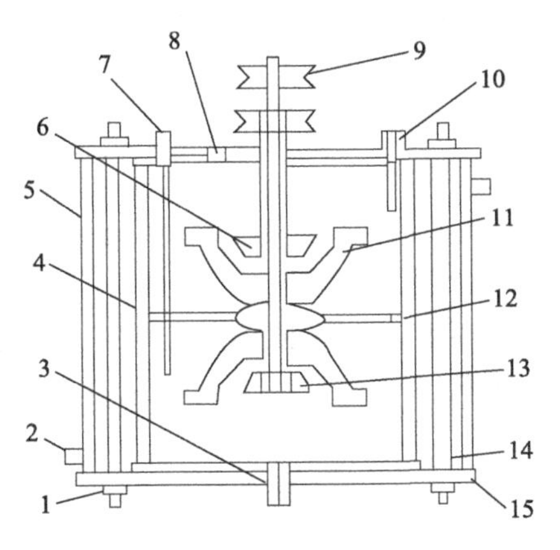

图 2-16　路易斯池简图

1—衬垫；2—恒温水接口；3—出料口；4—玻璃筒；5—夹套；6—上搅拌桨；7—下层液体取样口；8—进料口；9—皮带轮；10—上层液体取样口；11—垂直挡板；12—界面环；13—下搅拌桨；14—拉杆；15—法兰

可方便地调整转速。两液相经高位槽注入池内，取样通过上法兰的取样口进行。另设恒温夹套，以调节和控制池内两相的温度。为防止取样后实际传质界面发生变化，在池的下端配有一个升降台，以随时调节液面，使其处于界面环中心线处。液液传质系数测定实验工艺流程图如图 2-17 所示。

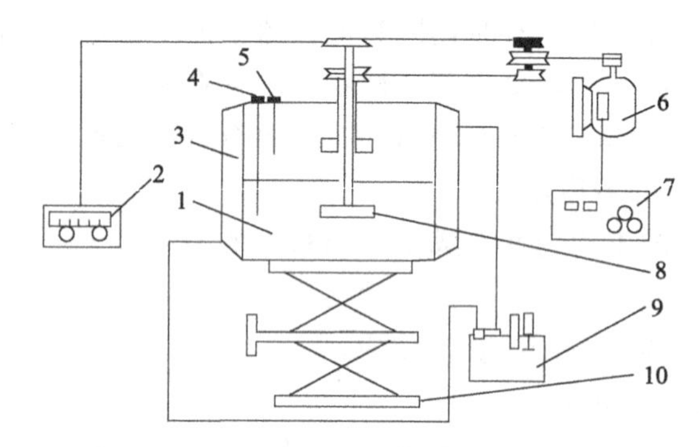

图 2-17 液液传质系数测定实验工艺流程图

1—路易斯池；2—测速仪；3—恒温夹套；4—水相取样口；5—油相取样口；6—直流电机；7—调速器；8—搅拌桨；9—恒温槽；10—升降台

【实验步骤及方法】

（1）实验步骤

① 用丙酮清洗池内各个部位，以防表面活性剂污染系统。

② 将恒温槽温度调整到实验所需的温度，一般为 25 ℃。

③ 将 400 mL 蒸馏水加入池内，调整界面环中心线位置与液面重合，缓慢加入 400 mL 乙酸乙酯。加料时，不要将两相的位置颠倒，第二相加入时应避免产生界面扰动。

④ 启动搅拌桨，调至所需转速（如 75 r/min）进行搅拌约 30 min，使两相相互饱和，然后由高位槽加入 40 mL 的乙酸。因溶质传递是从不平衡到平衡的过程，所以当溶质加完后就应开始计时。

⑤ 各相浓度按一定的时间间隔同时取样分析，开始应 3～5 min 取样一次，以后可延长时间间隔，当取了 8～10 个点的实验数据后，实验结束。实验中，各相浓度可用 NaOH 标准溶液滴定分析。

⑥ 停止搅拌，回收池内液体，洗净装置待用。

（2）实验内容

以乙酸为溶质，由一相向另一相传递的萃取实验可进行以下内容。

① 测定各相浓度随时间的变化关系，求取传质系数。

② 改变搅拌强度，测定传质系数，关联搅拌速度与传质系数的关系。

③ 进行系统污染前后传质系数的测定，并对污染前后实验数据进行比较，解释系统污染对传质的影响。

④ 改变传质方向，探讨界面湍动对传质系数的影响。

⑤ 改变相应的实验参数或条件，重复以上实验步骤。

（3）物性数据

本实验所用物系为水-乙酸-乙酸乙酯，有关物性和平衡数据如表 2-20 和表 2-21 所示。

表 2-20 纯物质性质

物系	$\mu\times10^5/(Pa/s)$	$\sigma/(N/m)$	$\rho/(g/L)$	$D\times10^9/(m^2/s)$
水	100.42	72.67	997.1	1.346
乙酸	130.0	23.90	1049	
乙酸乙酯	48.0	24.18	901	3.69

表 2-21 25 ℃乙酸在水相与酯相中的平衡浓度（质量分数） 单位：%

酯相	0.0	2.50	5.77	7.63	10.17	14.26	17.73
水相	0.0	2.90	6.12	7.95	10.13	13.82	17.25

【实验记录与数据处理】

（1）将实验结果列表，并作出 C_W、C_O 对 t 的关系图。

（2）根据实验测定数据，计算传质系数 K_W、K_O。

（3）将 K_W、K_O 对 t 作图。

【实验报告】

（1）简述实验目的、实验装置及实验药品。

（2）写清实验原理、实验步骤和注意事项。

（3）记录实验过程的原始数据，放在实验报告中。

（4）列出数据处理结果表，分别绘制 C_W、C_O、K_W、K_O 对 t 的关系图。

（5）实验结果讨论与实验改进建议。

【思考题】

（1）测定液液传质系数有何意义？

（2）物系性质是如何影响液液传质系数的？

（3）理想液液传质系数测定的实验装置有何特点？

（4）界面湍动、搅拌速度、表面活性剂、系统污染等因素对传质系数有何影响？

（5）本实验的误差来源有哪些？

实验十一 共沸精馏

共沸精馏是一种特殊的精馏分离方法。它是通过加入某种分离物质（亦称恒沸剂、共沸剂、夹带剂），与被分离系统中的一种或几种物质形成最低恒沸物，使最低恒沸物从塔顶蒸出，而塔釜得到沸点较高的纯物质。加入的某种分离物质改变了被分离组分之间的气液平衡关系，增大了原有组分的相对挥发度，从而使原有组分的分离由难变易。这种方法主要适用于相对挥发度接近于1，且用普通精馏无法分离得到纯物质的体系。

恒沸精馏与共沸精馏的区别在于：在恒沸精馏中，通过加入恒沸剂，可以在一定温度下实现混合物的分离，其中恒沸物的组成在沸腾过程中保持不变；共沸精馏则利用共沸物的性质，在共沸温度下进行操作，适用于分离那些具有相近挥发度或形成共沸物的组分。

本次实验以共沸精馏进行特殊精馏操作。

【实验目的】

（1）掌握共沸精馏过程的原理及应用。

（2）熟悉精馏设备的构造，掌握精馏操作方法。

（3）掌握精馏过程的全塔物料衡算。

（4）巩固气相色谱的操作。

【实验原理】

乙醇-水体系加入共沸剂苯以后整个系统共形成四种共沸物，分别为乙醇-水-苯（T）、乙醇-苯（AB_2）、苯-水（BW_2）和乙醇-水（AW_2）。其中除乙醇-水二元共沸物的共沸点与乙醇沸点相近之外，其余三种共沸物的共沸点与乙醇沸点均有 10 K 左右的温度差。因此，可以设法使水和苯以共沸物的方式从塔顶分离出来，塔釜则得到无水乙醇。

整个精馏原理可用图 2-18 说明。图中 A、B、W 分别代表乙醇、苯、水。要想得到无水乙醇，就应该保证原料液的组成落在包含顶点 A 的小三角形内。从沸点看，乙醇-水的共沸点和乙醇的沸点仅相差 0.15 K，普通精馏技术是无法将其分开的。而乙醇-苯的共沸点与乙醇的沸点相差 10.06 K，通过精馏实验很容易将它们分离开来，所以分析的最终结果是将原料液的组成控制在$\triangle ATAB_2$中。

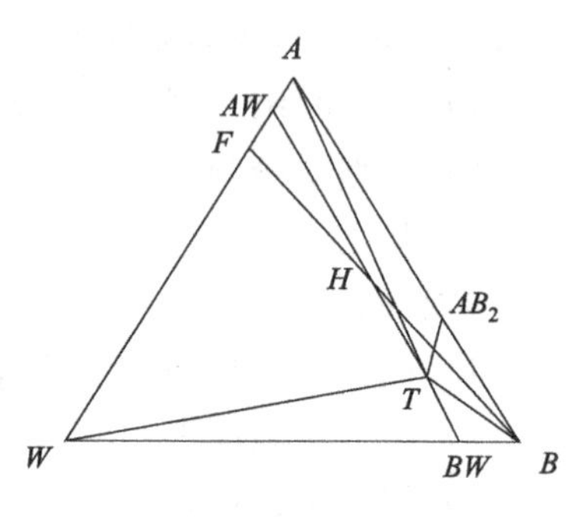

图 2-18　共沸精馏原理

H 点处苯的加入量称作理论共沸剂用量，是达到分离目的所需最少的共沸剂用量。本实验塔顶采取分相回流方式，所以苯的用量可以低于理论用量。

【实验装置】

（1）技术指标

① 玻璃塔体 1

内径：20 mm；填料高度：1.4 m，1 个；

塔的侧口位置：共 5 个侧口，每个侧口间距为 250 mm，塔上下侧口距塔底和塔顶各 200 mm；

填料：2.0 mm×2.0 mm（316L 型不锈钢 θ 网环）；

釜容积：500 mL；釜加热功率：300 W；

保温套管直径：60～80 mm；

保温段加热功率（上下两段）：各 300 W；

回流控制器：1～99 s 可调。

② 玻璃塔体 2

内径：20 mm；填料高度：1.2 m，一个；

填料：2.0 mm×2.0 mm（316L 型不锈钢 θ 网环）；

釜容积：500 mL；釜加热功率 ：300 W；

保温套管直径：60～80 mm；

保温段加热功率：300 W；

回流控制器：1～99 s 可调。

（2）装置结构，见图 2-19 和图 2-20。

【实验步骤及方法】

（1）实验步骤

① 称取规定量的无水乙醇、蒸馏水、苯加入塔釜。

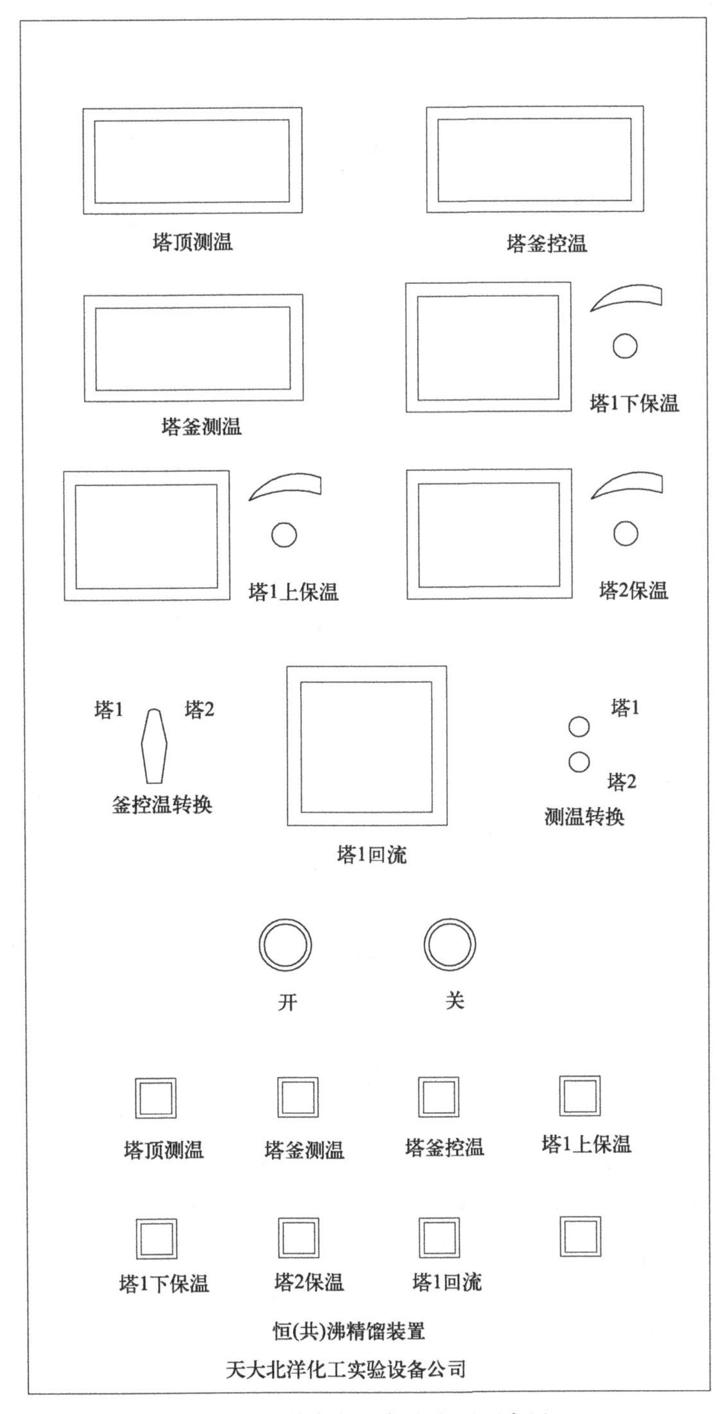

图 2-19 控制柜的仪表盘板面布置

② 通入冷却水，打开电源开关，设定塔釜温度到反应温度，开始塔釜加热。

③ 适当调节塔的上、下段保温，使全塔处在稳定的操作范围内。

④ 每隔 15 min 记录一次塔顶和塔釜的温度，每隔 25 min 用色谱仪分析塔釜液相的组成。

⑤ 当釜液浓度达到 99.5%以上时，停止实验。

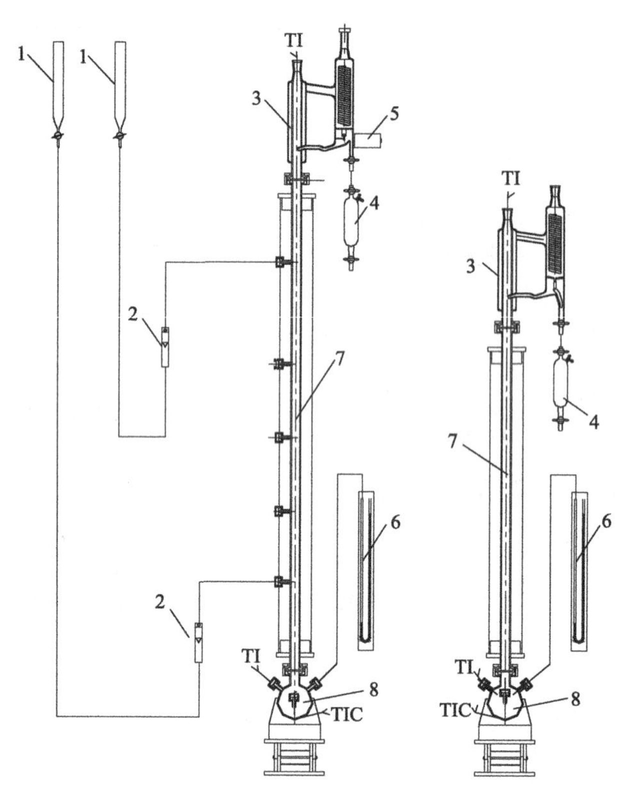

图 2-20　恒（共）沸精馏装置流程示意图

TI—测温热电偶；TIC—控温热电偶；1—高位加料管；2—转子流量计；3—玻璃塔头；4—收集瓶；5—电磁线圈；6—U 形压力计；7—玻璃塔体；8—玻璃塔釜

⑥ 将塔顶馏出物中的两相分离，分别测出各相的浓度。将收集的全部富水相、富苯相称重。

⑦ 称出塔釜产品的质量。

⑧ 设定塔釜温度为室温，关闭塔釜加热开关，关闭电源开关，关闭冷却水，实验结束。

（2）仪器操作方法

① 装塔：在塔的各个接口处，凡是有磨口的地方都要涂以活塞油脂（真空油脂），并小心地安装在一起。翻边法兰的接口要将连接处放好垫片，轻轻对正，小心地拧紧带螺纹的压帽（不要用力过猛，以防损坏）。这时要上好支撑卡子螺栓，调整塔体使整体垂直，此后调节升降台距离，使加热包与塔釜接触良好（注意：不能让塔釜受压），之后再连接好塔头（注意：不要固定过紧使它们相互受力），最后接好塔头冷却水出入口胶管。（操作时要先通水！）

② 将各部分的控温、测温热电阻放入相应位置的孔内。

③ 电路检查：插好操作台板面各电路接口件，检查各接线端子标记与线上标记是否吻合。检查仪表柜内接线有无脱落。检查电源的相线、零线、地线位置是否正确，无误后可进行升温操作。

④ 加料：进行间歇精馏时，要打开釜的加料口或取样口，加入被精馏的样品，同时加入几粒陶瓷环，以防暴沸。连续精馏初次操作还要在釜内加入一些被精馏的物质或釜残液。

⑤ 升温：合总电源开关。开启釜热控温开关，使仪表有显示。顺时针方向调节各电流给定旋钮，使电流表有显示。温度控制的数值设定要按仪表的∧、∨键，在仪表的下部显示设定值。升温后观察塔釜和塔顶温度变化，当塔顶出现气体并在塔头内冷凝时，进行全回流一段时间后（约 10 min）可开始出料。有回流操作时，应开启回流比控制器给定比例（通电时间与停电时间的比值，通常以秒计，此比例即采出量与回流量之比）。连续精馏时，在一定的回流比和加料速度下，当塔釜和塔顶的温度不再变化时，认为已达到稳定。可取样分析，并收集瓶中的馏出液。

⑥ 停止操作时，关闭各部分开关，无蒸汽上升时停止通冷却水。

【实验记录与数据处理】

（1）加料量：无水乙醇 100 mL，蒸馏水 4 mL，苯 46 mL。

（2）塔顶、塔釜温度记录，见表 2-22。

表 2-22 塔顶、塔釜温度记录

时间/min	0	15	30	45	60	75	90
塔釜温度/℃							
塔顶温度/℃							
时间/min	105	120	135	150	165	180	
塔釜温度/℃							
塔顶温度/℃							

（3）实验过程采样记录及釜液液相组成，见表 2-23。

表 2-23 实验记录及釜液液相组成

采样时间/min	乙醇/%(峰面积分数)	水/%(峰面积分数)	校正后乙醇/%(峰面积分数)	液相/%(摩尔分数)
0				
25				
50				
75				
100				
125				
150				
塔釜液				

（4）三元共沸物组成，见表 2-24。

表 2-24 三元共沸物组成

组分	富水相/% (峰面积分数)	校正后/% (质量分数)	富苯相/% (质量分数)	校正后/% (质量分数)
水				
乙醇				
苯				

（5）实验数据处理

数据计算示例如下。

反应后放料称重：富水相 8.4 g，富苯相 30.8 g，釜液 62.9 g。

① 三相组成如表 2-25 所示。

表 2-25 三相组成

组分	富水相/% (峰面积分数)	校正后/% (质量分数)	富苯相/% (质量分数)	校正后/% (质量分数)
水	40.787	30.86	8.936	5.44
乙醇	49.775	56.24	29.576	26.89
苯	9.438	12.90	61.488	67.67

② 塔顶三元共沸物组成（质量分数）

$$w(\text{水})=\frac{8.4\times30.86\%+30.8\times5.44\%}{8.4+30.8}=10.89\%$$

$$w(\text{乙醇})=\frac{8.4\times56.24\%+30.8\times26.89\%}{8.4+30.8}=33.18\%$$

$$w(\text{苯})=\frac{8.4\times12.90\%+30.8\times67.67\%}{8.4+30.8}=55.93\%$$

③ 全塔物料衡算

乙醇：原料中乙醇含量=82.9×95%=78.76(g)。

式中，82.9为95%乙醇的质量，本实验为无水乙醇和蒸馏水的总质量。

精馏结束后：塔顶乙醇含量=(30.8+8.4)×33.18%=13.00(g)；

塔釜乙醇含量=62.9×99.50%=62.60(g)；

总计含量=13.00+62.60=75.60(g)。

苯：加入塔中的苯含量=40.3×99.5%(分析纯苯的纯度)=40.10(g)。

精馏结束后三元共沸物中苯含量=39.2×55.93%=21.92(g)。

实验当中，因整理塔釜烧瓶有少量釜液流出，衡算时的误差可能来源于此。

(6) 理论共沸剂用量的计算

图 2-18 中 AT 与 BF 的交点 H 处即代表加入理论共沸剂用量后的原料组成。

H 点：苯为 32.0%；乙醇为 65.0%；水为 3.0%（均为质量分数）。

$$\frac{32.0}{65.0+3.0}=\frac{x}{82.9}$$

解得

$$x=39.01(\text{g})$$

苯的理论用量为 39.01 g。

【实验报告】

(1) 简述实验目的、实验原理和实验操作。

(2) 记录实验过程的原始数据（实验数据记录表）。

(3) 实验数据处理。

(4) 实验结果分析与讨论。

【思考题】

(1) 影响共沸精馏结果的因素有哪些？

(2) 结合实验结果，讨论共沸精馏与普通精馏相比，优点在哪里？

(3) 试举出四种乙醇-水精馏的共沸剂？

(4) 共沸精馏与恒沸精馏相比，有什么区别？

(5) 共沸剂如何选择？

(6) 共沸精馏如何分类？

实验十二 萃取精馏

【实验目的】

(1) 熟悉萃取精馏塔的结构、流程及各部件的作用。

(2) 掌握萃取精馏的原理和萃取精馏塔的正确操作。

(3) 掌握以乙二醇为萃取剂进行萃取精馏制取无水乙醇的方法。

【实验原理】

精馏是化工工艺过程中重要的单元操作，是化工生产中不可缺少的手段。而萃取精馏是精馏操作的特殊形式，在被分离的混合物中加入某种添加剂，以增加原混合物中两组分间的相对挥发度（添加剂不与混合物中任一组分形成恒沸物），从而使混合物的分离变得容易。所加入的添加剂为挥发度很小的溶剂（萃取剂），其沸点高于原溶液中各组分的沸点。

萃取精馏方法对相对挥发度较低的混合物来说是有效的，例如：异辛烷-甲苯混合物相对挥发度较低，用普通精馏方法不能分离出较纯的组分。当使用苯酚作萃取剂，在塔顶处连续加入后，则改变了物系的相对挥发度，由于苯酚的挥发度很小，可和甲苯一起从塔底排出，并通过另一普通精馏塔将萃取剂分离。再如，甲醇-丙酮可形成共沸物，用普通精馏方法只能得到最大浓度为 87.9%的丙酮共沸物，当采用极性介质水作萃取剂时，同样能破坏共沸状态，水和甲醇从塔底流出，则甲醇被分离出来。水-乙醇用普通精馏方法只能得到最大浓度为 95.5%的乙醇，采用乙二醇作萃取剂时能破坏共沸状态，乙二醇和水从塔底流出，则水被分离出来。

萃取精馏的操作条件是比较复杂的，萃取剂的用量、料液比例、进料位置、塔的高度等都有影响，可通过实验或计算得到最佳值。选择萃取剂的原则如下：

(1) 选择性要高；

(2) 用量要少；

(3) 挥发度要小；

(4) 容易回收；

(5) 价格便宜。

乙醇-水二元体系能够形成恒沸物（在常压下，恒沸物中乙醇的质量分数为 95.57%，恒沸点为 78.15 ℃），用普通的精馏方法难以完全分离。本实验利用乙二醇为萃取剂，采用萃取精馏的方法分离乙醇-水二元混合物以制取无水乙醇。

压力较低时，原溶液组分 1（轻组分）和 2（重组分）的相对挥发度可表示为：

$$\alpha_{12}=\frac{p_1^S\gamma_1}{p_2^S\gamma_2} \tag{2-54}$$

加入萃取剂 S 后，组分 1 和 2 的相对挥发度 $(\alpha_{12})_S$ 则为：

$$(\alpha_{12})_S=\left(\frac{p_1^S}{p_2^S}\right)_{TS}\left(\frac{\gamma_1}{\gamma_2}\right)_S \tag{2-55}$$

式中，$(p_1^S/p_2^S)_{TS}$ 为加入萃取剂 S 后，三元混合物泡点下，组分 1 和 2 的饱和蒸气压之比。$(\alpha_{12})_S/\alpha_{12}$ 称为溶剂 S 的选择性。因此，萃取剂的选择性是指溶剂改变原有组分间相对挥发度的能力。$(\alpha_{12})_S/\alpha_{12}$ 越大，选择性越好。

【实验装置与试剂】

(1) 实验装置

本装置（图 2-21）用于制取高纯度乙醇，萃取玻璃塔在塔壁开有五个侧口，可供改变加料位置或作取样口用，塔体全部由玻璃制成，塔外壁采用新保温技术制成透明导电膜，使用中通电加热保温以抵消热损失，在塔的外部还罩有玻璃套管，既能绝热又能观察到塔内气液流动情况。另外还配有玻璃塔釜、塔头及其温度控制、温度显示、回流控制部件。萃取塔具体参数如表 2-26 所示。

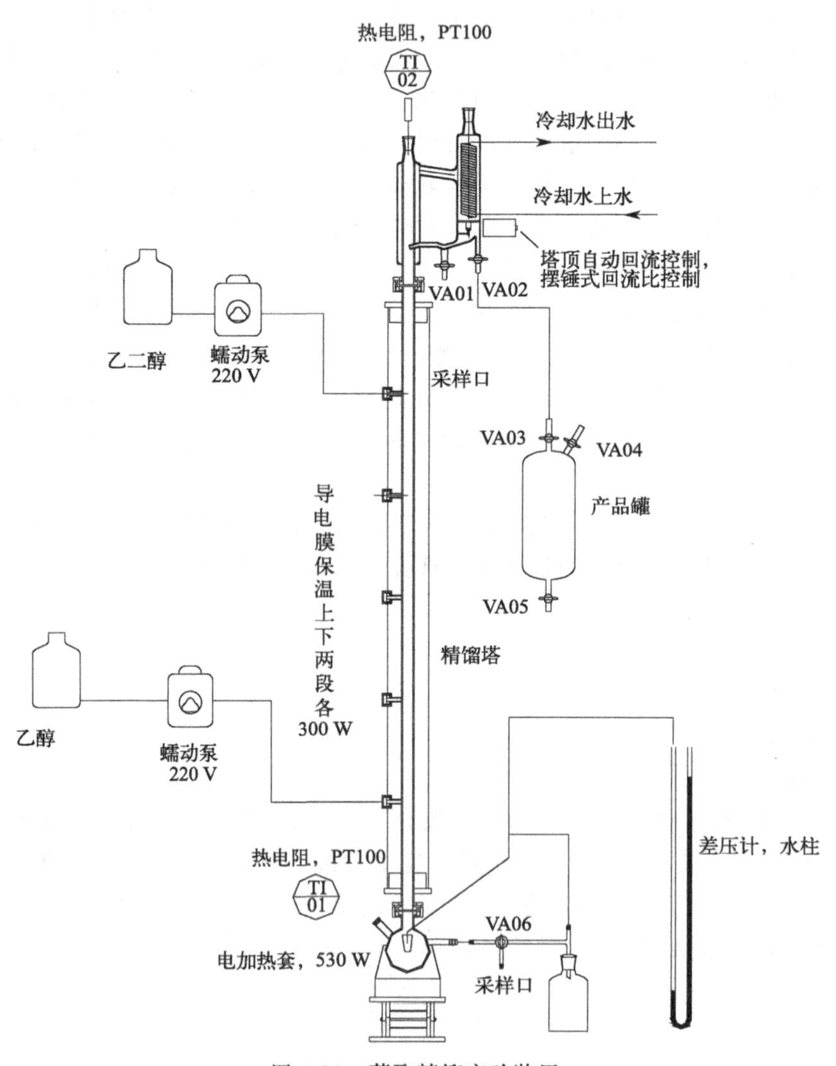

图 2-21　萃取精馏实验装置

表 2-26　玻璃萃取精馏塔规格

名称	塔釜	塔体	塔头	加热套
萃取塔	1000 mL 玻璃	内径 20 mm，塔高 1.4 m，开有五侧口，供进料和取样用，透明导电膜保温	回流比调节	功率 530 W

萃取过程中，原料乙醇水溶液用蠕动泵根据其浓度在塔体下方选择合适进料位置进料，萃取剂乙二醇从塔体上方用蠕动泵进料，塔顶采出液用气相色谱或阿贝折光仪分析其乙醇浓度，塔釜液主要含有乙二醇、少量水和乙醇，可回收。

(2) 实验试剂

乙醇：化学纯，纯度95%；乙二醇：化学纯，水含量＜0.3%；去离子水。

【实验步骤及方法】

(1) 萃取精馏操作

① 前期准备

按照装置流程图安装好实验设备，特别是玻璃法兰接口。首先，将各连接处放好垫片，轻轻对正，小心地拧紧带螺纹的压帽（不要用力过猛以防损坏），调整塔体使整体垂直；其次，调节升降台距离，使电热套与塔釜接触良好（注意：不能让塔釜受压）；再次，连接好塔头（注意：不要固定过紧使它们相互受力）；最后，接好塔头冷却水出入口胶管。将两个进料瓶分别和蠕动泵连接，乙二醇从塔体最上端侧口进料，乙醇水溶液根据浓度不同选择适当的侧口进料。

② 加料

首先，向萃取塔塔釜内加入少许沸石，以防止釜液暴沸；其次，向塔釜内装入乙二醇120 mL+95%（体积分数）乙醇30 mL，向乙二醇原料罐加入500 mL乙二醇，向另一原料罐内加入500 mL的乙醇水混合液，其中乙醇61%（体积分数），水39%（体积分数）。或者直接采用95%（体积分数）的乙醇作为原料。本实验以95%（体积分数）乙醇进料为例。

③ 调节蠕动泵转速，使乙二醇进料速度维持在2.1 mL/min（转速约8 r/min），乙醇水溶液进料速度维持在1.0 mL/min（转速约5 r/min）。乙二醇进料速度不应超过8 mL/min（转速约30 r/min），乙醇水溶液进料速度不应大于4.0 mL/min（转速约20 r/min），进料太快会导致上升蒸汽太多，填料层出现液泛现象，分离效果变差。

④ 升温

a. 打开冷却水，控制适当水流大小，保证冷却效果的同时尽量节约用水。

b. 开启总电源开关，观察各处温度指示是否正常。

c. 开启萃取塔釜加热电源开关，开始加热时可稍微调大，调节60%～80%全功率电加热，边升温边调整。塔内壁充分润湿，当塔顶有冷凝液时，将釜加热功率调小，稳定操作55%～65%全功率加热。注意观察塔头、塔釜温度变化，每5 min记录一次温度。

注意：釜加热功率设定过低，蒸汽不易上升到塔头，釜加热过高，蒸发量大，易造成液泛。还要再次检查是否给塔头通入冷却水，此操作必须升温前进行，不能在塔顶有蒸汽出现时再通水，这样会造成塔头炸裂。

d. 开始进料时，开启塔上下段保温，调节保温电流和保温功率，建议夏季保温功率为总功率的10%～25%（可根据实验现象适当调节），冬季可适当调大，视环境而定。

注意：保温功率不能过大，过大会造成过热，使加热膜受到损坏。另外，还会使塔壁过热而变成加热器。回流液体不能与上升蒸汽进行汽液相平衡的物质传递，否则会降低塔分离效率。

⑤ 当塔顶开始有液体回流时，全回流5 min后，调节回流比为2～5，并开始用产品罐收集塔顶流出产品，随时检查进出物料的平衡情况，调整加料速度或加热功率，维持塔釜液面基本稳定。

⑥ 分析

每 15 min 取样分析一次，塔顶取样，分析产品的乙醇浓度，应大概在 97%～99%（体积分数），大大超过共沸组成。塔顶取样液用气相色谱或阿贝折光仪分析乙醇浓度。

⑦ 停止实验

先关闭进料泵，停止进料，然后关闭塔釜加热以及塔保温加热。待塔顶没有回流液时，关闭冷凝水。取出塔中各部分液体进行称量分析各部分组成，并作出物料衡算。

⑧ 可调换其他实验条件，比如调节回流比、乙二醇与乙醇水溶液的进料速度和乙醇的进料组成，重复步骤④、⑤、⑥。

（2）注意事项

① 塔釜加热量应适宜，不可过大，过大易引起液泛；也不可过小，加热量过小会导致蒸发量过小，精馏塔难以正常操作。

② 塔身保温要维持适当，过大会引起塔壁过热，物料易二次汽化；过小则增大内回流，精馏塔难以正常操作。

③ 塔顶产品量取决于塔的分离效果（理论塔板数、回流比和溶剂比）及物料平衡程度，不能任意提高。

④ 加热控制宜微量调整，操作要认真细心，平衡时间应充分。

特别注意：本精馏操作在常压下进行，塔釜的差压计主要作用是防止加热功率过大，短时间产生大量蒸汽，发生危险。通常在控制得当的情况下釜内压力约 20～50 mmH_2O（即 200～500 Pa 时）没有爆炸危险。

【实验记录与数据处理】

实验数据记录如表 2-27 所示。

表 2-27 萃取实验数据记录表格

实验日期： 温度/℃： 气压/kPa：

<table>
<tr><td rowspan="3">塔釜加料/mL</td><td colspan="2">乙二醇</td><td></td><td rowspan="3">萃取剂/mL</td><td rowspan="2">乙二醇</td><td rowspan="2"></td><td rowspan="3">原料液组成/mL</td><td colspan="2" rowspan="2">乙醇</td><td colspan="3" rowspan="2"></td></tr>
<tr><td colspan="2">水</td><td></td></tr>
<tr><td colspan="2">乙醇</td><td></td><td>水</td><td></td><td colspan="2">水</td><td colspan="3"></td></tr>
<tr><td rowspan="2">釜加热全功率/%</td><td rowspan="2">上保温电流/A</td><td rowspan="2">下保温电流/A</td><td rowspan="2">塔釜温度/℃</td><td rowspan="2">塔顶温度/℃</td><td rowspan="2">萃取剂进量/(mL/min)</td><td rowspan="2">原料液进量/(mL/min)</td><td rowspan="2">回流比</td><td colspan="2">塔顶液组成(质量分数)/%</td><td colspan="3">塔釜液组成(质量分数)/%</td></tr>
<tr><td>水</td><td>乙醇</td><td>水</td><td>乙醇</td><td>乙二醇</td></tr>
<tr><td></td><td></td><td></td><td></td><td></td><td></td><td></td><td></td><td></td><td></td><td></td><td></td><td></td></tr>
<tr><td></td><td></td><td></td><td></td><td></td><td></td><td></td><td></td><td></td><td></td><td></td><td></td><td></td></tr>
<tr><td></td><td></td><td></td><td></td><td></td><td></td><td></td><td></td><td></td><td></td><td></td><td></td><td></td></tr>
</table>

【实验报告】

（1）简述实验目的、实验装置及药品、实验原理。

（2）记录实验过程的原始数据（实验数据记录表）。

（3）比较普通精馏和萃取精馏塔顶产物组成。

（4）将萃取精馏塔的实验结果包括操作条件列成表。

（5）实验结果分析与讨论。

【思考题】

（1）实验中为提高乙醇产品的纯度，降低水含量，应注意哪些问题？

（2）分析影响乙醇回收率的因素有哪些？

（3）塔顶产品采出量如何确定？

实验十三　反应精馏

反应精馏是一种强化精馏分离过程，是将反应和精馏耦合在一起的分离过程，既可以利用精馏促进反应，也可以通过反应促进精馏分离，在一定程度上提高反应的转化率和降低能耗。该分离过程既适用于可逆反应，也适用于连串反应，广泛地应用于酯化、醚化等反应中，有效地促进了化学工业的进步和发展。

【实验目的】

（1）了解反应精馏与常规精馏的区别。

（2）了解反应精馏是既服从质量作用定律又服从相平衡规律的复杂过程。

（3）掌握反应精馏的操作。

（4）能进行全塔物料衡算和塔操作的过程分析。

（5）学会分析塔内物料组成。

【实验原理】

反应精馏过程不同于一般精馏，它既有精馏相变中的传递现象，又有物质的化学反应现象。反应精馏对下列两种情况特别适用：

① 可逆反应　一般情况下，反应受平衡影响，转化率只能维持在平衡转化的水平；但是，若生成物中有低沸点或高沸点物质存在，则精馏过程可使其连续地从系统中排出，结果超过平衡转化率，大大提高了效率。

② 异构体混合物分离　通常因它们的沸点接近，靠一般精馏方法不易分离提纯，若异构体中某组分能发生化学反应并能生成沸点不同的物质，这时可在过程中得以分离。

对于醇酸酯化实验来说，适用于第一种情况，若无催化剂存在，仅采用反应精馏难以达到高效分离的目的，这是因为反应速率非常缓慢，所以该过程通常采用催化剂。催化剂分为均相催化剂和非均相催化剂。硫酸是常用的酯化均相催化剂，质量分数为0.2%～1.0%，反应速率随硫酸浓度的增大而加快，优点是催化作用不受塔内温度限制，全塔和塔釜都能进行催化反应。离子交换树脂、重金属盐类和丝光沸石分子筛等固体酸性非均相催化剂也是可用的催化剂。但固体催化剂的活化和发生催化作用都存在一个最佳的温度，而精馏塔内存在温度梯度，无法满足这一条件，故很难实现过程的最佳化操作。

本实验是以乙酸和乙醇为原料，在硫酸的催化作用下生成乙酸乙酯。可逆反应的方程式为：

$$CH_3COOH+CH_3CH_2OH \rightleftharpoons CH_3COOCH_2CH_3+H_2O$$

实验的进料有两种方式：一种是直接从塔釜进料；另一种是在塔的某处进料。前者有间歇式和连续式操作；后者只有连续式。若采用在塔的某处进料，即在塔上部某处加带有酸催化剂的乙酸，塔下部某处加乙醇。当塔釜液体沸腾后，塔内轻组分逐渐向上移动，重组分向下移动。重组分乙酸从上段向下段移动，与向上段移动的轻组分乙醇接触，在不同填料高度上均发生反应，生成酯和水。整个塔分为上、中、下三段，乙酸进料口以上的塔段为上段，主要起精馏酯的作用，并使乙酸不在塔顶采出物中出现；乙醇进料口以下的塔段为下段，主要作用是提馏反应生成的水，使其从装置中移出；两个进料口之间的塔段为中段，主要发生酯化反应，使醇和酸在催化剂存在下能更好地接触，并使反应生成的酯和水能从反应区移出。塔内有乙醇、乙酸、乙酸乙酯和水等 4 个组分，由于乙酸在气相中有缔合作用，除乙酸外，其他 3 个组分形成三元或二元共沸物。水-酯、水-醇共沸物沸点较低，醇和酯能不断地从塔顶排出。如果适当控制反应原料的比例和操作条件，就可以使反应物中的某一组分全部转化。因此，可认为反应精馏的分离塔也是反应器。若采用从塔釜进料的间歇式操作，反应只在塔釜内进行。由于乙酸的沸点较高，不能进入塔体，故塔体内共有 3 个组分，即水、乙醇、乙酸乙酯。

本实验拟采用间歇式进料方式，物料衡算式和热量衡算式如下。

第 j 块理论板上的气液流动示意图见图 2-22。

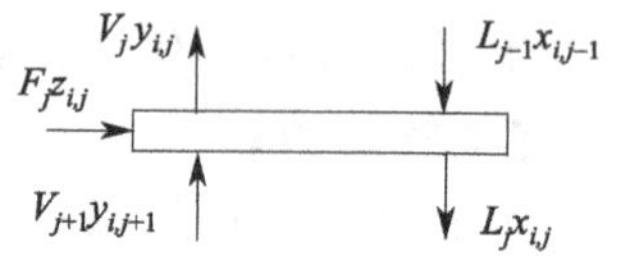

$V_j y_{i,j}$　$L_{j-1} x_{i,j-1}$　$F_j z_{i,j}$　$V_{j+1} y_{i,j+1}$　$L_j x_{i,j}$

图 2-22　第 j 块理论板上的气液流动示意图

（1）物料衡算方程

对第 j 块理论板上的 i 组分进行物料衡算如下：

$$L_{j-1}x_{i,j-1}+V_{j+1}y_{i,j+1}+F_j z_{i,j}+R_{i,j}=V_j y_{i,j}+L_j x_{i,j} \tag{2-56}$$

式中，$2 \leqslant j \leqslant n$；$i=1, 2, 3, \cdots, n$

（2）气液相平衡方程

对平衡级上某组分 i 有如下平衡关系：

$$K_{i,j}x_{i,j}-y_{i,j}=0 \tag{2-57}$$

每块板上组成的总和应符合下式：

$$\sum_{i=1}^{n} y_{i,j}=1, \sum_{i=1}^{n} x_{i,j}=1 \tag{2-58}$$

（3）反应速率方程

$$R_{i,j}=K_j P_j \left(\frac{x_{i,j}}{\sum Q_{i,j} x_{i,j}}\right) \times 10^5 \tag{2-59}$$

原料中各组分的浓度相等条件下上式才能成立，否则应予以修正。

（4）热量衡算方程

对平衡级进行热量衡算，最终得到下式：

$$L_{j-1}h_{i,j-1}-V_j H_j-L_j h_j+V_{j+1}H_{j+1}+F_j H_{rj}-Q_j+R_j H_{rj}=0 \tag{2-60}$$

【实验装置】

反应精馏塔用玻璃制成，直径 20 mm，塔高 1500 mm，塔内填装 $\phi 2\ \text{mm} \times 2\ \text{mm}$ 不锈钢填料（316 L）。塔外壁镀有金属膜，通电使塔身加热保温。塔釜为一玻璃容器并有电加热器加热。塔顶冷凝液体的回流采用摆动式回流比控制器操作，此控制系统由塔头上摆锤、电磁铁线圈、回流比计数拨码电子仪表组成。反应精馏装置示意图如图 2-23 所示。

【实验步骤及方法】

本实验采用间歇操作，具体步骤如下：

① 将乙醇、乙酸各 80 g，浓硫酸 6 滴（约 0.24 g）倒入塔釜内，开启釜加热系统。开启塔身保温电源，待塔身有蒸汽上升时，开启塔顶冷凝水。

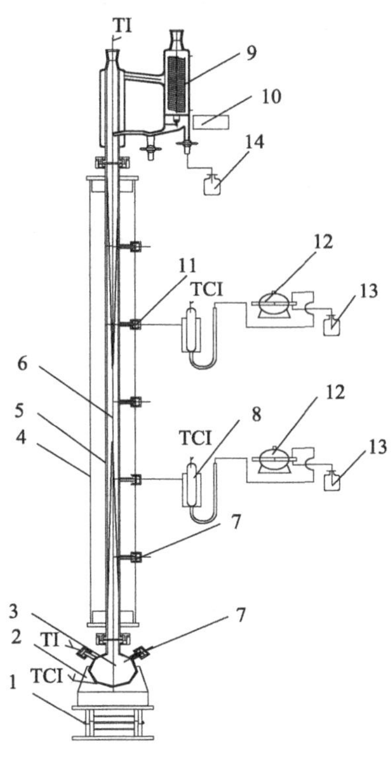

图 2-23　反应精馏装置示意图

TI—测温热电偶；TCI—控温热电偶；1—升降台；2—加热套；3—塔釜；4—塔保温套；5—玻璃塔体；6—填料；7—取样口；8—预热器；9—塔头；10—电磁铁；11—加料口；12—进料泵；13—加料罐；14—馏出液收集瓶

② 当塔顶摆锤上有液体出现时，进行全回流操作。15 min 后，设定回流比为 3∶1，开启回流比控制电源。

③ 30 min 后，用微量注射器在塔身三个不同高度以及塔顶和塔釜取样，应尽量保证同步。

④ 分别将 0.25 μL 样品注入色谱分析仪，记录结果。注射器用后应用蒸馏水、丙酮清洗，以备后用。

⑤ 重复③、④步操作。

⑥ 关闭塔釜及塔身加热电源及冷凝水，对馏出液及釜残液进行称重和色谱分析（当持液全部流至塔釜后才取釜残液），关闭总电源。

【实验记录与数据处理】

（1）色谱分析条件，见表 2-28。

载气 1 柱前压 0.05 MPa，50 mL/min；载气 2 柱前压 0.05 MPa，桥电流 100，信号衰减 5；柱箱温度 125 ℃，汽化室温度 125 ℃，检测器温度 135 ℃。

表 2-28　色谱分析数据

组分	质量校正因子 f_i	组分	质量校正因子 f_i
水	0.8701	乙酸	1.425
乙醇	1	进样量	0.20 μL
乙酸乙酯	1.307		

（2）各种物质的质量，见表 2-29。

表 2-29　各种物质质量数据

组分	加入的无水乙醇	加入的冰醋酸	馏出液	釜液
质量/g				
示例	80	80	103.06	42.84

（3）侧线产品和塔顶、塔釜产品的色谱分析，分别见表 2-30 和表 2-31。

表 2-30　侧线产品的色谱分析数据

时间/min	顶温/℃	釜温/℃	取样口位置	组分	保留时间/min	峰面积	峰面积分数/%	质量分数/%
30			上段	水				
				乙醇				
				乙酸乙酯				
			中段	水				
				乙醇				
				乙酸乙酯				
			下段	水				
				乙醇				
				乙酸乙酯				
60			上段	水				
				乙醇				
				乙酸乙酯				
			中段	水				
				乙醇				
				乙酸乙酯				
			下段	水				
				乙醇				
				乙酸乙酯				

表 2-31　塔顶、塔釜产品的色谱分析数据

时间/min	顶温/℃	釜温/℃	取样口位置	组分	保留时间/min	峰面积	峰面积分数/%	质量分数/%
30			塔顶	水				
				乙醇				
				乙酸乙酯				
			塔釜	水				
				乙醇				
				乙酸乙酯				
				乙酸				
60			塔顶	水				
				乙醇				
				乙酸乙酯				
			塔釜	水				
				乙醇				
				乙酸乙酯				
				乙酸				

（4）实验数据处理

① 计算塔内浓度分布

已知：$f_{水}=0.8701$，$f_{乙醇}=1.000$，$f_{乙酸乙酯}=1.307$，$f_{乙酸}=1.425$，且 $x_i=\dfrac{A_i f_i}{\sum A_i f_i}$。

以 30 min 取样的塔中段产品的含量分析作为计算举例，如表 2-32 所示。

表 2-32　塔中段产品分析计算示例

样品口位置	组分	保留时间/min	峰面积	峰面积分数/%
塔中	水	0.189	7394	13.58
	乙醇	0.560	14369	26.40
	乙酸乙酯	2.621	32669	60.02

由于乙酸的沸点较高，加热温度并不能达到其沸点，因此乙酸只存在于塔釜中，塔体中部只有三个组分，即水、乙醇、乙酸乙酯。

水的质量分数：

$$x_{水}=\frac{A_{水}f_{水}}{\sum A_i f_i}=\frac{7394\times0.8701}{7394\times0.8701+14369\times1.000+32669\times1.307}=10.13\%$$

乙醇的质量分数：

$$x_{乙醇}=\frac{A_{乙醇}f_{乙醇}}{\sum A_i f_i}=\frac{14369\times1.000}{7394\times0.8701+14369\times1.000+32669\times1.307}=22.63\%$$

乙酸乙酯的质量分数：

$$x_{乙酸乙酯}=\frac{A_{乙酸乙酯}f_{乙酸乙酯}}{\sum A_i f_i}=\frac{32669\times1.307}{7394\times0.8701+14369\times1.000+32669\times1.307}=67.24\%$$

对其余各组样品采用相同的处理方法进行分析，将数据填入表 2-30 中。

② 进行乙酸和乙醇的全塔物料衡算

以 60 min 取样的塔顶产品的含量分析作为计算举例，如表 2-33 所示。

表 2-33　塔顶产品分析计算示例

样品口位置	组分	保留时间 min	峰面积	峰面积分数%
塔顶	水	0.191	2937	6.03
	乙醇	0.555	12808	26.32
	乙酸乙酯	2.601	32922	67.65

$$x_{水}=\frac{A_{水}f_{水}}{\sum A_i f_i}=\frac{2937\times0.8701}{2937\times0.8701+12808\times1.000+32922\times1.307}=4.38\%$$

$$x_{乙醇}=\frac{A_{乙醇}f_{乙醇}}{\sum A_i f_i}=\frac{12808\times1.000}{2937\times0.8701+12808\times1.000+32922\times1.307}=21.93\%$$

$$x_{乙酸乙酯}=\frac{A_{乙酸乙酯}f_{乙酸乙酯}}{\sum A_i f_i}=\frac{32922\times1.307}{2937\times0.8701+12808\times1.000+32922\times1.307}=73.69\%$$

对其余各组样品采用相同的处理方法进行分析，将数据填入表 2-31 中。

③ 塔釜全塔物料衡算

以 60 min 取样的塔釜产品的含量分析作为计算举例，如表 2-34 所示。

表 2-34　塔釜产品分析计算示例

样品口位置	组分	保留时间 min	峰面积	峰面积百分含量%
塔釜	水	0.181	19700	35.41
	乙醇	0.567	9432	16.96
	乙酸乙酯	2.863	4865	8.75
	乙酸	1.643	21630	38.89

$$x_{水}=\frac{A_{水}f_{水}}{\sum A_i f_i}=\frac{19700\times0.8701}{19700\times0.8701+9432\times1.000+4865\times1.307+21630\times1.425}=26.89\%$$

$$x_{乙醇}=\frac{A_{乙醇}f_{乙醇}}{\sum A_i f_i}=\frac{9432\times 1.000}{19700\times 0.8701+9432\times 1.000+4865\times 1.307+21630\times 1.425}=14.79\%$$

$$x_{乙酸乙酯}=\frac{A_{乙酸乙酯}f_{乙酸乙酯}}{\sum A_i f_i}=\frac{4865\times 1.307}{19700\times 0.8701+9432\times 1.000+4865\times 1.307+21630\times 1.425}=9.97\%$$

$$x_{乙酸}=\frac{A_{乙酸}f_{乙酸}}{\sum A_i f_i}=\frac{21630\times 1.425}{19700\times 0.8701+9432\times 1.000+4865\times 1.307+21630\times 1.425}=48.35\%$$

对其余各组样品采用相同的处理方法进行分析，将数据填到表 14-4 中。

④ 物料衡算

塔顶产品　水：103.06×4.38%=4.51(g)

乙醇：103.06×21.93%=22.60(g)

乙酸乙酯：103.06×73.69%=75.94(g)

塔釜产品　水：42.84×26.89%=11.52(g)

乙醇：42.84×14.79%=6.34(g)

乙酸乙酯：42.84×9.97%=4.27(g)

乙酸：42.84×48.35%=20.71(g)

反应共生成乙酸乙酯的质量：75.94+4.27=80.21(g)

a. 对乙酸进行物料衡算：

乙酸的量=塔顶乙酸质量+塔釜乙酸质量+乙酸反应质量

80.00=0+20.71+乙酸反应质量

故物料衡算中消耗乙酸的质量：80−20.71=59.29(g)

$$n_{乙酸}=59.29/60=0.99(\text{mol})$$

而实际消耗乙酸的质量：$\frac{80.21}{88}\times 60=54.69(\text{g})$

b. 对乙醇进行物料衡算：

乙醇的量=塔顶乙醇质量+塔釜乙醇质量+乙醇反应质量

80.00=22.60+6.34+乙醇反应质量

故物料衡算中消耗乙酸的质量：80−22.60−6.34=51.06(g)

$$n_{乙醇}=51.06/46=1.11(\text{mol})$$

而实际消耗乙酸的质量：$\frac{80.21}{88}\times 46=41.928(\text{g})$

可以知道，理论上乙醇和乙酸的反应量应为 1∶1，可能是因为有部分液体残留在精馏塔中，也可能是因为色谱分析存在误差所致。

⑤ 乙酸的转化率计算

$$X=\frac{原料中乙酸的量-釜液中剩余乙酸的量}{原料中乙酸的量}=\frac{80.00-42.84\times 48.35\%}{80.00}\times 100\%=74.11\%$$

⑥ 乙酸乙酯的收率计算

$$Y=\frac{塔顶塔釜生成的酯量}{乙酸加入量对应的酯生成量}=\frac{\dfrac{103.06\times 73.69\%+42.84\times 9.97\%}{88}}{\dfrac{80}{60}}\times 100\%=68.36\%$$

⑦ 乙酸乙酯的选择性计算

选择性＝收率/转化率＝68.36％/74.11％＝92.24％

【实验报告】

（1）简述实验目的、实验药品、实验原理、实验装置和实验步骤。

（2）按照要求记录实验过程的原始数据（见表 2-29～表 2-32）。

（3）按照要求进行数据处理，分析塔上段、中段、下段的组成，并填入表 2-31 中。

（4）按照要求进行数据处理，分析塔顶和塔釜产品的组成，并填入表 2-32 中。

（5）计算转化率、收率和选择性。

（6）对实验结果进行分析与讨论。

【思考题】

（1）怎样提高酯化收率？

（2）不同回流比对产物分布有何影响？

（3）采用釜内进料，操作条件要做哪些变化？酯化率能否提高？

（4）加料摩尔比应保持多少为最佳？

（5）用实验数据能否进行模拟计算？如果数据不充分，还要测定哪些数据？

实验十四　膜分离法制备高纯水

【实验目的】

（1）熟悉反渗透法制备超纯水的工艺流程。

（2）掌握反渗透膜分离的操作技能。

（3）了解测定反渗透膜分离的主要工艺参数。

【实验原理】

膜分离法是利用特殊的薄膜对液体中的某些成分进行选择性透过的方法的统称。溶剂透过膜的过程称为渗透，溶质透过膜的过程称为渗析。常用的膜分离方法有微滤、超滤、纳滤、电渗析、反渗透，以及自然渗析、液膜技术。近年来，膜分离技术发展很快，在水和废水处理、化工、医疗、轻工、生化等领域得到广泛应用。工业化应用的膜分离包括微滤（MF）、超滤（UF）、纳滤（NF）、反渗透（RO）、渗透汽化（PV）、气体分离（GS）和电渗析（ED）等。根据不同的分离对象和要求，选用不同的膜分离过程。超滤、纳滤和反渗透都是以压力差为推动力的液相膜分离方法，其三级组合膜过程可分离分子量几十万的蛋白质分子到分子量为几十的离子化合物。

渗透现象在自然界很常见，例如将一根黄瓜放入盐水中，黄瓜就会因失水而变蔫。黄瓜中的水分子进入盐水溶液的过程就是渗透过程。如图 2-24 所示，如果用一个只有水分子才能透过的薄膜将一个水池隔断成两部分，在隔膜两边分别注入纯水和盐水到同一高度。过一段时间就会发现纯水液面降低了，而盐水的液面升高了。我们把水分子透过这个隔膜迁移到盐水中的现象叫作渗透现象。盐水液面升高不是无止境的，到了一定高度就会达到一个平衡点，这时隔膜两端液面差所代表的压力称为渗透压，渗透压的大小与盐水的浓度有关。

如图 2-24(a) 所示，半透膜将纯水与盐水分开，水分子将从纯水一侧通过膜向盐水一侧

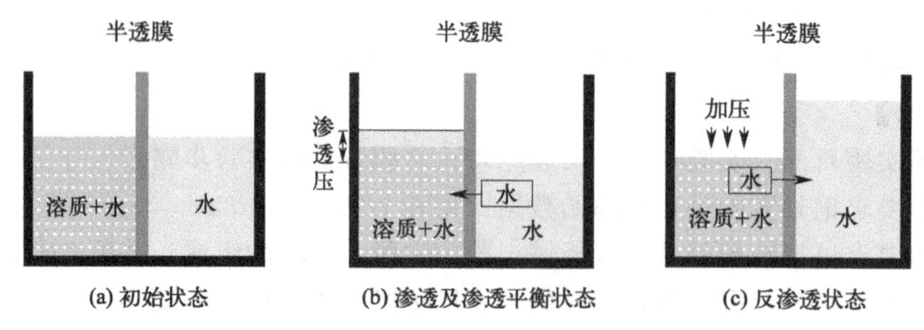

图 2-24 渗透和反渗透实验原理图

透过，结果使盐水一侧的液位上升，直到某一高度，即渗透过程。

如图 2-24(b) 所示，当渗透达到动态平衡状态时，半透膜两侧存在一定的水位差或压力差，此为该温度下溶液的渗透压 N。

如图 2-24(c) 所示，当盐水一侧施加的压力 P 大于该溶液的渗透压 N，可迫使渗透反向，实现反渗透过程。此时，在高于渗透压的压力作用下，盐水中水的化学位升高超过纯水的化学位，水分子从盐水一侧反向地通过膜透过到纯水一侧，使盐水得到淡化，这就是反渗透脱盐的基本原理。

反渗透同 NF、UF、MF、GS 一样均属于以压力差为推动力的膜分离技术，其操作压差一般为 1.5～10.5 MPa，截留组分为 0.1～1 nm 的小分子溶质。除此之外，还可从液体混合物中去除全部悬浮物、溶解物和胶体，例如从水溶液中将水分离出来，以达到分离、纯化等目的。目前，随着超低压反渗透膜的开发，已可在小于 1 MPa 压力下进行部分脱盐(溶质)，适用于水的软化和选择性分离。

膜的性能是指膜的物化稳定性和膜的分离透过性。膜的物化稳定性的主要指标是：膜材料，膜允许使用的最大压力、温度范围、适用的 pH 范围，以及对有机溶剂等化学药品的抵抗性等。膜的分离透过性指在特定的溶液系统和操作条件下的脱盐率、产水流量和流量衰减指数。

【实验装置】

本装置将两组反渗透卷式膜组件串联于系统，并有离子混合树脂交换柱，可用于制备高纯水，如图 2-25 所示。膜组件性能参见表 2-35。

表 2-35 膜组件性能

膜组件	规格	纯水通量	面积	压力范围	分离性能
反渗透	2521 型	4～40 L/H	1.1 m^2	≤1.5 MPa	除盐率 98%

本实验装置由配液池、高压泵和过滤系统组成，原料为自来水。实验时，自来水从配液池由泵输送，流过离子交换柱，经进料流量计测量流量后进入反渗透过滤系统，在反渗透膜组件中进行膜分离过程，渗透液经流量计进入纯水罐。

【实验步骤及方法】

(1) 开启自来水总阀，接通自来水；

(2) 开泵；

(3) 系统稳定约 20 min，出口水质基本稳定（出水电导率基本保持不变），记录纯水电导率，同时记录浓缩液、渗透液流量，计算回收率，数据记录见表 2-36；

(4) 在 0.3～0.7 MPa 内改变膜出口阀门开度，调节系统操作压力；

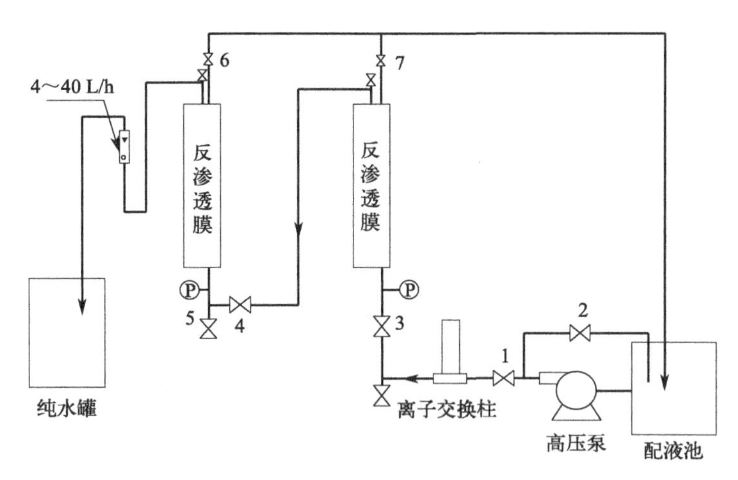

图 2-25　反渗透制纯水实验装置流程图

1～7 代表阀门

(5) 待系统稳定后，记录不同压力下纯水的电导率及浓缩液、透过液流量，数据记录见表 2-37；

(6) 开启离子交换柱，制备超纯水，出水电阻率不低于 18.25 MΩ·cm，或者电导率值不高于 0.05 μS/cm（25 ℃时，超纯水的电阻率值为 18.25 MΩ·cm，电导率值为 0.05 μS/cm）；

(7) 停车时，先关闭输液泵及总电源，随后关闭自来水进水。

注意事项：高压泵启动时，注意泵前管道充满流体，以防损坏。如发生上述情况，立即切断电源。

【实验记录与数据处理】

室温：＿＿＿＿＿原料水电导率：＿＿＿＿＿操作压力：＿＿＿＿＿MPa

表 2-36　实验记录表 1

实验序号	透过液流量 Q_t/(mL/s)	出口纯水电导率/(μS/cm)
1		
2		
3		

$$回收率\ N=\frac{透过液流量}{透过液流量+浓缩液流量}=\frac{Q_t}{Q_b+Q_t}$$

室温：＿＿＿＿＿原料水电导率：＿＿＿＿＿操作压力：＿＿＿＿＿MPa

表 2-37　实验记录表 2

实验序号	操作压力/MPa	透过液流量/(mL/s)	出口纯水电导率/(μS/cm)	单位膜面积透过物量 J_W/[mL/(m^2·s)]
1				
2				
3				
4				
5				

注：$J_W=V/(St)$，V 是膜的透过液体积，S 是膜的有效面积，t 是运行时间，2521 型反渗透膜的有效面积是 1.1 m^2，由于是两层膜，所以 $J_W=2V/(St)$。

【实验报告】

(1) 简述实验目的、实验装置及药品、实验原理。

(2) 记录实验过程的原始数据（实验数据记录表）。

(3) 实验结果分析与讨论。

【思考题】

(1) 什么叫膜分离过程？特点是什么？

(2) 反渗透分离过程的特点是什么？

(3) 反渗透分离过程与其他分离过程有何区别？

(4) 反渗透膜操作压力是否越大越好？为什么？

(5) 结合反渗透脱盐与离子交换技术，说明本工艺具有哪些优点？

(6) 反渗透膜是耗材，膜组件受污染后有哪些特征？

(7) 影响实验误差的因素有哪些？

实验十五　超滤、纳滤、反渗透组合膜分离

【实验目的】

(1) 掌握常见膜分离过程的分类。

(2) 掌握膜性能评价的方法，确定膜分离过程中各膜组件的适宜操作条件。

(3) 掌握膜分离的基本原理及应用。

【实验原理】

工业化应用的膜分离包括微滤（MF）、超滤（UF）、纳滤（NF）、反渗透（RO）、渗透汽化（PV）、气体分离（GS）和电渗析（ED）等。根据不同的分离对象和要求，选用不同的膜分离过程。图 2-26 是各种膜对不同物质的截留示意图。

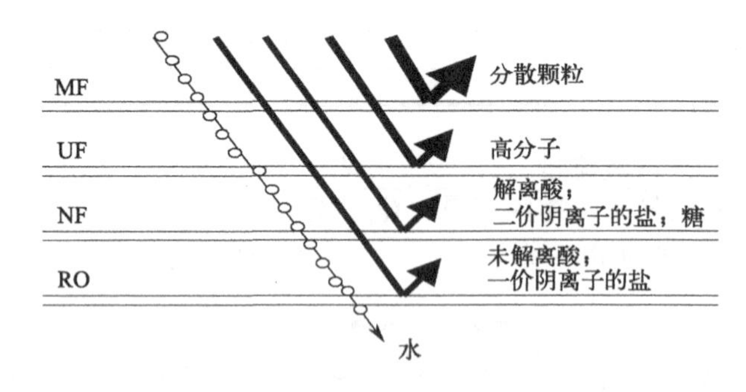

图 2-26　膜的截留示意图

(1) 超滤膜工作原理

超滤与反渗透一样也依靠压力推动和半透膜实现分离。两种方法的区别在于超滤受渗透压的影响较小，能在低压力下操作（一般为 0.1～0.5 MPa），而反渗透的操作压力为 1～10 MPa。超滤适用于分离分子量大于 500、直径为 0.005～10 μm 的大分子和胶体，如细菌、病毒、淀粉、树胶、蛋白质、黏土和油漆色料等，这类液体在中等浓度时，渗透压很小。

超滤过程本质上是一种筛分过程，膜表面的孔隙大小是主要的控制因素，溶质能否被膜孔截留取决于溶质粒子的大小、形状、柔韧性以及操作条件等，而与膜的化学性质关系不大。因此可以用微孔模型来分析超滤的传质过程。

微孔模型将膜孔隙当作垂直于膜表面的圆柱体来处理，水在孔隙中的流动可看作层流，其通量与压力差 ΔP 成正比，并与膜的阻力 Γ_m 成反比。

膜分离效率：

$$\eta=\left(1-\frac{超滤液浓度}{混合液浓度}\right)\times 100\% \tag{2-61}$$

(2) 反渗透的工作原理

反渗透是借助外加压力的作用使溶液中的溶剂透过半透膜而不能透过某些溶质，达到溶剂和溶质均富集的目的，具有无相变、组件化、流程简单等特点。反渗透净水是以压力为推动力，利用反渗透膜的选择透过性，从含有多种无机物、有机物和微生物的水体中，提取纯净水的物质分离过程。反渗透是最早工业化和最成熟的膜分离过程之一，其工业应用是从海水、苦咸水的脱盐进行海水淡化开始的，现在又有了许多新的应用。

反渗透同 NF、UF、MF、GS 一样均属于以压力差为推动力的膜分离技术，其操作压差一般为 1.5～10.5 MPa，截留组分为 0.1～1 nm 的小分子溶质。除此之外，还可从液体混合物中去除全部悬浮物、溶解物和胶体，例如从水溶液中将水分离出来，以达到分离、纯化等目的。目前，随着超低压反渗透膜的开发，已可在小于 1 MPa 压力下进行部分脱盐（溶质），适用于水的软化和选择性分离。

反渗透膜的基本性能参数有纯水渗透系数和脱盐率（溶质截留率）。

① 纯水渗透系数 L_p

单位时间、单位面积和单位压力下纯水的渗透量。它是在一定压力下，通过测定给定膜面积的纯水渗透量求得。

$$J_W=L_p(\Delta P-\sigma\Delta\pi) \tag{2-62}$$

$$L_p=\frac{J_W}{\Delta P(\Delta\pi=0)} \tag{2-63}$$

式中，J_W 为单位膜面积纯水的渗透速率。

② 脱盐率（截留率）R

R 表示膜脱除盐（截留率）的性能，其定义为：

$$R=\left(1-\frac{C_p}{C_b}\right)\times 100\% \tag{2-64}$$

式中，C_b、C_p 分别为被分离的主体溶液浓度和膜的透过液浓度。实验中 C_b、C_p 可分别用被分离的主体溶液的电导率和膜的透过液的电导率来替代（但本实验不作考虑）。R 的大小与操作压力、溶液浓度、温度、pH 等工艺过程的条件有关。

(3) 纳滤膜工作原理

纳滤膜技术是性能介于反渗透膜与超滤膜之间的技术，纳滤能脱除颗粒在 1 nm 的杂质和分子量大于 200～400 的有机物，溶解性固体的脱除率为 20%～98%，含单价阴离子的盐（如 NaCl 或 $CaCl_2$）脱除率达到 20%～80%，而含二价阴离子的盐（如 $MgSO_4$）脱除率较高，为 90%～98%。纳滤是当今最先进、最节能、效率最高的膜分离技术之一。其原理是在高于溶液渗透压的压力下，根据渗透速率的不同，借助于只允许水分子透过纳滤膜的选择性截留某些物质，将溶液中的溶质与溶剂分离，从而达到净化水的目的。

纳滤膜是由具有高度有序矩阵结构的聚酰胺合成纳米纤维素组成的。它的孔径为 1 nm。利用纳滤膜的分离特性，可以有效地去除水中的溶解盐、胶体、有机物、细菌和病毒等。纳滤膜与反渗透膜相比，其优点在于两者除去的有害物质相同，而纳滤膜保留了水分子中人体所需的生命元素。

(4) 膜分离性能的表示方法

膜性能包括膜的物化稳定性、膜的选择性和膜的透过性。膜的选择性主要指截留率；而膜的透过性主要指渗透通量和通量衰减系数等，可通过实验测定。

① 选择性　对于溶液中蛋白质分子、糖、盐的脱除，可用截留率 R 表示：

$$R=\left(1-\frac{C_p}{C_w}\right)\times 100\% \tag{2-65}$$

实际测定的是溶质的表观截留率 R_E，表示为：

$$R_E=\left(1-\frac{C_p}{C_b}\right)\times 100\% \tag{2-66}$$

② 渗透通量　通常用单位时间内通过单位膜面积的透过物量 J_W 表示：

$$J_W=\frac{V}{St} \tag{2-67}$$

③ 通量衰减系数　膜的渗透通量由于过程的浓差极化、膜的压密以及膜孔堵塞等原因将随时间而衰减，可用下式表示：

$$J_t=J_1 t^m \tag{2-68}$$

膜分离实验中常采用原料的浓缩倍数表示膜分离效率，定义为

$$N=\frac{C_d}{C_b} \tag{2-69}$$

式(2-65)、式(2-66)、式(2-69) 中，C_b、C_w、C_p、C_d 分别表示溶质的主体溶液浓度、高压侧膜与溶液的界面浓度、透过液浓度、浓缩液浓度。

式(2-67) 中，V 是膜的透过液体积；S 是有效膜面积；t 是操作时间。J_W 通常以 mL/(cm^2·h)为单位。

式(2-68) 中，J_t、J_1 分别表示膜运行 t h 和 1 h 后的渗透通量；t 为操作时间。

式(2-69) 中，N 是膜分离前后溶质的浓缩倍数。

超滤、纳滤、反渗透均是以压力差为推动力的膜分离过程，随着压力增加，膜渗透通量 J_W 逐渐增加，截留率 R 有所提高。但压力越大，膜污染及浓差极化现象越严重，膜渗透通量 J_W 衰减加快。超滤膜为有孔膜，通常用于分离大分子溶质、胶体、乳液，一般通量较高，溶质扩散系数低，在使用过程中受浓差极化的影响较大；反渗透膜是无孔膜，截留物质大多为盐类，因为通量低、传质系数大，受浓差极化影响较小；纳滤膜则介于两者之间。由于压力增加，引起膜材质压密作用，膜清洗难度和操作能耗均加大。因此，根据膜组件的分离性能，应选择适宜的操作压力。

温度也是影响膜分离性能的重要操作因素，随着温度升高，溶液扩散增强，膜的渗透速度增大，但受膜材质影响，膜的允许操作温度一般应低于 45 ℃，在本实验中，不考虑温度因素。

（5）膜组件检测方法

① 反渗透膜：

2% NaCl通过后截留率98%；

② 纳滤膜：

2% NaCl通过后截留率50%～70%，常规为60%；

2% $MgSO_4$ 通过后截留率95%；

③ 超滤膜（1万分子量）：

0.5%细胞色素通过后截留率80%；

0.5%聚乙烯醇通过后截留率90%。

（6）膜污染的防治

膜污染是指处理物料中的微粒、胶体粒子或溶质大分子与膜产生物化作用或机械作用，在膜表面或膜孔内吸附、沉积造成膜孔径变小或者堵塞，从而产生膜通量下降、分离效率降低等不可逆变化。对于膜污染，一旦料液与膜接触，膜污染即开始。因此，膜分离实验前后，必须对膜进行彻底清洗，采用低压（≤0.2 MPa）、大通量清水清洗法；当膜通量大幅下降或膜进出口压差≥0.2 MPa，一般清洗不能有效减轻污染，应采用化学清洗，选用清洗剂或考虑更换膜。大豆蛋白对膜污染比较严重，根据文献，用NaOH和蛋白酶清洗能有效减轻膜污染。

【实验装置与流程】

（1）本实验装置主要由配液池、浓液池、滤液池、高压自吸泵、流量计、压力表、反渗透膜、纳滤膜、超滤膜等组成。

膜组件：膜直径99.4 mm；长度1014 mm；脱盐率95%；带有不锈钢膜壳。

配液池、滤液池均由不锈钢制成。

高压泵采用高压自吸泵：功率1.1 kW；最高压力1.6 MPa。

反渗透流量计采用LZB-10（6～60 L/h），超滤流量计采用LZB-10（16～160 L/h），纳滤流量计采用LZB-10（10～100 L/h）。

压力表：0～1.0 MPa。

（2）实验流程：实验时，原料从配液池用高压泵往上输送，经进料流量计测量流量后，进入超滤、反渗透、纳滤过滤系统，在膜组件中进行膜分离过程，透过液经过流量计计量后进入纯水罐，浓缩液进入浓液池。该实验装置各膜组件可单独操作，也可组合使用。超滤、反渗透、纳滤膜分离流程图如图2-27所示。

【实验步骤及方法】

（1）超滤实验操作步骤

① 先了解整个实验的流程，对各个设备及阀门有一定的了解。配制好混合液，如污水、淀粉悬浮液、皂化液等。需注意所配混合液浓度不应过大，否则会影响膜的使用寿命。

② 打开电源开关，然后再打开高压泵开关，实验开始进行。在开始实验时除阀2外其他各阀均关闭，启动泵后慢慢关闭阀2（旁路阀），同时开启阀1、阀3，再打开阀6调节流量（即流量计上带有的针形阀至一定开度），然后打开浓液阀5。同时用秒表记录下超滤所用的时间，膜的压力数值，流量的大小（因出口压力很小，故当超滤的工作压力很小时，便可近似为零）以及滤液池中的滤液量。

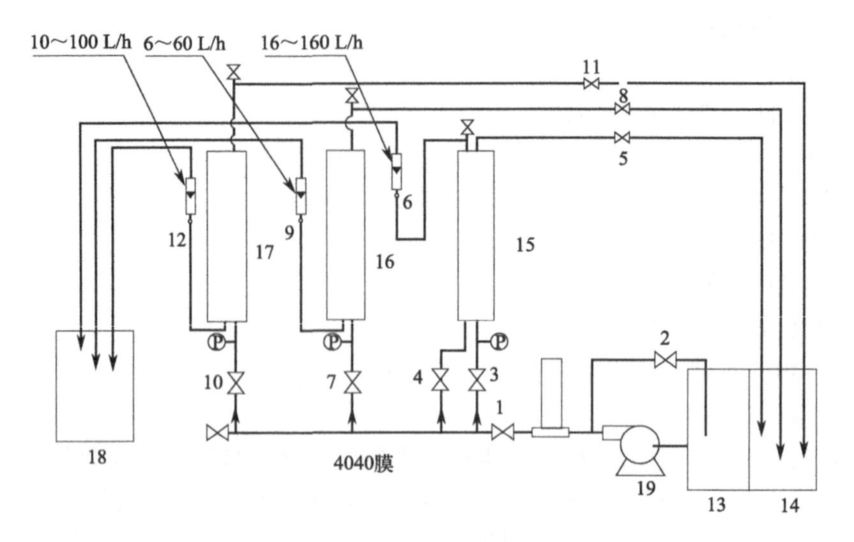

图 2-27 超滤、反渗透、纳滤膜分离流程

1～5，7，8，10，11—阀门；6，9，12—流量调节阀；13—配液池；14—浓液池；15—超滤膜组件；16—反渗透膜组件；17—纳滤膜组件；18—纯水罐；19—高压泵

③ 分别在滤液池和配液池内取样，进行分析。

(2) 反渗透实验操作步骤

① 打开电源开关，开启高压泵开关，打开阀 2，待高压泵正常运转后，慢慢关闭阀 2（旁路阀），同时开启阀 1 和阀 7，开启浓液阀 8。

② 启动泵后打开流量计上针形阀 9 调节流量。同时用秒表记录下过滤所用的时间、膜的压力数值、流量的大小。

③ 根据实验需要，通过阀 8 开启程度控制膜分离实验系统压力以及流量（本设备最高使用压力 0.6 MPa）。

④ 按实验要求分别收集渗透液、浓缩液。分别在滤液池和配液池内取样，进行分析。

⑤ 停止实验时，先开大浓液阀 8，关闭电源开关，结束实验。

(3) 纳滤实验操作步骤

① 打开电源开关，开启高压泵开关，打开阀 2，待高压泵正常运转后，慢慢关闭阀 2（旁路阀），同时开启阀 1 和阀 10，开启浓液阀 11。

② 启动泵后打开流量计上针形阀 12 调节流量，同时用秒表记录下过滤所用的时间，以及膜的压力、流量。

③ 根据实验需要，通过阀 11 开启程度控制膜分离实验系统压力以及流量（本设备最高使用压力 0.6 MPa）。

④ 按实验要求分别收集渗透液、浓缩液，分别在滤液池和配液池内取样，进行分析。

⑤ 停止实验时，先开大浓液阀 11，关闭电源开关，结束实验。

(4) 实验内容

① 膜组件性能测定

a. 超滤：配制 2.5 g/L 大豆蛋白水溶液，在 0～0.5 MPa 范围内调节操作压力，测定 4～5 个不同压力（膜进口压力）下原料液、浓缩液、透过液的浓度和透过液的流量，数据记录如表 2-38 所示，计算截留率、渗透通量；在某一压力下，0～60 min 内测定 4～5 个不同时间原料液、浓缩液、透过液的浓度和透过液的流量，数据记录如表 2-39 所示。计算膜渗透通量，建立 P-R、P-J、J-t 关系曲线，确定超滤膜分离适宜的操作压力 $P1$。

b. 纳滤：配制 5 g/L 葡萄糖溶液，在 0～1.0 MPa 范围内调节操作压力，测定 4～5 个不同压力下纳滤膜的原料液、浓缩液、透过液的浓度和透过液的流量，数据记录如表 2-38 所示，计算截留率、渗透通量，建立 P-R、P-J 关系曲线，确定纳滤膜分离适宜的操作压力 $P2$。

c. 反渗透：配制 5 g/L 氯化钠溶液，在 0～1.5 MPa 范围内调节操作压力，测定 4～5 个不同压力下反渗透膜原料液、浓缩液、透过液的浓度和透过液的流量，数据记录如表 2-38 所示，计算截留率、渗透通量，建立 P-R、P-J 关系曲线，确定反渗透分离时适宜的操作压力 $P3$。

② 乳清废水浓缩分离

配制乳清废水约 50 L（2.5 g/L 大豆蛋白、5 g/L 葡萄糖、5 g/L 氯化钠），加入配液池。组合膜分离过程如图 2-28 所示。调节操作压力 $P1$，通过超滤膜浓缩分离乳清废水，通过测定原料液、浓缩液的浓度，计算一级膜分离后大豆蛋白浓缩倍数，超滤透过液用于纳滤分离。调节操作压力 $P2$，通过纳滤膜分离浓缩葡萄糖，通过测定原料液、浓缩液的浓度，计算其浓缩倍数，纳滤透过液用于反渗透分离。调节操作压力 $P3$，通过反渗透脱盐，测定可回收的净水体积。数据记录在表 2-40 中。

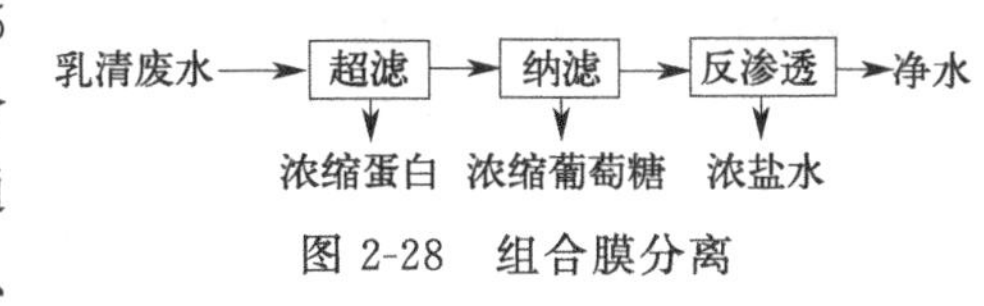

图 2-28　组合膜分离

(5) 注意事项及膜组件的清洗

① 注意事项

a. 本装置设置压力控制器，当系统压力大于 1.6 MPa 时，会自动切断输液泵电流并停机；

b. 储槽内料液不要过少，同时保持储液槽内壁清洁，较长时间（10 天以上）停用时，在组件中充入 1%甲醛水溶液作为保护液，防止系统生菌，并保持膜组件的湿润（保护液主要用于膜组件内浓缩液侧）；

c. 膜组件为耗材，液体处理后需进行清洗处理（包括纯水清洗、药剂清洗），当膜组件通量大幅降低时应考虑更换；

d. 待处理料液需预过滤，防止大颗粒机械杂质损坏输液泵或膜组件，膜组件进料最高自由氯浓度为 0.1 μL/L；

e. 每种膜组件需单独使用，使用完毕后如需使用其他膜，必须将系统残余料液放空，并进行彻底清洗，以免料液干扰；

f. 增压泵启动时，注意泵前管道需充满液体，以防损坏，如发生上述现象，立即切断电源，短时间内空转，可能会损坏泵。

g. 管道如有泄漏，立即切断电源和进料阀，待更换管件或用专用胶水黏结后（胶水黏结后需固化 4 h）方可使用。

② 膜组件的清洗

a. 每批操作完成后，清洗前，打开装置所有阀门及排污阀门，使残余料液排空。

b. 用纯净水清洗保养直至流出液（包括透过液和浓缩液）澄清透明为止，可配合检测手段监测流出液浓度是否接近于零。

c. 经冲洗干净的膜组件不可再干燥，如长期不用，应放在甲醛溶液中保存。当透过液流量明显下降时，可配制清洗药水进行清洗保养。

d. 一般清洗的过程为先纯净水、后清洗药水，最后再用纯净水，之后可进行料液处理。若清洗药水处理后透过液流量仍不能有所恢复，则考虑更换膜组件。

③ 清洗液的配制

a. 超滤组件清洗液：无机酸、六偏磷酸钠、聚丙烯酸酯、乙二胺四乙酸（EDTA）清洗剂是用来清洗盐沉淀和无机垢的。氢氧化钠清洗剂，有时添加次氯酸盐，对于溶解脂肪和蛋白质十分有效。蛋白酶和淀粉酶等酶清洗剂适用于中性 pH 场合。

b. 纳滤、反渗透组件清洗液：分酸性清洗液和碱性清洗液两种。酸性清洗液一般浓度不超过 1%，可用盐酸、草酸、柠檬酸配制，适用于蛋白质、血清、重金属、碱金属氧化物等；碱性清洗液一般浓度不超过 0.1%，可用氢氧化钠配制，适用于肉类、乳品等。

【实验记录与数据处理】

（1）不同操作压力下的数据记录

表 2-38 不同操作压力下的数据记录

温度：______ ℃

实验序号	压力/MPa	浓度(电导率值)			流量/(L/h)
		原料液	浓缩液	透过液	透过液
1					
2					
3					
4					

（2）不同运行时间的数据记录

表 2-39 相同压力不同运行时间下的数据记录

压强（表压）：______ MPa 温度：______ ℃

实验序号	起止时间	浓度(电导率值)			流量/(L/h)
		原料液	浓缩液	透过液	透过液
1					
2					
3					
4					
5					
6					

（3）组合膜分离过程

表 2-40 组合膜分离过程数据记录

分离组件	起止时间	浓度(电导率值)			流量/(L/h)
		原料液	浓缩液	透过液	透过液
超滤	10 min				
纳滤	10 min				
反渗透	10 min				净水体积

（4）实验数据处理

通过记录的数据分别计算不同膜分离过程中，不同压力下的截留率、渗透通量，从而确定不同膜分离过程的适宜操作压力 $P1$、$P2$、$P3$。

通过组合膜分离过程，利用记录的数据，分别计算不同膜组件的浓缩倍数，并记录最后净水的体积。

【实验报告】

（1）简述实验目的、实验装置及药品、实验原理。

（2）记录实验过程的原始数据（实验数据记录表）。

（3）实验结果分析与讨论。

【思考题】

（1）试讨论膜组合分离过程的优点和缺点。

（2）膜在长时间不用的情况下，为什么要加保护液？

（3）为什么每次膜使用后要进行清洗？

（4）膜的材料都有哪些？不同的膜组件所使用的膜材料有什么不同？

实验十六　分子蒸馏

分子蒸馏是一种常见的分离纯化技术，广泛应用于化学、制药等领域。本实验旨在通过对混合溶液的分子蒸馏过程进行观察和分析，探究其原理和应用。

【实验目的】

（1）了解分子蒸馏的基本原理和工作原理。

（2）了解分子蒸馏装置的结构。

（3）掌握分子蒸馏实验装置的操作方法。

【实验原理】

分子蒸馏是一种特殊的液液分离技术，它不同于传统蒸馏依靠沸点差分离原理，而是靠不同物质分子运动平均自由程的差别实现分离。当液体混合物沿加热板流动并被加热后，轻、重分子会逸出液面而进入气相，由于轻、重分子的自由程不同，因此，不同物质的分子从液面逸出后移动距离不同，若能恰当地设置一块冷凝板，则轻分子到达冷凝板被冷凝排出，而重分子达不到冷凝板沿混合液排出，从而达到物质分离的目的。

分子蒸馏的主要优点：①操作温度低　分子蒸馏是在远低于沸点的温度下进行操作的，只要存在温度差就可以达到分离目的，这是分子蒸馏与常规蒸馏的本质区别；②操作真空度高　分子蒸馏装置内部可以获得很高的真空度，通常分子蒸馏在很低的压力下进行操作，因此物料不易氧化受损；③蒸馏液膜薄，传热效率高　物料受热时间短，受加热的液面与冷凝面之间的距离小于轻分子的平均自由程，所以由液面逸出的轻分子几乎未经碰撞就达到冷凝面。因此，蒸馏物料受热时间短，在蒸馏温度下停留时间一般为几秒至几十秒之间，减少了物料热分解的机会。

分子蒸馏主要用于：①分离高沸点、热敏性物质　对于那些在常规蒸馏条件下容易受热分解、聚合或变质的物质，分子蒸馏能在较低的温度下实现有效分离，保证物质的品质和活性；②去除杂质　可以高精度地去除物料中的低分子物质、游离酸、醇、酯等杂质，提高产品的纯度；③浓缩有效成分　从混合物中浓缩和提取有价值的成分，例如在天然产物中提取、浓缩特定的生物活性成分；④分离高分子量和低分子量物质　能够清晰地将不同分子量的物质分离开来；⑤制备高纯度产品　如在制药、食品和精细化工等领域，制备高纯度的产品，满足严格的质量标准；⑥提取天然香料和精油　能有效地保留其天然的香气和成分；⑦分离同分异构体　对于结构相似但分子量有差异的同分异构体，实现选择性分离。目前已在石油工业、化学工业、制药工业、食品工业、环境保护、新能源、农业、纳米材料等行业和领域得到广泛应用。

油脂是人类生命活动不可缺少的组成部分，是能量和脂肪酸的重要来源，也是多种维生素的载体和保护剂。鱼油作为一种从海洋或淡水鱼类中提取的油脂，由于具有较好的营养保健等功能，近年来备受关注。脂肪酸作为鱼油中的主要营养物质，根据碳氢链饱和程度，通常划分为饱和脂肪酸（SFA）和不饱和脂肪酸（USFA）。不饱和脂肪酸中的多不饱和脂肪酸（PUFA），尤其是二十碳五烯酸（EPA）和二十二碳六烯酸（DHA），因为其在提高记忆力、延缓衰老、预防心血管疾病、抗癌等方面的积极作用，已经越来越引起人们的重视。目前，高纯度 EPA 和 DHA 的提取方法很多，主要有尿素包合法、表面活性剂分离法、超临界流体萃取法、低温溶剂结晶法、脂肪酶浓缩法、吸附分离法和分子蒸馏法等。本实验主要采用分子蒸馏法分离纯化鱼油中的 EPA 和 DHA。

【实验装置】

分子蒸馏实验装置主要由原料罐、分子蒸馏器、真空泵和扩散泵等组成，如图 2-29 所示。

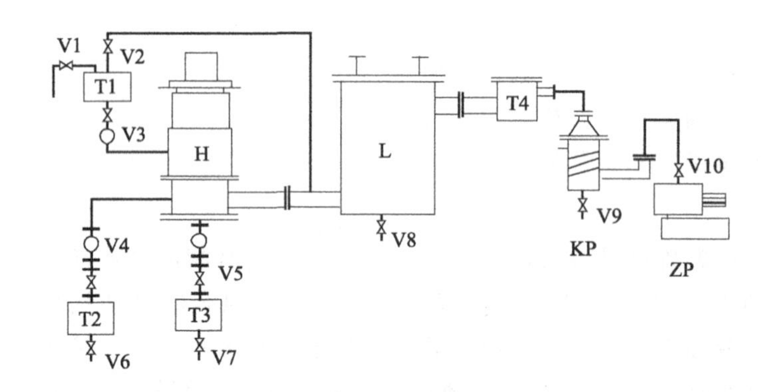

图 2-29　刮膜式分子蒸馏装置示意图

T1—原料罐；T2—蒸余物储存罐；T3—蒸出物储存罐；T4—冷阱罐；
H—分子蒸馏器；L—冷却器；KP—扩散泵；ZP—真空泵；V1～V10—阀门

【实验步骤及方法】

(1) 实验装置操作步骤

① 检查准备。

a. 检查各阀门、电器、仪表是否处于良好状态。

数显真空计的使用：(a) 打开开关；(b) 约 30 min 后；(c) 常压下查看真空计的读数是否显示“1.0e5”(即真空度为 100 kPa)，如不是，则调整。调整方法：用一字螺丝刀伸到满度槽内旋转（顺时针调大，逆时针调小）。

b. 检查管道是否连接通畅。

c. 检查温度探测点里是否有传热介质以及温度传感器（PT100）是否探测到合适位置。

② 通电打开控制柜，合上空气开关。

③ 加热与冷却。

a. 恒温槽通电后打开上加热按钮和泵循环按钮并设定加热温度；

b. 分子短程蒸馏器中心冷凝器中通入冷却水；

c. 油扩散泵通入冷却水。

④ 开真空泵。

a. 真空机组　开机顺序：扩散泵通入冷却水；关闭分蒸系统上所有的排气阀；开扩散泵蝶阀（V1）、扩散泵气阀（V3）、旁通阀（V2）；打开旋片真空泵；当真空计读数≤3.0e1（即系统真空度高于30 Pa）时，打开扩散泵加热；约5 min后，关旁通阀（V2）；约30 min后，扩散泵启动（此时系统真空度高于0.1 Pa）。

b. 真空机组　关机顺序：关蝶阀（V1）、扩散泵气阀（V3）；开旁通阀（V2）；关扩散泵加热；关旁通阀（V2）；系统排真空；关旋片真空泵；待扩散泵冷却后停止通冷却水；断电。

⑤ 打开搅拌电机，并设定搅拌转速。

打开电控柜上变频器按钮开关→变频器液晶面板上数字闪烁→按RUN键（FWD灯亮）→不停按ENTER键→出现B014→变频器液晶面板上显示数字（此时数字即为搅拌转速）→调节电位器→调节电机转速。

⑥ 进料。

当分子蒸馏系统真空度及温度达到实验条件时，打开进料泵开关并调节进料量大小，开始进料。注意：实验过程中，需要调节 、摸索实验条件（蒸发温度、进料量、系统真空度、搅拌电机转速等），在合适的实验条件下，物料分离的效果最理想。

注意：计量泵管道为硅胶材料，不耐某些有机溶剂（如苯、四氢呋喃等）溶胀，根据实际物系情况可选择更换其他材料，详细情况可咨询厂家。计量泵的操作见使用说明书。计量泵转速（X r/min）对应流量（Y mL/min）关系（常压、水、20 ℃时测定）：$Y=1.838X$。计量泵的入口及出口方向。

⑦ 实验结束。

实验结束关机顺序：停止进料、关闭装置上所有电加热器（包括蒸发电热套）、关闭油扩散泵、关闭旋片真空泵、卸系统真空（打开排气口）、关闭电源、取料。

（2）实验方法

① 实验试剂和仪器

实验选用试剂和原料：乙酯型鱼油、石油醚、浓硫酸、甲醇等。

实验用仪器设备：分子蒸馏装置、气相色谱仪等。

② EPA和DHA质量分数的测定方法

乙酯型鱼油：取10 mg乙酯型鱼油用石油醚稀释500倍并过0.22 μm有机膜后，用气相色谱分析其组成。

气相色谱仪条件：选用分流/不分流进样口，进样口温度240 ℃，分流比25∶1；色谱柱选用 BPX70 石英毛细管色谱柱（0.25 mm×10 m×0.25 μm），起始温度 120 ℃，以 3 ℃/min 升温至 190 ℃；载气为高纯氮气，流速设定为 1 mL/min；检测器采用 FID 检测器，温度 250 ℃，氢气流速 40 mL/min，空气流速 450 mL/min，尾吹气（氮气）流速 40 mL/min。

（3）实验步骤

将一定量乙酯型鱼油通过蠕动泵加入分子蒸馏装置的原料罐中，控制好流量，设定分子蒸馏刮膜转速为 80～120 r/min，冷凝水温度设为（20±1）℃，将冷阱罐中加入足量液氮后开启真空泵，使蒸馏压力达到 0.1 Pa，在蒸馏温度为 70～140 ℃下进行分子蒸馏，分别收集不同蒸馏温度条件下所得轻相和重相的组分，称重并测定其脂肪酸组成，与原料组成进行对比分析，判断产品纯度是否提高。

【实验记录与数据处理】

（1）实验记录，见表 2-41 和表 2-42。

表 2-41 原料组成

组分	EPA	DHA	其他
质量分数/%			

表 2-42 不同因素下各产品的组成

转速/(r/min)	蒸馏温度/℃	取样位置	组分	保留时间/min	峰面积	峰面积分数/%	质量分数/%
80	80	轻相	EPA				
			DHA				
			其他				
		重相	EPA				
			DHA				
			其他				
80	120	轻相	EPA				
			DHA				
			其他				
		重相	EPA				
			DHA				
			其他				
100	120	轻相	EPA				
			DHA				
			其他				
		重相	EPA				
			DHA				
			其他				

（2）实验数据处理

各样品气相分析组成，参考前面反应精馏实验数据处理过程。

【实验报告】

（1）简述实验目的、实验药品、实验原理、实验装置及实验步骤。

（2）按照要求记录实验过程的原始数据。

（3）按照要求进行数据处理，分析和计算不同转速、不同蒸馏温度下的 EPA 和 DHA

含量。

（4）对实验结果进行分析与讨论。

【思考题】

（1）什么是分子蒸馏？

（2）分子蒸馏效率的关键影响因素有哪些？

（3）分子蒸馏与普通蒸馏的差别是什么？

（4）分子蒸馏的主要用途有哪些？

第3章 生物工程专业实验

实验十七　常用生物化学试剂的配制及高压灭菌

【实验目的】

(1) 掌握培养基的配制方法。

(2) 了解高压蒸汽灭菌原理。

【实验原理】

灭菌是指杀灭物体中所有微生物的繁殖体和芽孢的过程。消毒是指用物理、化学或生物的方法杀死病原微生物的过程。灭菌的原理是使蛋白质和核酸等生物大分子发生变性，从而达到灭菌的目的，实验室中最常用的就是干热灭菌和湿热灭菌。

干热灭菌是利用高温使微生物细胞内的蛋白质凝固变性，从而达到灭菌的目的。细胞内的蛋白质凝固性与其本身的含水量有关，在菌体受热时，当环境和细胞内含水量越大，则蛋白质凝固就越快；反之含水量越小，凝固则缓慢。因此，与湿热灭菌相比，干热灭菌所需温度高（160～170 ℃），时间长（1～2 h）。但干热灭菌温度不能超过 180 ℃，否则，包器皿的纸或棉塞会发生自燃，甚至引起燃烧。

高压蒸汽灭菌是将待灭菌的物体放在一个密闭的加压灭菌锅内，通过加热，使灭菌锅中隔套间内的水沸腾而产生水蒸气。待水蒸气急剧地将锅内的冷空气从排气阀中驱尽，关闭排气阀，继续加热，此时由于水蒸气不能逸出，增加了灭菌器内的压力，从而使沸点增高，得到高于 100 ℃的温度，导致菌体蛋白质凝固变性以达到灭菌的目的。在同一温度下，湿热的杀菌效力比干热大。其原因有三：一是湿热中细菌菌体吸收水分，蛋白质含水量增加，蛋白质较易凝固，所需凝固温度降低；二是湿热的穿透力比干热大；三是湿热的蒸汽有潜热存在，这种潜热能迅速提高被灭菌物体的温度，从而增加灭菌效力。

培养基是人工配制的适合微生物生长繁殖或积累代谢产物的营养基质，用于提供微生物生长发育所需的物质条件。培养细菌常用牛肉膏蛋白胨培养基和 LB 培养基，培养放线菌常用高氏Ⅰ号培养基，培养霉菌常用察氏培养基或马铃薯葡萄糖培养基（PDA），培养酵母菌常用麦芽汁培养基或马铃薯葡萄糖培养基。根据培养目的不同，可分为固体培养基和液体培养基。此外，还有加富、选择、鉴别等培养基之分。就培养基中的营养物质而言，一般不外乎碳源、氮源、无机盐、生长因子及水等几大类。琼脂（agar）只是固体培养基的支持物，一般不为微生物所利用。它在高温下熔化成液体，而在45 ℃左右开始凝固成固体。在配制培养基时，根据各类微生物的特点，可以配制出适合不同种类微生物生长发育所需要的培养基。培养基除了满足微生物所必需的营养物质外，还要求有一定的酸碱度和渗透压。霉菌和酵母菌的pH偏酸性，细菌、放线菌的pH为微碱性。所以每次配制培养基时，都要将培养基的pH调到一定的范围。常用微生物培养基的配方如下。

① LB培养基配方（pH 7.0）：

胰蛋白胨（tryptone）	10.0 g	氯化钠（NaCl）	10.0 g
酵母提取物（yeast extract）	5.0 g	琼脂粉（agar）	20.0 g

摇动容器直至溶质溶解，用5 mol/L NaOH调pH至7.0，用去离子水定容至1 L，在0.1 MPa压力下灭菌20 min。

② 牛肉膏蛋白胨培养基配方（pH 7.0）：

牛肉膏	3.0 g	琼脂粉（agar）	20.0 g
胰蛋白胨（tryptone）	10.0 g	去离子水	1000 mL
NaCl	5.0 g		

③ 高氏Ⅰ号培养基配方（pH 7.4～7.6）：

可溶性淀粉	20.0 g	$MgSO_4 \cdot 7H_2O$	0.5 g
NaCl	0.5 g	$FeSO_4 \cdot 7H_2O$	0.01 g
KNO_3	1.0 g	琼脂粉（agar）	20.0 g
$K_2HPO_4 \cdot 3H_2O$	0.5 g	去离子水	1000 mL

④ 马铃薯培养基配方（自然pH）：

马铃薯（去皮）	200.0 g	琼脂粉（agar）	20.0 g
葡萄糖（或蔗糖）	20.0 g	去离子水	1000 mL

⑤ 察氏培养基配方（自然pH）：

蔗糖（glucose）	30.0 g	$MgSO_4 \cdot 7H_2O$	0.5 g
$NaNO_3$	2.0 g	$FeSO_4 \cdot 7H_2O$	0.01 g
K_2HPO_4	1.0 g	琼脂粉（agar）	20.0 g
KCl	0.5 g	去离子水	1000 mL

⑥ YPD培养基配方（pH 7.0）：

酵母提取物（yeast extract）	10.0 g	琼脂粉（agar）	20.0 g
蛋白胨（peptone）	20.0 g	去离子水	1000 mL
葡萄糖或蔗糖	20.0 g		

在0.1 MPa压力下灭菌20 min。

【实验材料】

1000 mL刻度量筒、100 mL小烧杯、1/10天平、漏斗、10% NaOH溶液、10% HCl溶液、pH试纸、小铝锅、角匙、玻璃棒、琼脂、棉花、电炉、标签纸、牛皮纸、捆扎绳。

【实验步骤及方法】

(1) 培养基配制

① 配制牛肉膏蛋白胨培养基（1 L）

a. 在 100 mL 小烧杯中称取牛肉膏 3.0 g、蛋白胨 10.0 g，加 30 mL 自来水，置电炉上搅拌加热至牛肉膏、蛋白胨完全溶解。

b. 向小铝锅中量取 100 mL 自来水，将溶解的牛肉膏、蛋白胨洗入铝锅中并用自来水洗 2～3 次，加入 NaCl，在电炉上边加热边搅拌。

c. 用玻璃棒蘸少许液体，测定 pH，用 NaOH 或盐酸调至溶液 pH 为 7.0。

d. 加入洗净的琼脂条，继续搅拌，加热至琼脂完全熔化，补足水量至 1 L。

e. 用漏斗分装于 18 mm×180 mm 试管中，塞好棉塞，捆扎好。

f. 高压蒸汽灭菌锅中 121 ℃灭菌 30 min。

② 配制放线菌培养基（高氏Ⅰ号，1 L）

a. 用量筒量取自来水 600 mL 于烧杯中，在电炉上加热。

b. 根据培养基配方，依次称取各种药品加入烧杯中，搅拌均匀。加入一定量可溶性淀粉于 100 mL 烧杯中，加入 50 mL 自来水调成糊状，待培养液沸腾时加入，边加边搅拌，防止糊底。

c. 调整 pH 为 7.4～7.6，加入琼脂煮沸至完全熔化，补足 1 L 水量。

d. 趁热分装于 18 mm×180 mm 试管中，斜面每管 5 mL，柱状每管 15 mL，装量根据实验需要确定。

e. 塞好棉塞，捆扎，贴好标签。

f. 121 ℃灭菌 30 min。

③ 配制马铃薯蔗糖培养基（1 L）

a. 称取去皮新鲜马铃薯 200.0 g，切成 1 cm 小方块放入小铝锅中，加 1 L 自来水，置电炉上煮沸 30 min 后，用 4 层纱布过滤。滤液计量体积后倒入小铝锅中煮沸。

b. 加入称好的葡萄糖、琼脂，加热搅拌至琼脂完全熔化，并补足水量至 1 L。

c. 趁热用漏斗分装于 18 mm×180 mm 试管中，斜面以每管 5 mL 为宜，柱状以每管 15 mL 为宜。分装完毕后塞好棉塞，捆扎好并写好标签。

d. 高压蒸汽灭菌锅中 121 ℃灭菌 30 min，取出趁热摆斜面。

④ 培养基（或器皿）的高压蒸汽灭菌

高压蒸汽灭菌在高压蒸汽灭菌锅中进行。实验室常用的有自控或非自控卧式高压蒸汽灭菌锅（大量灭菌物品时使用），也有手提式小型灭菌锅。下面以手提式灭菌锅为例，介绍高压蒸汽灭菌的操作方法。

a. 取出内层锅，加水入外层锅内，水面与搁架相平即可。

b. 放回内层锅，装入待灭菌物品（样品排布切勿过于拥挤），上面遮一张防水纸。

c. 盖上锅盖时，将排气软管插入内层锅的排气槽内，以对称方式旋紧螺栓。

d. 打开排气阀，通电加热使水沸腾并排气。待锅内冷空气完全排尽，关上排气阀，温度随蒸汽压力增高而上升。

e. 待锅内蒸汽压升至所需压力（0.1 MPa、约 120 ℃）控制热源，维持此压力至所需时间（如 15～20 min）。

f. 切断电源，使锅内温度自然下降。待压力降至“0 MPa”时，打开排气阀，旋松螺栓，打开锅盖，取出灭菌物品。

（2）实验注意事项

① 在琼脂熔化过程中，应注意控制电炉温度，避免培养基因沸腾而溢出容器，此过程

中不断搅拌，以防琼脂糊底烧焦。

② 培养基调节pH时，注意不要调过，因回调pH会影响培养基内各离子的浓度。

③ 在配制低pH的琼脂培养基时，应将培养基的成分和琼脂分开灭菌后再混合，因琼脂在低pH条件下灭菌，会水解而不能凝固。

④ 干热灭菌时，灭菌物品不宜摆得太挤，以免妨碍空气流通；物品不要接触电热干燥箱内壁的铁板，以防包装纸烤焦起火。

⑤ 干热灭菌完毕后，务必待箱内温度降至70 ℃以下才能打开箱门，以防空气冲入引起包装纸燃烧，以及骤然降温导致玻璃器皿炸裂。

⑥ 高压蒸汽灭菌时，锅内冷空气必须完全排尽后，才能关上排气阀，因灭菌的主要因素是高温而不是高压。

⑦ 高压蒸汽灭菌完毕后，应待气压表指针降到“0 MPa”，方可打开灭菌锅，避免因锅内压力骤然下降，使容器内的培养基冲出沾染棉塞，也避免蒸汽烫伤实验人员。

⑧ 不能用有腐蚀作用的化学试剂以及比玻璃硬度大的物品来擦拭玻璃器皿；新的玻璃器皿应用2%的盐酸溶液浸泡数小时，用水充分洗干净。

⑨ 强酸、强碱、琼脂等可以腐蚀、阻塞管道的物质不能直接倒入洗涤槽内，必须倒在废物缸内。

⑩ 洗涤后的器皿应达到玻璃表面能被水均匀湿润而无条纹和水珠。

【实验记录与数据处理】

(1) 将实验内容中3种培养基配制的操作过程及其结果写成实验报告。

(2) 检查配制的3种培养基经高压蒸汽灭菌后，灭菌是否彻底。

【实验报告】

(1) 简述实验目的、实验原理。

(2) 记录3种培养基配制的操作过程。

(3) 实验结果分析与讨论。

【思考题】

(1) 培养基配好后，为什么必须立即灭菌？如何检查灭菌后的培养基是无菌的？

(2) 为什么干热灭菌比湿热灭菌所需要的温度高、时间长？

(3) 你配制的高氏Ⅰ号培养基有沉淀产生吗？说明产生或未产生的原因。

(4) 进行高压蒸汽灭菌操作应注意哪些事项？可能导致灭菌不完全的因素有哪些？

实验十八 蒽酮比色法测定酵母菌中海藻糖含量

【实验目的】

(1) 掌握蒽酮比色法的实验原理和方法。

(2) 掌握蒽酮比色法测定酵母菌中海藻糖含量的方法。

【实验原理】

海藻糖（trehalose）是一种非还原性双糖，广泛存在于动植物、微生物和培养细胞中，在干燥、冷冻、高渗透压等恶劣环境下具有保护核酸和蛋白质等生物大分子的作用。海藻糖被广泛用于医药、保健品、酶、食品等制品的保存。海藻糖的测定方法主要有蒽酮比色法、纸色谱法、酶法和高效液相色谱法。蒽酮比色法由于快速方便、价格便宜、不需要特殊的仪器等优点，仍然是目前进行海藻糖定量最常用的方法。其原理是糖类在较高温度下可被浓硫酸脱水生成糠醛或羟甲基糠醛，然后蒽酮与糠醛或羟甲基糠醛经脱水缩合产生蓝绿色糠醛衍生物，该物质在590～620 nm处有最大吸收，其颜色的深浅与糖含量成正比。

【实验材料与仪器】

市售低糖即发干酵母、浓硫酸、蒽酮、三氯乙酸、标准海藻糖。

电热恒温水浴锅、紫外分光光度计、电热恒温鼓风干燥箱、分析天平、振荡器、离心机。

【实验步骤及方法】

(1) 海藻糖标准溶液的配制

精确称取干燥至恒重的海藻糖0.10 g于100 mL容量瓶中，以蒸馏水定容至刻度，摇匀得到1.00 mg/mL的海藻糖母液。

(2) 标准曲线的绘制

用移液管分别精密吸取标准海藻糖母液0 mL、0.2 mL、0.4 mL、0.8 mL、1.2 mL、1.6 mL、2.0 mL于7支具塞刻度试管中，用蒸馏水定容至2.0 mL，加入4.0 mL蒽酮-浓硫酸试剂，摇匀，迅速浸入冰水浴中冷却，待各管加完后同时浸入沸水浴中，于沸水浴中加热2 min（从水浴重新沸腾算起），取出用自来水冷却，以同样方法处理的蒸馏水作为参照，紫外-可见分光光度计于590 nm处测定其吸光度。

(3) 0.2%的蒽酮-硫酸试剂的配制

准确称取0.2 g蒽酮，用85%硫酸溶解于100 mL容量瓶中并定容至刻度，摇匀，置于棕色瓶（料液比1∶4）（现配现用）。

(4) 酵母中海藻糖的提取与测定

取1 g低糖即发干酵母，用预冷生理盐水快速浸泡，洗去其表面杂质，离心回收菌体，在冰水浴中用15 mL浓度为0.5 mol/L的三氯乙酸溶液浸提3次，每次30 min。将每次提取液离心并把上清液定容到25 mL，然后取2 mL样液用紫外-可见分光光度计于590 nm处测定其中的海藻糖含量。

(5) 水分测定

105 ℃干燥恒重法。

(6) 注意事项

蒽酮-浓硫酸法显色剂必须现用现配，不能保存，以免造成药品浪费。

【实验记录与数据处理】

(1) 海藻糖标准曲线的绘制。

(2) 酵母菌中海藻糖含量的测定与统计，见表3-1。

表3-1 三氯乙酸法提取海藻糖提取次数对其提取率的影响

提取次数	提取时间/min	取样量/g	吸光度(A)	每次提取海藻糖量/mg	提取率
1					
2					
3					

【实验报告】

(1) 简述蒽酮比色法的实验原理。

(2) 记录实验过程的原始数据。

(3) 实验结果分析与讨论。

【思考题】

(1) 加热时间对海藻糖测定是否有影响。

(2) 不同提取次数对海藻糖提取率是否有影响?

(3) 不同硫酸浓度对海藻糖测定是否有影响?

实验十九　薄层色谱法检测微生物的代谢产物

【实验目的】

(1) 学习薄层色谱法的工作原理。

(2) 掌握薄层色谱法检测微生物代谢产物的方法。

【实验原理】

色谱法 (chromatography) 又称层析法，是分离、纯化和鉴定有机化合物的重要方法之一。色谱法的基本原理：混合物的各组分在某一物质中的吸附性或亲和性有差异，使混合物溶液流经该种物质进行反复的吸附和解吸附作用，从而使各组分分离。按固定相所处的状态分类：薄层色谱 (thin layer chromatography，TLC)、柱色谱 (column chromatography)、纸色谱 (paper chromatography)。按分离机理分类：吸附色谱 (adsorption chromatography)、分配色谱 (partition chromatography)、离子交换色谱 (ion exchange chromatography，IEC) 和凝胶色谱 (gel chromatography，GC)。

色谱法三要素：固定相、流动相、待分离的样品。

① 固定相 (吸附剂)：固定相指与样品发生吸附作用的固定不动的物质。在混合物样品流经固定相的过程中，由于各组分与固定相吸附力的不同，就产生了速度的差异，从而将混合物中的各组分分开。本次实验所用吸附剂为硅胶 (silica gel)，吸附性来源于硅胶氧原子上未成键的电子对和可以形成氢键的羟基。

② 流动相 (洗脱剂)：也称展开剂，在色谱法分离过程中用于对吸附在固定相上的样品进行洗脱。常用洗脱剂的洗脱能力顺序为乙酸>吡啶>水>醇类 (甲醇>乙醇>正丙醇)>丙酮>乙酸乙酯>乙醚>氯仿>二氯甲烷>甲苯>环己烷>正己烷>石油醚，从前到后洗脱能力降低。

③ 待分离的样品：在给定的条件下，各个组分的分离情况与被分离物质的结构和性质有关，对极性吸附剂而言，被分离物质的极性越大，两者吸附作用也越强。具有极性基团的化合物，其吸附能力按下列顺序增加：Cl，Br，I$<$C$=$C$<OCH_3<CO_2R<$C$=$O，CHO$<$—SH—$<—NH_2<$—OH$<$—COOH。

若样品极性越小，或流动相极性越大，样品在固定相上的移动速度则越快。

薄层色谱又叫薄层层析，是固-液吸附色谱法中的一种，是快速分离和定性分析少量物质的实验技术。常用比移值 (R_f) 表示物质随流动相移动的速度和物质的吸附能力。$R_f=0$ 表明该组分不被展开剂所溶解，仍停留在原点。$R_f=1$ 表明该组分不被固定相吸附，而随流动相以相同的速度移动。R_f 的合适范围为：$0.2<R_f<0.8$。

【实验材料与仪器】

薄层色谱用硅胶板（GF_{254} 型，5 cm×10 cm）10 块、展开瓶（10 cm×10 cm）2 个、点样毛细管（内径 0.3 mm）20 个、电吹风机 3 个、显色碘缸 1 个、紫外显色仪 1 台、玻璃移液管 10 mL 和 1 mL 各 1 个、洗耳球 2 个、铅笔 2 支、氯仿、甲醇。

【实验步骤及方法】

（1）制薄层板

薄层板制备：50 mL 烧杯中放置 10 g 硅胶 GF_{254}，缓慢加入 5% 羧甲基纤维素钠（CMC）水溶液 7 mL，调成均匀的糊状。将其涂于三片玻璃板（5 cm×10 cm）上，室温放置 30 min 后，放入烘箱中在 110 ℃恒温 30 min，即制得薄层板。

（2）点样

用铅笔在距离薄层板底部 1 cm 处画一条线；在铅笔标记处用毛细管点样；采用多次点样时，应待前一次点加的溶剂挥发后再进行；薄层色谱板载样量有限，点量应适中，避免斑点拖尾；动作平稳，斑点大小适当。

（3）展开

用电吹风机吹干样点，竖直放入盛有展开剂的有盖展开瓶中。展开剂要接触到吸附剂下沿，但切勿接触到样点。盖上盖子后展开，待展开剂上行一定时间（由实验确定适当的展开高度），取出薄层板，标记展开剂的前沿线。色谱槽需密闭良好，防止边缘效应。

（4）显色，计算 R_f 值

选择合适的显色方法显色。量出展开剂和各组分的移动距离，计算各组分的 R_f 值。常用显色方法有以下三种。紫外光显色：不破坏组分结构。碘蒸气法：碘是一种简便、灵敏、非破坏性和可逆的通用显色剂。化学显色：不可逆的化学反应，如氨基酸遇茚三酮呈现蓝紫色。

【实验记录与数据处理】

（1）测量样品各组分的比移值（R_f 值）。

（2）薄层色谱法检测微生物代谢产物的组成。

【实验报告】

（1）简述实验目的、实验装置及药品、实验原理。

（2）薄层色谱法检测微生物代谢产物的组成。

（3）测量样品各组分的比移值（R_f 值）。

（4）实验结果分析与讨论。

【思考题】

（1）在薄层色谱中，对于无色试样应该采用什么方法将各组分的斑点显示出来？

（2）如何调整展开剂（氯仿：甲醇）的比例，使 R_f 值增大？

实验二十　聚合酶链式反应（PCR）技术及其应用

【实验目的】

（1）了解基因 PCR 扩增的原理。

(2) 掌握基因PCR扩增的方法。

【实验原理】

PCR又称聚合酶链式反应（polymerase chain reaction），是通过模拟体内DNA复制的方式，在体外选择性地将DNA某个特殊区域扩增出来的技术。其原理及过程如下：

① 在微量离心管中，加入适量的缓冲液，将反应体系（模板DNA、引物F、引物R、Mg^{2+}、4种dNTP和Taq DNA聚合酶）置于高温（94 ℃）下变性，使双链模板DNA的氢键断裂解链成两条单链。

② 在低温（50～60 ℃）下复性，使引物与模板链3′端结合，形成部分双链DNA。

③ 在中温（72 ℃）下，通过Taq DNA聚合酶使引物从5′端向3′端延伸，随着4种dNTP的掺入合成新的DNA互补链，完成第一轮变性、复性和聚合反应循环。高温变性、低温退火和中温延伸三个阶段为一个循环，每一次循环使特异区段的基因拷贝数放大一倍。一般样品是经过30次循环，最终使基因放大了数百万倍，扩增了特异区段的DNA带。

【实验材料与仪器】

模板DNA，Taq DNA聚合酶＋dNTPs，Buffer，引物F，引物R，PCR marker，无菌超纯水（DDH_2O），移液器吸头（白色、黄色），PCR管，1.5 mL微量离心管（Eppendorf），各种常用玻璃器皿，PCR自动扩增仪，电泳仪，电泳槽，微量移液器。

【实验步骤及方法】

(1) PCR扩增引物设计

根据已发表的16S rDNA序列设计保守的扩增引物：

16S（F）：5′-AGAGTTTGATCCTGGCTCAG-3′；16S（R）：5′-GGTTACCTTGTTACGACTT-3′。

(2) 1.5 mL的离心管中配制25 μL PCR反应体系

PCR扩增体系（表3-2）：在1.5 mL微量离心管中加入1 μL DNA，再加入反应混合液[16S(F)1 μL(10 μmol/L)，16S(R)1 μL(10 μmol/L)，10×PCR Buffer 5 μL，dNTPs 4 μL，Taq酶0.5 μL]，加DDH_2O使反应体系调至25 μL]，简单离心混匀。

表3-2 PCR反应体系的配制

PCR材料	225 μL每管	×8管
2×Taq mix	12.5 μL	100 μL
引物F	0.5 μL	4 μL
引物R	0.5 μL	4 μL
DD H_2O	11 μL	88 μL
模板DNA	各0.5 μL	各0.5 μL

(3) PCR扩增反应条件

将Eppendorf管放入PCR仪，盖好盖子，调好扩增条件，设置条件如下：

预变性	94 ℃，5 min	延伸	72 ℃，1 min
变性	94 ℃，30 s	总延伸	72℃，8 min
退火	55 ℃，30 s		

(4) PCR产物的电泳检测

拿出PCR管，从中取出3 μL PCR扩增产物点入预先制备好的0.7%～1.0%的琼脂糖凝胶中，电泳 30 min，用 PCR marker 作为分子质量标准，在紫外灯下检测扩增结果。

（5）实验注意事项

① 每次反应都必须设立阴性对照，即扩增时不加入 DNA 模板。

② 试剂灭菌后进行小管分装，离心管、吸头等一次性使用，以免交叉污染。

【实验记录与数据处理】

图示 PCR 产物的凝胶电泳分析结果。

【实验报告】

（1）PCR 产物的凝胶电泳图分析。

（2）简述 PCR 过程。

【思考题】

（1）影响 PCR 反应的主要因素有哪些？

（2）电泳时点样孔为什么应靠近负极？

（3）PCR 出现非特异条带可能有哪些原因？

实验二十一　质粒 DNA 的提取及其琼脂糖凝胶电泳

【实验目的】

（1）了解提取质粒 DNA 的方法。

（2）掌握碱裂解法提取质粒 DNA 的具体方法和操作技术。

（3）掌握 DNA 的琼脂糖凝胶电泳方法原理。

【实验原理】

质粒 DNA 的提取常用碱裂解法、煮沸法、SDS 法、Triton-溶菌酶法等，其中以碱裂解法最为常用。该法具有速度快、质粒 DNA 产量高等优点。其原理为：在碱性溶液中，双链 DNA 氢键断裂，DNA 双螺旋结构遭破坏而发生变性，但由于质粒 DNA 分子量相对较小，且呈环状超螺旋结构，即使在高碱性条件下，两条互补链也不会完全分离。当加入中和缓冲液时，变性质粒 DNA 又恢复到原来的构型，而线性的大分子量细菌染色体 DNA 则不能复性，与细胞碎片、蛋白质、SDS 等形成不溶性复合物。通过离心沉淀，细胞碎片、染色体 DNA 及大部分蛋白质等可被除去，而质粒 DNA 及小分子量的 RNA 则留在上清液中，混杂的 RNA 可用 RNA 酶消除，再用酚-氯仿处理，可除去残留蛋白质。

DNA 的电泳分离技术是基因工程中的一项基本技术，也是 DNA、RNA 检测和分离的重要手段。琼脂糖凝胶电泳具有快速、简便、样品用量少、灵敏度高以及一次测定可获得多种信息等特点。DNA 分子带负电荷，在电场作用下可向阳极移动。DNA 分子的迁移速率与分子量大小及其构型密切相关，分子量越小的 DNA 分子，迁移速度越快，反之越慢。三种不同构型质粒的泳动速度为超螺旋分子＞线性分子＞开环分子。此外，DNA 分子的迁移速率还受到凝胶浓度、电场强度、电泳缓冲液等的影响。

【实验材料与仪器】

（1）菌种

含有质粒的大肠杆菌（*E. coli*）。

（2）培养基

① LB培养基：胰蛋白胨10 g、酵母提取物5 g、NaCl 10 g、蒸馏水1 L，pH 7.2，121 ℃下灭菌20 min。

② 氨苄青霉素溶液（100 mg/mL）：称取氨苄青霉素100 mg，加入1 mL双蒸水溶解，存放于4 ℃冰箱中备用。

③ DNA提取溶液

溶液Ⅰ：

葡萄糖	50 mmol/L	EDTA	10 mmol/L（pH=8.0）
Tris-HCl	25 mmol/L（pH=8.0）		

溶液Ⅱ（现配现用）：

NaOH	0.2 mol/L	SDS	1%

溶液Ⅲ：

KAc（5 mmol/L）	60 mL	H_2O	28.5 mL
冰乙酸	11.5 mL	pH	4.8

溶液Ⅰ和溶液Ⅲ分别在115 ℃和121 ℃下灭菌后，存放于4 ℃冰箱中备用。溶液Ⅱ先配制母液（NaOH 2 mol/L，SDS 10%），然后现配现用。

④ 10% SDS溶液：称取分析纯SDS 5.0 g，溶于双蒸水中，定容至50 mL，121 ℃灭菌20 min。

⑤ TE缓冲液：10 mmol/L Tris-HCl（pH 8.0）、1 mmol/L EDTA，121 ℃灭菌15 min，存放于4 ℃冰箱中备用。

⑥ 50×TAE缓冲液：称取Tris 242.2 g，用300 mL双蒸水加热溶解，加入100 mL 500 mmol/L EDTA（pH 8.0），57.1 mL冰乙酸，加双蒸水定容至1 L，121 ℃灭菌20 min。

⑦ 溴化乙锭（EB）溶液

10 mg/mL EB溶液：称取EB约300 mg于试剂瓶中，加入双蒸水，存放于4 ℃冰箱中备用；

0.5 mg/mL EB溶液：吸取500 μL 10 mg/mL EB溶液于棕色小瓶内，加入9.5 mL双蒸水，轻轻摇匀，存放于4 ℃冰箱中备用。

（3）苯酚-氯仿液（苯酚∶氯仿为1∶1）、无水乙醇、70%乙醇、RNase A、琼脂糖等。

（4）电子天平、超净工作台、恒温摇床、高压蒸汽灭菌锅、微量移液器、台式高速离心机、电泳仪及电泳槽一套、紫外透射检测仪、冰箱、烘箱、无菌吸管、酒精灯、涂布刮铲、接种环、1.5 mL离心管、吸头、各种常用玻璃器皿等。

【实验步骤及方法】

（1）质粒DNA的提取

① 挑取大肠杆菌单菌落接种于含有50～100 μg/mL氨苄青霉素的20 mL LB液体培养基中，在37 ℃条件下，200 r/min振荡培养过夜（16～18 h）。

② 吸取1.5 mL菌液于1.5 mL离心管中，在4 ℃、12000 r/min条件下离心30～60 s，弃去上清液，并用移液器尽可能地除去上清液。

③ 加入100 μL溶液Ⅰ，用旋涡振荡器充分振荡，使菌体均匀悬浮。

④ 加入200 μL溶液Ⅱ，缓慢地上下颠倒离心管，反复多次，温和混匀，使细胞裂解，

以获得澄清的裂解液，室温下放置 5 min。

⑤ 加入 150 μL 用冰预冷的溶液Ⅲ，温和地颠倒混匀（此实验步骤动作要轻缓），充分中和溶液，直至形成白色絮状沉淀，冰浴 10 min。

⑥ 在 12000 r/min 转速下离心 10 min，移取上清液至另一支 1.5 mL 离心管中。

⑦ 加入等体积的苯酚-氯仿液（约 400 μL），充分混匀，以 12000 r/min 的转速离心 5 min，移取上清液至另一新的 1.5 mL 离心管中。

⑧ 加入 2 倍体积的预冷无水乙醇，混匀，冰浴 10 min。

⑨ 在 12000 r/min 下离心 5 min，弃去上清液，用移液器尽可能地除去残留的上清液。

⑩ 用 0.5 mL 预冷的 70％乙醇洗涤 DNA 沉淀，以 12000 r/min 转速离心 2 min，弃上清液，用移液器尽可能除掉残留的上清液，把离心管倒置于滤纸上，自然晾干 5～10 min。

⑪ 加 50 μL 含 20 μg/mL RNA 酶的 TE 缓冲液或无菌蒸馏水溶解 DNA，储存于－20 ℃冰箱中备用。

（2）DNA 的琼脂糖凝胶电泳

① 称取 0.8 g 琼脂糖加入盛有 100 mL 1×TAE 电泳缓冲液的 500 mL 锥形瓶中，摇匀，加热至琼脂糖完全溶解。

② 水平放置胶槽，并在一端插好梳子，在槽内缓慢倒入适量已冷却至约 65 ℃的胶液，直至厚度为 4～6 mm，使之形成均匀水平的胶面。

③ 室温下静置 30～45 min，让凝胶溶液完全凝结，小心垂直向上拔出梳子，以保证点样孔完好，然后将凝胶安放到电泳槽中。

④ 向电泳槽中加入电泳缓冲液至液面覆盖过凝胶表面 1～2 mm。

⑤ 用微量移液器吸取混合有载样缓冲液的 DNA 样品 8～10 μL，小心加入点样孔，同时用点样孔已知分子量的标准 DNA 作为对照。

⑥ 接通电泳仪和电泳槽，根据需要调节电压，关上槽盖，开始电泳。当 DNA 样品迁移足够距离时，关上电源，停止电泳。

⑦ 把胶槽取出，小心滑出胶块，放进 EB 溶液中完全浸泡，摇动染色约 20 min。

⑧ 在紫外透射检测仪的样品台上铺上一张保鲜膜，将已染色的凝胶放在上面，打开紫外灯进行观察并记录结果。

（3）实验注意事项

① 收集菌体时要尽量除去水分。

② 加入溶液Ⅰ后要使菌体充分悬浮。

③ 酚抽提后小心吸取上清液，不要提取到沉淀和液面上漂浮的杂质。

④ 溴化乙锭是强诱变剂，有毒性，使用时需戴一次性手套，使用后的废液不可随意丢弃。

⑤ 电泳时，要注意电极连接方式，切勿反向连接。

⑥ 紫外灯对眼睛有伤害，观看琼脂糖凝胶电泳结果时需用有机玻璃板遮挡。

【实验记录与数据处理】

图示质粒 DNA 琼脂糖凝胶电泳结果并进行结果分析。

【实验报告】

（1）结果：电泳图谱。

（2）实验结果分析与讨论。

（3）写出实验过程中的心得体会。

【思考题】

（1）提取质粒DNA时，加入溶液Ⅱ后，为什么不能剧烈振荡？

（2）琼脂糖凝胶电泳后可观察到几条带？分别代表什么？

实验二十二 抑菌化合物MIC的测定

【实验目的】

（1）了解稀释法检测杀菌剂最小抑菌浓度的原理。

（2）掌握微孔板法检测最小抑菌浓度的方法和步骤。

【实验原理】

稀释法是定量测定抗菌药物抑制细菌生长作用的体外方法，分为琼脂稀释法和肉汤稀释法。稀释法所测得的某抗菌药物能抑制待测菌肉眼可见生长的最低药物浓度称为最低抑菌浓度（minimal inhibitory concentration，MIC）。

微量稀释法是目前常用的检测方法，采用标准的96孔细胞培养板。将抗菌药物作不同浓度的稀释后，再接种待测菌，定量测定抗菌药物抑制或杀灭待测细菌的最低抑菌浓度或最低杀菌浓度（minimal bactericidal concentration，MBC）。

【实验材料与仪器】

（1）菌种

金黄色葡萄球菌、大肠杆菌。

（2）培养基

LB液体培养基。

（3）仪器和其他用品

恒温培养箱、超净工作台、高压蒸汽灭菌锅、96孔细胞培养板、移液器及吸头（100 μL）、无菌液体培养基、氨苄青霉素、记号笔等。

【实验步骤及方法】

（1）培养基的配制

每组配制LB液体培养基50 mL，灭菌。

LB培养基配方：酵母提取物5 g，胰蛋白胨10 g，氯化钠10 g，pH 7.0，蒸馏水1 L。

（2）抗菌物质的配制

称取1.024 mg待测抗菌物质，加入10 μL的DMSO完全溶解，再加入990 μL的液体LB培养基，即浓度为1024 μg/mL。

（3）抗菌物质的梯度稀释

将无菌包装的96孔细胞培养板在超净工作台中取出，向每个孔中加入无菌LB液体培养基100 μL。在96孔细胞培养板A/B/C三排的第一孔中加100 μL配好的待测抗菌物质A（浓度为1024 μg/mL），然后对待测抗菌物质A进行两倍稀释，即第一孔中加入药液后用移液器充分混匀，然后吸取100 μL加入第二孔再充分混匀，照此重复直至最后一孔，吸取100 μL弃去。此时每孔药物浓度（μg/mL）从左到右依次为512、256、128、64、32、16、

8、4、2、1、0.5、0.25。

（4）接种靶标菌

在 A/B/C 三排每一孔中加入稀释好的菌液 100 μL（浓度约为 2×10^6 个/mL），使菌液终浓度为 1×10^6 个/mL，形成测定待测抗菌物质 MIC 值的三次重复（A/B/C 三排）。每孔待测抗菌物质浓度（μg/mL）从左到右依次为 256、128、64、32、16、8、4、2、1、0.5、0.25、0.125。

（5）对照的设置

在同一个 96 孔细胞培养板上 G 排的前半部分做阴性对照（仅加空白培养基，不加菌液），在 G 排的后半部分做阳性对照（加菌液，不加待测抗菌物质），见表 3-3。

在同一个 96 孔细胞培养板上的 H 排做参比药物的 MIC，细菌常用氨苄青霉素，霉菌常用制霉菌素（nystatin），白念珠菌常用制氟康唑。

表 3-3　96 孔板法检测最小抑菌浓度

孔数	1	2	3	4	5	6	7	8	9	10	11	12
A	培养基 100 μL 待测抗菌物质 A 100 μL 菌液 100 μL	100 μL	100 μL	100 μL	100 μL	100 μL	100 μL	100 μL	100 μL	100 μL	100 μL	100 μL
B	同 A 排											
C	同 A 排											
D	培养基 100 μL 待测抗菌物质 B 100 μL 菌液 100 μL											
E	同 D 排											
F	同 D 排											
G	对照	−	−	−	−	−	+	+	+	+	+	+
H	参比药物											
浓度/(μg/mL)	256	128	64	32	16	8	4	2	1	0.5	0.25	0.125

（6）培养和结果观察

将 96 孔细胞培养板放入 37 ℃培养箱中 16～20 h，观察孔内菌液的浑浊度，小孔内完全抑制细菌生长的最低浓度为该待测抗菌物质对待测菌的 MIC。也可用酶标仪在 600 nm 波长下检测小孔的培养液浑浊度，判断待测抗菌物质对待测菌的 MIC。

【实验记录与数据处理】

实验数据见表 3-4。

表 3-4　96 孔板法检测最小抑菌浓度数据统计

孔数	1	2	3	4	5	6	7	8	9	10	11	12
A	培养基 100 μL 待测抗菌物质 A 100 μL 菌液 100 μL	OD 值	OD 值	OD 值	OD 值	OD 值	OD 值	OD 值	OD 值	OD 值	OD 值	OD 值
B	同 A 排											
C	同 A 排											

续表

孔数	1	2	3	4	5	6	7	8	9	10	11	12
D	培养基 100 μL 待测抗菌物质 B 100 μL 菌液 100 μL	OD 值	OD 值	OD 值	OD 值	OD 值	OD 值	OD 值	OD 值	OD 值	OD 值	OD 值
E	同 D 排											
F	同 D 排											
G	对照	−	−	−	−	−	+	+	+	+	+	+
H	参比药物	OD 值	OD 值	OD 值	OD 值	OD 值	OD 值	OD 值	OD 值	OD 值	OD 值	OD 值
浓度/(μg/mL)	256	128	64	32	16	8	4	2	1	0.5	0.25	0.125

【实验报告】

(1) 记录阳性对照氨苄青霉素的最小抑菌浓度。

(2) 记录不同待测物质浓度下孔内菌液的浑浊度，判断待测药物对金黄色葡萄球菌和大肠杆菌的最小抑菌浓度。

(3) 观察不加菌液的孔内培养液是否变浑浊，判断操作过程或操作环境是否影响结果的准确性。

(4) 观察加菌液不加抗菌药物的孔内培养液是否变浑浊，判断金黄色葡萄球菌和大肠杆菌的活力是否影响结果的准确性。

【思考题】

(1) 经过培养后，不加菌液的孔内培养液变浑浊，可能是什么原因导致的？

(2) 影响 MIC 检测准确度的因素有哪些？

实验二十三 工业微生物菌种保藏

【实验目的】

(1) 掌握微生物菌种保藏的原理。

(2) 掌握试管斜面保藏法、甘油冷冻保藏法、真空冷冻干燥保藏法原理。

【实验原理】

菌种保藏 (culture preservation) 是指保持微生物菌株的生活力和遗传性状的技术。微生物在使用和传代过程中容易发生污染、变异，甚至死亡，因而常常造成菌种的衰退，并有可能使优良菌种丢失。菌种保藏的意义在于尽可能保持其原有性状和活力的稳定，确保菌种不死亡、不变异、不被污染，保持菌株优良性状不退化，保证优良菌株的存活，以达到便于研究、交换和使用等方面的需要。

有针对性地创造干燥、低温和隔绝空气的外界条件，可使微生物的生命活动处于半永久性的休眠状态，使微生物的新陈代谢作用限制在最低范围内。干燥、低温和隔绝空气是保证获得这种状态的主要措施。常用的方法有冻干保藏法、甘油冷冻保藏法、液氮超低温保藏法、矿油封藏法、砂土管保藏法、琼脂穿刺保藏法等。

【实验材料与仪器】

(1) 菌种

金黄色葡萄球菌。

(2) 仪器和其他用品

超净工作台、高压蒸汽灭菌锅、冰箱、烘箱、无菌吸管、酒精灯、接种环、75%酒精、丙三醇（甘油)、牛肉膏蛋白胨培养基、具塞试管、冻存管、安瓿管、棉塞、脱脂奶粉、酒精喷灯。

【实验步骤及方法】

(1) 试管斜面保藏菌种

① 配制牛肉膏蛋白胨琼脂培养基，加入 15 mm×150 mm 的具塞玻璃试管中，灭菌后摆斜面。

② 在超净工作台中，将培养皿中生长好的金黄色葡萄球菌单菌落用无菌接种环挑取少量菌体，采用折返划线法接种到试管中的培养基斜面上，盖上试管塞，放入 37 ℃培养箱中培养 24～48 h。

③ 观察斜面上菌种生长情况，划线处菌种生长，经检查无杂菌污染，再放入冰箱冷藏室（4～5 ℃）保藏，每 2～3 个月转接一次。

(2) 甘油冷冻保藏菌种

① 配制 20%～30%浓度的丙三醇（甘油)，分装到甘油冻存管中，每管分装 1.5 mL，121 ℃高压灭菌 30 min。

② 挑取培养皿中的金黄色葡萄球菌单菌落至无菌甘油管中，每株菌保存 2 管，注明菌株编号，放入－20 ℃冰箱中冷冻保藏。

(3) 真空冷冻干燥保藏菌种

① 取 10 支安瓿管，将安瓿管塞上棉塞，121 ℃高压蒸汽灭菌 30 min，放入烘箱中烘干。

② 用脱脂奶粉配成 200 g/L 的乳液，每个安瓿管中加入 400 μL 乳液，115 ℃灭菌 10 min。

③ 用无菌竹签或接种针挑取待保藏的金黄色葡萄球菌单菌落放入安瓿管的牛奶中，注明菌株号。放入－80 ℃冰箱中冷冻 12 h 以上，使其充分冷冻。

④ 将冷冻后的牛奶管取出，放到预冷的冻干机冷阱上方，盖上玻璃钢罩密封。关闭放气阀，打开真空泵，玻璃钢罩内气压降至 10 Pa 左右，维持 24 h 左右。

⑤ 冷冻干燥结束后，慢慢打开放气阀，停掉压缩机和真空泵，取出安瓿管，用酒精喷灯封口，放入冰箱中 4 ℃保藏。

【实验记录与数据处理】

三种保藏方法保藏成果图片。

【实验报告】

(1) 按照实验操作流程，将金黄色葡萄球菌用三种方法各保存 2 份菌种。

(2) 根据菌种生长的情况和污染率，评价菌种保藏的成活率。

【思考题】

(1) 微生物菌种保藏的原理是什么？

(2) 哪种菌种保藏方法有利于菌种的长期保藏，且方便交流？

实验二十四 酵母菌发酵制备乙醇

【实验目的】

(1) 学习掌握酵母菌乙醇发酵实验的基本原理、控制条件和操作方法。

(2) 学习发酵后醪液的乙醇蒸馏与测量的具体操作技术。

【实验原理】

在厌氧条件下，酵母菌通过EMP途径，分解己糖（如葡萄糖）生成丙酮酸，丙酮酸脱羧形成乙醛，乙醛还原为乙醇，这一过程称为乙醇发酵。乙醇发酵的类型有三种：通过EMP途径的酵母菌乙醇发酵、通过HMP途径的细菌乙醇发酵和通过ED途径的细菌乙醇发酵。在工业酒精和各种酒类的生产中，乙醇发酵主要是由酵母菌完成的。

酵母菌通过EMP途径分解己糖生成丙酮酸，在厌氧条件和微酸性条件下，丙酮酸继续分解为乙醇。但是，如果在碱性条件下或在培养基中加入亚硫酸盐时，产物主要成分是甘油，这就是工业上的甘油发酵。因此，如果酵母菌要正常进行乙醇发酵，就必须控制发酵液在微酸性条件中。

由于酵母菌的种类不同，乙醇发酵能力的强弱也不同，工业生产上必须采用计量乙醇发酵过程中所生成的二氧化碳和乙醇的量，以及计算乙醇发酵度来测定不同酵母菌种的发酵力。

酵母菌在微酸性糖液中进行发酵作用时，糖会逐渐减少，乙醇及CO_2比例会逐渐增大。CO_2除溶解于醪液中外，都排至容器外面。所以，可通过测定糖液相对密度的减小，或检测残糖量的减少，或检测乙醇的增加量来确定酵母菌的发酵能力。也可通过称发酵瓶减轻的量以计算CO_2生成量（需用发酵栓内盛稀硫酸，以吸收随CO_2逸出的水泡），或用NaOH吸收CO_2后再称量，从而确定酵母菌发酵力的强弱。

通过测定醪液的糖度（Brix，糖锤度，即Bx），可以计算出外观发酵度（AP）：

$$\mathrm{AP}=\frac{E-M}{E}\times 100\% \tag{3-1}$$

因发酵后的醪液中含有乙醇，故糖度（M）不能代表糖的真实残留量，由此计算出的发酵度也称为外观发酵度。真正发酵度的计算方法，是取发酵后的醪液100 mL，蒸发至50 mL，将乙醇完全挥发，再用蒸馏水冲兑回100 mL，然后测量其真实糖度（C），则可以计算出真正发酵度（RP）：

$$\mathrm{RP}=\frac{E-C}{E}\times 100\% \tag{3-2}$$

【实验材料与仪器】

(1) 微生物菌种

酿酒酵母（*Saccharomyces cerevisiae*）AS. 2. 1189或AS. 2. 1190。

(2) 培养基与试剂

糖蜜培养基，浓硫酸。

(3) 仪器设备

超净工作台、恒温培养箱、高压灭菌锅、乙醇蒸馏装置、电炉、电子天平、糖度计、温度计、酒精计、发酵瓶、发酵栓、报纸、石蜡、量筒。

【实验步骤及方法】

(1) 酵母菌乙醇的发酵

① 糖蜜培养基的配制

a. 将原糖蜜加水稀释至 40 Bx，用 H_2SO_4 调节 pH 至 4.0，煮沸静置。

b. 取上清液再稀释至 25 Bx。

c. 添加 $(NH_4)_2SO_4$ 0.1%，过磷酸钙 0.1%，调节 pH 至 4.5～5.0。

② 测发酵前糖度 (E)

a. 用糖锤度计和温度计同时测量糖蜜培养基的糖度 (Bx) 和温度。

b. 校正为 20 ℃的糖度 (E)。

③ 装瓶、灭菌

a. 装入 500 mL 发酵瓶中，每瓶 250 mL，加上棉塞，包扎。

b. 用报纸包扎发酵栓与培养基，同时以 121 ℃灭菌 20 min，备用。

④ 冷却、接种

a. 待糖蜜培养基冷至约 35 ℃，贴上标签，注明菌种及接种时间。

b. 将稀糖蜜培养基培养好的酿酒酵母菌液摇匀，用无菌吸管吸取 1 mL 放入发酵瓶中。

⑤ 安装发酵栓 (硫酸或氯化钙)

a. 吸取 2.5 mol/L 浓硫酸装入发酵栓，装量以距离出气口管 0.5～1 cm 为度。

b. 将发酵栓装上发酵瓶，并用石蜡密封瓶口使发酵瓶不漏气。

⑥ 称重、发酵

a. 将发酵瓶置于天平上称量并记录总质量，移至 30～32 ℃温箱内静置发酵。

b. 每天称量一次，至减轻量小于 0.2 g 为止。

(2) 乙醇的蒸馏与测量

① 测外观发酵度 (AP)

a. 摇动发酵瓶，使 CO_2 尽量逸出。

b. 倒出发酵醪液，加水定容至 150 mL。

c. 测量糖度和温度，并校正为 20 ℃的糖度 (M)。

d. 计算外观发酵度 (AP)。

② 蒸馏乙醇

a. 量取 100 mL 发酵液于蒸馏瓶中，并加入 100 mL 水。

b. 装上冷凝管，加热蒸馏乙醇。

③ 测酒精度

a. 收集馏出液 100 mL，同时测其温度及酒精度。

b. 查表校正为 20 ℃ (或 15 ℃) 的酒精度。

④ 测真正发酵度 (RP)

a. 倒出残液，补足水至 100 mL，测其温度及糖度，并校正为 20 ℃的糖度 (C)。

b. 计算真正发酵度 (RP)。

(3) 实验注意事项

① 安装硫酸发酵栓或将发酵瓶置于天平上称量时，保持桌面和仪器平稳，防止发酵瓶倾倒或发酵栓打破溅出浓硫酸。

② 装上冷凝管时，蒸馏瓶与冷凝管的连接处要密闭，防止漏气；加热蒸馏乙醇时，要注意安全并密切观察收集的馏出液的量。

③ 由于酵母菌乙醇发酵是厌氧发酵过程，故需静置培养发酵，使酵母菌处于厌氧条件下，能够更大程度上进行发酵。

④ 为使酵母菌乙醇发酵正常进行，温度需控制在35 ℃以下，温度过高或过低都会影响发酵的正常进行。

【实验记录与数据处理】

实验数据记录于表3-5中。

表3-5　乙醇发酵实验记录

发酵前醪液糖度			发酵后醪液糖度			蒸馏乙醇后醪液糖度		
温度/℃	糖度	校正 E	温度/℃	糖度	校正 E	温度/℃	糖度	校正 E
计算发酵度			外观发酵度 AP=　%			校正后酒精度=		

【实验报告】

（1）简述酵母菌乙醇发酵实验的原理。

（2）实验结果分析与讨论。

（3）实验过程中的心得体会。

【思考题】

（1）在进行酵母菌乙醇发酵实验时，为什么要采用装有浓硫酸的发酵栓？

（2）在测量发酵前后醪液糖度、蒸馏乙醇后醪液糖度和测量酒精度时，为什么要进行温度的测定？

（3）外观发酵度AP与真正发酵度RP有什么区别？

实验二十五　HPLC法测定胰岛素的氨基酸组成

【实验目的】

（1）建立胰岛素的柱前衍生化含量分析方法。

（2）分析胰岛素中氨基酸组成。

【实验原理】

胰岛素是一种由多种氨基酸组成的蛋白质激素，它在调节血糖水平和能量代谢中起着重要的作用。胰岛素的氨基酸种类主要包括丝氨酸、谷氨酸、赖氨酸、天冬酰胺、组氨酸、缬氨酸、异亮氨酸、苏氨酸、丙氨酸、半胱氨酸、色氨酸、甘氨酸、亮氨酸和酪氨酸等。

采用丹磺酰氯衍生剂与胰岛素中氨基酸进行衍生化反应，氨基酸衍生产物具有荧光特性，经色谱柱分离后，荧光检测器检测，外标法定量。

【实验材料】

(1) 盐酸溶液（0.1 mol/L)：吸取0.90 mL浓盐酸至100 mL容量瓶中，用蒸馏水定容，混匀。

(2) 磷酸水溶液（10%，体积分数）：吸取 10 mL 浓磷酸（85%，质量分数）至 100 mL 容量瓶中，用蒸馏水定容，混匀。

(3) 碳酸钠-碳酸氢钠溶液（0.08 mol/L，pH 9.5）：分别称取 0.256 g 无水碳酸钠和 1.141 g 碳酸氢钠，用水溶解并定容至 200 mL 容量瓶中，混匀。

(4) 丹磺酰氯溶液（6 g/L）：称取 0.060 g 丹磺酰氯，用色谱纯乙腈溶解并定容至 10 mL 容量瓶中，混匀，现配现用。

(5) 盐酸甲胺溶液（20 g/L）：称取 0.2 g 甲胺盐酸盐，用水溶解并定容至 10 mL 容量瓶中，混匀。

(6) 氨基酸标准储备液（500 mg/L）：准确称取 0.050 g 各氨基酸标准品，用 0.1 mol/L 盐酸溶液溶解并定容至 100 mL 容量瓶中，混匀。0～4 ℃冰箱中保存，有效期 3 个月。也可使用经国家认证并授予标准物质证书的氨基酸标准物质。

(7) 氨基酸混合系列标准工作液：准确量取氨基酸标准储备液，用水逐级稀释依次为 0 mg/L、2.0 mg/L、5.0 mg/L、10.0 mg/L、50.0 mg/L 的氨基酸混合系列标准工作液，现配现用。

(8) *N*,*N*-二甲基甲酰胺（DMF）。

【实验步骤及方法】

(1) 样品衍生

吸取 0.5 mL 胰岛素样品于 10 mL 容量瓶中，用蒸馏水定容，混匀。吸取 1 mL 稀释后的胰岛素样品于带塞试管中，加入 1 mL 碳酸钠-碳酸氢钠溶液、1 mL 丹磺酰氯溶液，涡旋混匀，置于恒温水浴锅中 60 ℃避光衍生 2 h，然后加入 0.1 mL 盐酸甲胺溶液混匀，60 ℃避光衍生 15 min。取反应完成的溶液，经 0.45 μm 有机系滤膜过滤，滤液用于液相色谱测定。

(2) 标准工作液衍生

分别移取 1.0 mL 氨基酸混合系列标准工作液，置于带塞试管中，加入 1 mL 碳酸钠-碳酸氢钠溶液、1 mL 丹磺酰氯溶液，涡旋混匀，置于恒温水浴锅中 60 ℃避光衍生 2 h，然后加入 0.1 mL 盐酸甲胺溶液混匀，60 ℃避光衍生 15 min。取反应完成的溶液，经 0.45 μm 有机系滤膜过滤，滤液用于液相色谱测定。

(3) 色谱条件

色谱柱：C_{18} 色谱柱（250 mm×4.6 mm，5 μm）或等效色谱柱。

流动相 A：分别称取 0.98 g 磷酸二氢钠和 1.15 g 磷酸氢二钠用适量水溶解，加入 40 mL *N*,*N*-二甲基甲酰胺，用蒸馏水定容至 1 L，用磷酸水溶液调节 pH 至 5.8，有机系微孔滤膜过滤，滤液超声 30 min；流动相 B：乙腈。

流量：1.0 mL/min；进样体积：10 μL；柱温：30 ℃；荧光检测波长：激发波长为 320 nm，发射波长为 523 nm。洗脱梯度见表 3-6。

表 3-6 洗脱梯度

时间/min	流动相 A/%(体积分数)	流动相 B/%(体积分数)
0	86	14
5	80	20
10	75	25
19	75	25

续表

时间/min	流动相 A/%(体积分数)	流动相 B/%(体积分数)
35	50	50
37	30	70
47	30	70
48	86	14
58	86	14

(4) 定性分析

根据各氨基酸标准工作液的保留时间，与待测样品中组分保留时间进行定性分析。

(5) 外标法定量

以氨基酸混合系列标准工作液中各氨基酸浓度为横坐标，以峰面积为纵坐标，绘制标准曲线。将制备的样品衍生液和标准工作液衍生液注入高效液相色谱仪，测定待测液中各氨基酸色谱峰面积，由标准工作曲线计算样品中各氨基酸的浓度。

(6) 结果计算

样品中各氨基酸的含量按式(3-3) 计算：

$$X_i = c_i n \tag{3-3}$$

式中 X_i——样品中各氨基酸的含量，mg/L；

c_i——从标准曲线求得待测液中氨基酸的含量，mg/L；

n——样品稀释倍数。

测定结果以重复条件下获得的两次独立测定结果的算术平均值表示，保留至小数点后1位。

【实验记录与数据处理】

(1) 分析胰岛素的氨基酸组成。

(2) 计算胰岛素的氨基酸含量。

【实验报告】

(1) 写出 HPLC 法测定胰岛素中氨基酸组成的原理。

(2) 绘制胰岛素中氨基酸组成的色谱图。

(3) 计算胰岛素的氨基酸含量。

【思考题】

(1) 为什么测定氨基酸含量要进行衍生化反应?

(2) 氨基酸分析衍生化的方法有哪些?

(3) HPLC 与氨基酸分析仪测定氨基酸组成的优缺点分别是什么?

第4章 化工与生物工程仿真实验

实验二十六 流化床干燥操作仿真

干燥是指采用某种方式将热量传给湿物料，使其中的湿分（水或有机溶剂）汽化的单元操作，在化工、轻工及农、林、渔业产品的加工等领域有广泛的应用。

【实验目的】

利用流化床干燥实验装置测定一定干燥条件下硅胶颗粒的干燥速率曲线及气体通过干燥器的压降，了解测定物料干燥曲线的意义，学习和掌握测定干燥速率曲线的基本原理和方法，了解影响干燥速率的有关工程因素，熟悉流化床干燥器的结构特点及操作办法。

【实验原理】

干燥过程不仅涉及气、固两相间的传热和传质，而且涉及湿分以气态或液态的形式自物料内部向表面传质的机理。由于物料的含水性质和物料的形状及内部结构不同，干燥过程速率受到物料性质、含水率、含水性质、热介质性质和设备类型等各种因素的影响。目前，尚无成熟的理论方法来计算干燥速率，工程上仍需依赖于实验解决干燥问题。

物料的含水率，一般多用相对于湿物料总量的水分含量，即以湿物料为基准的含水率，用 w(kg 水分/kg 湿物料) 来表示，但干燥时物料总量不断发生变化，所以采用以干物料为基准的含水率 X(kg 水分/kg 干物料) 来表示较为方便。

w(kg 水分/kg 湿物料) 和 X(kg 水分/kg 干物料) 之间有如下关系：

$$X=\frac{w}{1-w} \tag{4-1}$$

$$w=\frac{X}{1+X} \tag{4-2}$$

在干燥过程的设计和操作时，干燥速率是一个非常重要的参数。例如，在干燥设备的设计或选型时，通常规定干燥时间和干燥工艺要求，需要确定干燥器的类型和干燥面积；或者，在干燥操作时，设备的类型及干燥器的面积已定，规定工艺要求，确定所需干燥时间。

这都需要知道物料的干燥特性，即干燥速率曲线。

干燥速率一般用单位时间内单位干燥面积上汽化的水量表示：

$$N_A=\frac{\mathrm{d}m}{A\,\mathrm{d}\tau} \tag{4-3}$$

式中 N_A——干燥速率，$\mathrm{kg/(m^2 \cdot s)}$；

m——干燥除去的水量，kg；

A——平均面积，$\mathrm{m^2}$；

τ——干燥时间，s。

干燥速率也可以干物料为基准，用单位质量干物料在单位时间内所汽化的水量来表示：

$$N'_A=\frac{\mathrm{d}m}{G_c\,\mathrm{d}\tau} \tag{4-4}$$

式中 G_c——干物料的质量，kg。

因为 $$\mathrm{d}m=-G_c\,\mathrm{d}X$$

因此 $$N'_A=-\frac{\mathrm{d}X}{\mathrm{d}\tau} \tag{4-5}$$

干燥速率表示在一定的干燥条件下物料的含水率与干燥时间的关系。干燥实验的目的是在一定的干燥条件下，例如加热空气的温度、湿度以及气速、空气的流动方式均不变，测定干燥曲线和干燥速率曲线。干燥曲线可以分为两个阶段，即恒速干燥阶段和降速干燥阶段，如图 4-1 和图 4-2 所示。

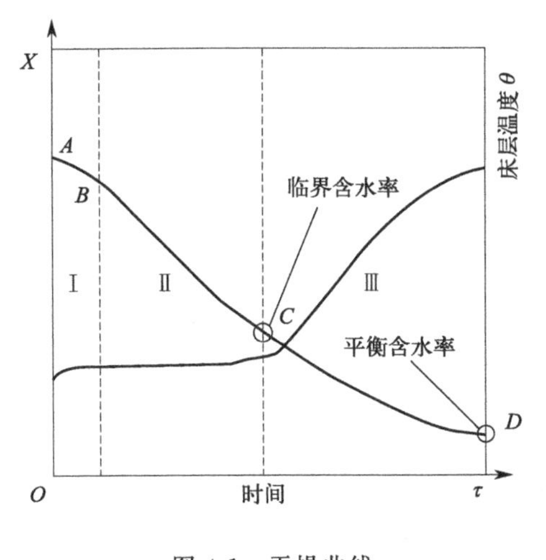

图 4-1 干燥曲线

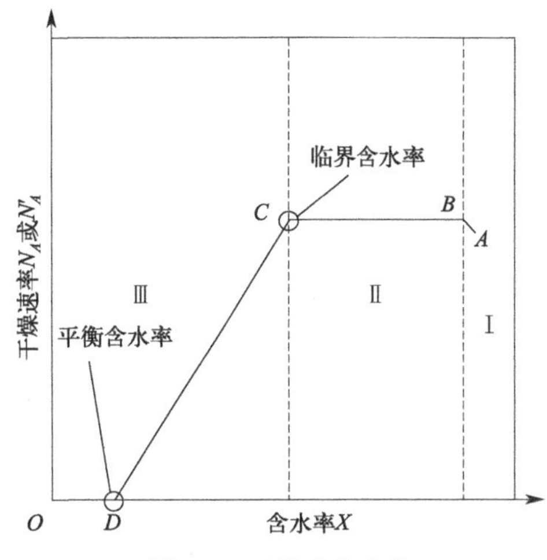

图 4-2 干燥速率曲线

(1) 恒速干燥阶段

如图 4-2 中 BC 段所示，在该阶段，由于物料中含有一定量的非结合水，这部分水所表现的性质与纯水相同，热空气传入物料的热量只用来蒸发水分，因此，物料的温度基本不变，并近似等于热空气的湿球温度。若干燥条件恒定，则干燥速率亦恒定不变。在干燥刚开始进行时，由于物料的初温不会恰好等于空气的湿球温度，因此，干燥初期会有一为时不长的预热阶段。由于预热阶段一般非常短暂，在实验中会因实验条件和监测条件的局限而测定不出该段曲线。

(2) 降速干燥阶段

在此干燥阶段中，由于物料中的大量结合水已被汽化，物料表面将逐渐变干，使水分由"表面汽化"逐渐移到物料内部，从而导致汽化面积的减小和传热传质途径的加长。此外，由于物料中结合水的物理和化学约束力的作用，水的平衡蒸气压下降，需要较高的温度才能使这部分水汽化，所有因素综合起来，使得干燥速率不断下降，物料温度也逐渐上升，最终达到平衡含水率 X_e 而终止。恒速阶段和降速阶段交点处的含水率称为临界含水率，用 X_c 表示。在实验过程中，只要测得干燥曲线，即物料含水率与时间的关系，即可根据曲线的斜率得到系列不同时间对应的干燥速率（N'_A），通过作图标绘即可得到干燥速率曲线。应该注意的是，干燥（速率）曲线、临界含水率均显著地受物料结构（大小及形态）和物料与热风的接触状态（与干燥器的类型有关）的影响。例如，对于粉状物料，若颗粒呈分散状态，在热风中干燥时，不但干燥面积大，其临界含水率也较低，容易干燥；若物料呈堆积状态，使热风掠过物料表面进行干燥，不仅干燥面积小，其临界含水率增大，干燥速率也变慢。因此，在干燥实验时，应尽可能采用与工业干燥器同类型的实验设备，至少也应使实验时的物料与热风接触状态近似于工业干燥器中的操作状态，这样求得的干燥（速率）曲线和临界含水率数据才有工业应用价值。

【实验装置】

实验中需控制的操作变量有空气流量和空气温度。用空气流量计调节空气流量，用空气加热器和固态继电器控制仪表自动调节空气温度。流化干燥实验装置流程如图 4-3 所示。

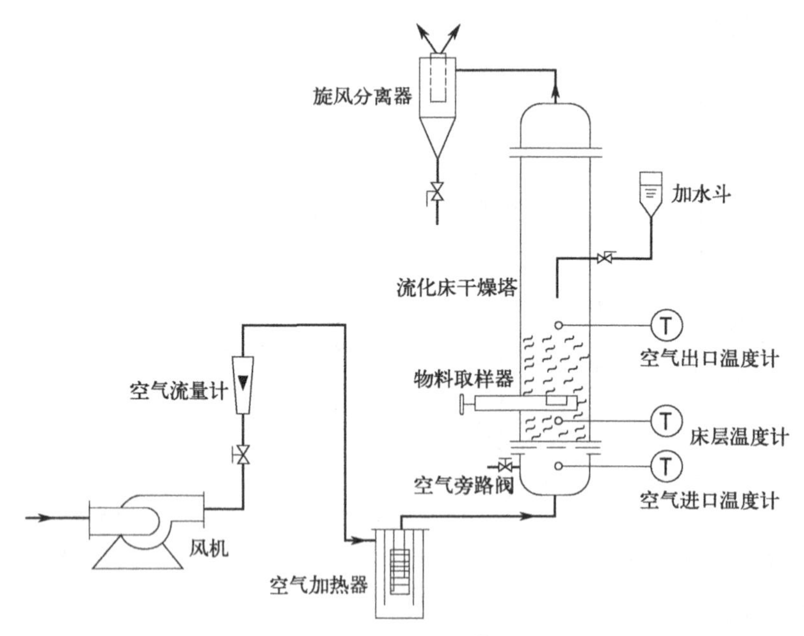

图 4-3　流化干燥实验装置流程

【实验步骤及方法】

(1) 检查实验装置处在开车前的状态。

(2) 打开加水斗阀门，向预先装填在流化床干燥器中的硅胶床层中滴加 220～300 mL 水，边滴加边通入空气流化搅拌，使硅胶物料均匀吸水。

(3) 预先调节风量（16 m^3/h），使床层中颗粒层处于良好的流化状态。

(4) 加水斗中的水滴加完后，关闭加水斗阀门。

(5) 打开电源开关。

(6) 打开空气旁路阀门。

(7) 开启空气加热器开关预热空气，并先使空气经旁路阀门排空。

(8) 待空气温度升至 95 ℃左右，再将旁路放空阀关闭，将热空气切换至床层。

(9) 切换床层后，待床层温度升至 38 ℃左右，点击物料取样器，取样器旋转 180°，样品放入取样槽中，此时计时器自动开始计时，并记录时间和相应床层温度。

(10) 取样器取得样品后，再次点击取样器，取样器中的样品自动放入准备好的称量瓶中，完成一次取样。

(11) 点击右上方“空瓶＋湿物称重”按钮，对取样称量并记录。

(12) 点击右上方“空瓶＋干物称重”按钮，对取样干燥后称量并记录。

(13) 取样次数不少于 12 次。建议取样时间设置：床层温度低于 45 ℃每隔 3 min 取样一次，45～50 ℃时每隔 5 min 取样一次，高于 50 ℃每隔 10 min 取样一次。

(14) 实验结束时，先关闭加热电源开关。

(15) 待床层冷却至 30 ℃以下后，关闭空气流量计阀门。

(16) 关闭电源开关。

【实验记录与数据处理】

(1) 实验装置

流化床直径：140 mm；床层高度：160 mm；烘箱温度：105 ℃；

物料：变色硅胶；物料尺寸：45 目；空气相对湿度：80.00%；

空气流量：16.00 m^3/h；空气进口温度：105 ℃

(2) 数据处理 实验数据及计算结果见表 4-1 和表 4-2。

表 4-1 实验条件

序号	时间/min	床层温度/℃	(空瓶＋湿物)/g	(空瓶＋干物)/g
1	0	18.60	36.0123	35.9420
2	5	35.30	36.6998	36.1797
3	5	40.20	35.8962	34.5565
4	10	44.10	35.0006	34.6341
5	10	46.90	35.6557	34.3892
6	10	48.14	34.2917	34.1021
7	8	51.20	33.0344	32.8910
8	8	55.90	38.6515	37.5586
9	5	58.40	37.2955	36.9360
10	5	60.60	36.1549	35.7453

表 4-2 实验数据记录

序号	时间/min	床层温度/℃	水分/g	干物/g	含水率 $\times 10^{-2}$/(kg 水/kg 干物)	干燥速率 $\times 10^{-3}$/(kg 水/kg 干物·min^{-1})
1	0	18.60	0.587	3.9420	1.783	1.513
2	5	35.30	0.520	4.1797	12.443	1.513
3	10	40.20	0.438	2.5565	52.404	1.513

续表

序号	时间/min	床层温度/℃	水分/g	干物/g	含水率$\times10^{-2}$/(kg水/kg干物)	干燥速率$\times10^{-3}$/(kg水/kg干物·min^{-1})
4	20	44.10	0.367	2.6341	13.914	1.513
5	30	46.90	0.367	2.3892	53.009	1.513
6	40	48.14	0.296	2.1021	9.020	1.513
7	48	51.20	0.243	0.8910	16.094	1.513
8	56	55.90	0.196	5.5586	19.661	1.513
9	61	58.40	0.083	4.9360	7.283	1.011
10	66	60.60	0.068	3.7453	10.936	0.692

数据处理示例：

以第一组数据为例：

$$水分质量=m_1-m_2=36.0123-35.9420=0.0703(g)$$

$$干物质量=m_2-m_0=35.9420-32.0000=3.9420(g)$$

$$含水率=1.783\times10^{-2}(kg水/kg干物)$$

第一点所对应的干燥速率即为该点在干燥曲线上的斜率的绝对值，利用镜面法计算该点的斜率。

【仿真画面】

流化床干燥操作仿真页面如图 4-4 所示。

图 4-4 流化床干燥操作仿真页面

实验二十七 精馏综合拓展 3D 虚拟仿真

精馏是化工生产中分离互溶液体混合物的典型单元操作，其实质是多级蒸馏，即在一定压力下，利用互溶液体混合物各组分的沸点或饱和蒸气压不同，使轻组分（沸点较低或饱和蒸气压较高的组分）汽化，经多次部分液相汽化和部分气相冷凝，使气相中的轻组分和液相中的重组分浓度逐渐升高，从而实现分离。

【实验目的】

了解精馏单元操作的工作原理、精馏塔结构及精馏流程。了解精馏过程的主要设备、主要测量点和操作控制点，学会正确使用仪表测量实验数据。了解和掌握 DCS 控制系统对精馏塔的控制操作，认识并读懂带有控制点的流程示意图。根据实验任务要求设计出精馏塔操作条件，能开启精馏塔，调节操作参数，完成分离任务。了解精馏塔操作规程、熟练精馏塔操作并能够排除精馏塔内出现的异常现象。会识别精馏塔内出现的几种操作状态，并分析这些操作状态对塔性能的影响。

【实验原理】

对于二元物系，如已知其气液平衡数据，则根据精馏塔的原料液组成、进料热状况、操作回流比、塔顶馏出液组成及塔底釜液组成可以求出该塔的理论板数 N_T。按照式(4-6) 可以得到总板效率 E_T，其中 N_P 为实际塔板数。

$$E_T=\frac{N_T}{N_P}\times 100\% \tag{4-6}$$

部分回流时，进料热状况参数的计算式为：

$$q=\frac{C_{pm}(t_{BP}-t_F)+r_m}{r_m} \tag{4-7}$$

式中　t_F——进料温度,℃；

t_{BP}——进料的泡点温度,℃；

C_{pm}——进料液体在平均温度 t_P 下的比热容，kJ/(kmol·℃)；

t_P——进料温度和泡点温度的平均值,℃；

r_m——进料液在其组成和泡点温度下的汽化潜热，kJ/kmol。

$$C_{pm}=C_{p1}M_1x_1+C_{p2}M_2x_2 \tag{4-8}$$

$$r_m=r_1M_1x_1+r_2M_2x_2 \tag{4-9}$$

式中　C_{p1}，C_{p2}——纯组分 1 和纯组分 2 在平均温度下的定压比热容，kJ/(kg · ℃)；

r_1，r_2——纯组分 1 和纯组分 2 在泡点温度下的汽化潜热，kJ/kg；

M_1，M_2——纯组分 1 和纯组分 2 的摩尔质量，kg/kmol；

x_1，x_2——纯组分 1 和纯组分 2 在进料中的摩尔分率。

【实验装置】

(1) 实验装置流程图

实验装置流程图如图 4-5 所示。

(2) 设备简介

① 精馏塔

精馏过程中的主要设备有：精馏塔、再沸器、冷凝器、回流罐和输送设备等。精馏塔以进料板为界，上部为精馏段，下部为提馏段。一定温度和压力的料液进入精馏塔后，轻组分在精馏段逐渐浓缩，离开塔顶后全部冷凝进入回流罐，一部分作为塔顶产品（也叫馏出液），另一部分被送入塔内作为回流液。回流液的目的是补充塔板上的轻组分，使塔板上的液体组成保持稳定，保证精馏操作连续稳定地进行。而重组分在提馏段中浓缩后，一部分作为塔釜产品（也叫残液），一部分则经再沸器加热后送回塔中，为精馏操作提供一定量连续上升的蒸汽气流。

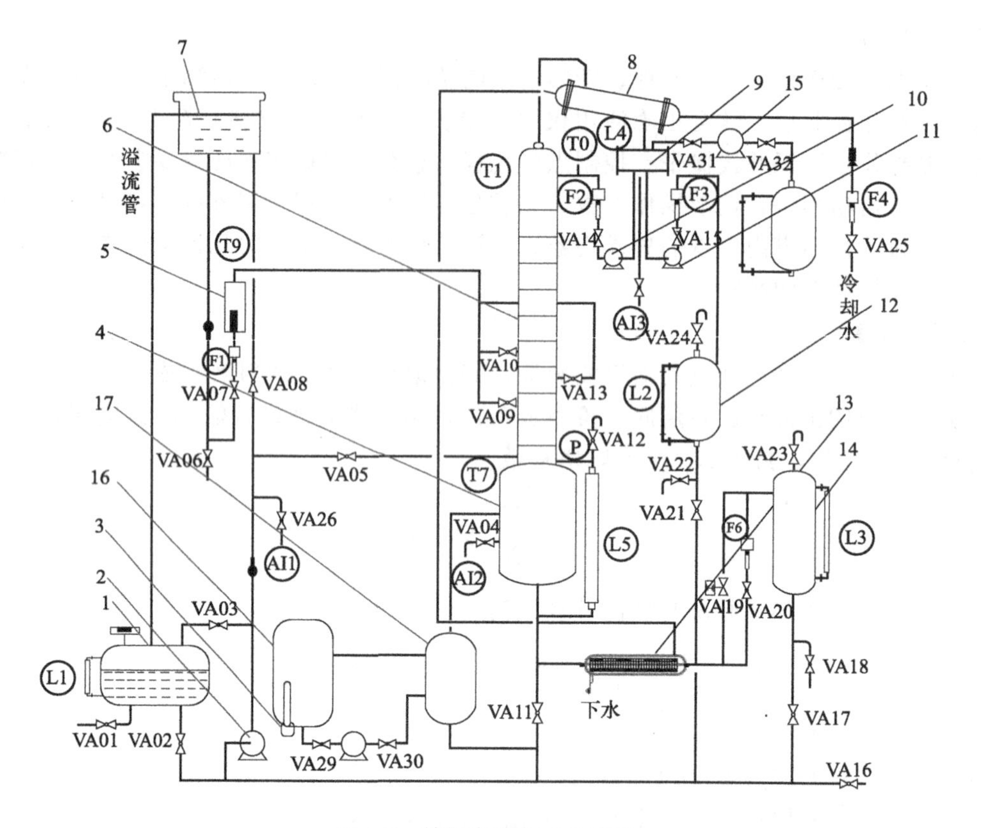

图 4-5 精馏实验装置流程图

1—储料罐；2—进料泵；3—加热器；4—塔釜；5—进料预热器；6—筛板精馏塔；7—高位槽；8—冷凝器；9—回流罐；10—回流泵；11—塔顶采出泵；12—塔顶产品罐；13—塔釜冷凝器；14—塔釜产品罐；15—真空泵；16—导热油罐；17—再沸器；F1—原料进料流量；F2—回流流量；F3—塔顶采出流量；F4—冷却水流量；F6—塔釜采出流量；T1—塔顶温度；T7—塔釜温度；T0—回流液温度；T9—进料温度；AI1—原料浓度；AI2—塔釜浓度；AI3—塔顶浓度；L1—原料罐液位；L2—塔顶产品罐液位；L3—塔釜产品罐液位；L4—回流罐液位；L5—塔釜液位

② 换热器

管壳式（又称列管式）换热器是最典型的间壁式换热器，它在工业上的应用有着悠久的历史，而且至今仍在所有换热器中占据主导地位。管壳式换热器主要由壳体、管束、管板和封头等部分组成，壳体多呈圆形，内部装有平行管束，管束两端固定于管板上。在管壳式换热器内进行换热的两种流体，一种在管内流动，其行程称为管程；另一种在管外流动，其行程称为壳程。管束的壁面即为传热面，为提高管外流体给热系数，通常在壳体内安装一定数量的横向折流挡板。折流挡板不仅可防止流体短路，增加流体速度，还迫使流体按规定路径多次错流通过管束，使湍动程度大为增加。常用的挡板有圆缺形和圆盘形两种，前者应用更为广泛。流体在管内每通过管束一次称为一个管程，每通过壳体一次称为一个壳程。为提高管内流体的速度，可在两端封头内设置适当隔板，将全部管子平均分隔成若干组。这样，流体可每次只通过部分管子而往返管束多次，称为多管程。同样，为提高管外流速，可在壳体内安装纵向挡板使流体多次通过壳体空间，称多壳程。在管壳式换热器内，由于管内外流体温度不同，壳体和管束的温度也不同。若两者温差很大，换热器内部将出现很大的热应力，可能使管子弯曲、断裂或从管板上松脱。因此，当管束和壳体温度差超过 50 ℃时，应采取适当的温差补偿措施，消除或减小热应力。

③ 再沸器

再沸器以调节冷凝液排放量来调换热面积，从而达到调节热量的目的。再沸器投用时应注意：先进行暖管，再缓慢将蒸汽投入，防止管道液击或温差过大而损坏设备。热虹吸式再沸器实际上是一个靠液体的冷热对流来加热冷流体的换热器。热虹吸式再沸器依靠塔釜内的液体静压头和再沸器内两相流的密度差产生推动力，以形成热虹吸式运动。热虹吸式再沸器利用再沸器中气液混合物和塔底液体的密度差为推动力，增加流体在管内的流动速度，减少了污垢的沉积，提高了传热系数，装置紧凑，占地面积小。热虹吸式再沸器可分为立式热虹吸式再沸器和卧式热虹吸式再沸器。一般立式热虹吸式的管程走工艺液体，壳程走加热蒸汽；卧式热虹吸式再沸器的蒸发则不加限制，可以根据工艺要求，如蒸发量大小和是否容易结垢来选择流径。卧式热虹吸式再沸器的安装高度低于立式，其循环推动力较大，循环量也较大。立式相对卧式结构紧凑，占地面积小，传热系数高。立式的壳程不能机械清洗，不适宜高黏度或脏的传热介质。

④ 离心泵

离心泵主要由叶轮、泵轴、泵壳、轴封及密封环等组成。一般离心泵启动前泵壳内灌满液体，当原动机带动泵轴和叶轮旋转时，液体一方面随叶轮做圆周运动，另一方面在离心的作用下自叶轮中心向外周抛出，液体从叶轮获得了压力能和速度能，当液体流经涡壳到排液口时，部分速度能将转变为静压能。在液体自叶轮抛出时，叶轮中心部分造成低压区，与吸入液面的压力形成压力差，于是液体不断地被吸入，并以一定的压力排出。

泵的抽空：泵启动前没灌泵、进空气、液体不满或介质大量汽化，在这些情况下，泵出口压力近于零或接近泵入口压力，泵内压力降低。抽空会让泵内接触零件和机械摩擦副发生干摩擦或半干摩擦，加剧磨损或零件移位而损坏泵及密封环。

泵的气蚀：当泵内液体压力低于或等于该温度下的饱和蒸气压时，液体发生汽化，产生气泡，这些气泡随液体流到较高压力处受压迅速凝结，周围液体快速集中，产生水力冲击。由于水力冲击，产生很高的局部压力，连续打击在叶片表面上，这种高速、高压和高频的水力冲击，使叶片表面产生疲劳而剥蚀成麻点、蜂窝。这种汽化和凝结产生的冲击、剥蚀、振动和性能下降的现象称为气蚀现象。气蚀发展严重时，泵内液体的连续性流动遭到破坏，产生空洞部分，液流间断，振动噪声加剧，最后导致泵抽空断流。

【实验步骤及方法】

(1) 精馏塔单元基础操作

1) 实验前准备工作

开启总电源，检查水、电、仪表、阀、泵、储罐是否处于正常状态。

2) 开车操作

① 原料进料操作

a. 打开储料罐出口阀 VA02，启动进料泵，半开进料泵回流阀 VA03，打开塔釜放空阀 VA12，打开塔釜直接进料阀 VA05，向塔釜中加料至 2/3 位置。

b. 待塔釜料液到指定液位后，关闭阀门 VA05、VA12、VA03，再关闭进料泵开关，关闭储料罐出口阀 VA02。

② 全回流操作

a. 打开塔顶冷凝器冷却水上水阀，调节冷却水流量 80～100 L/h（减压操作时，需打开阀门 VA31，开启真空泵，打开阀门 VA32）。

b. 打开导热油罐出口阀 VA29，启动导热油泵，打开 VA30，导热油循环。

c. 打开导热油加热开关，设置导热油加热功率 1.5 kW，塔内液体进行加热。

d. 待回流罐有一定料液后，启动回流泵，调节回流泵频率，控制回流量（8～15 L/h），维持回流罐内液位稳定，待塔内系统稳定 10～15 min 后记录相关数据。

③ 部分回流操作

a. 打开储料罐出口阀 VA02，开启进料泵，半开泵回流阀 VA03，打开进料泵去高位槽的阀门 VA08，选择进料位置后，开启进料阀 VA09 或 VA10 或 VA13（三选一），打开进料流量计阀门 VA07，控制进料量为 4～6 L/h。

b. 开启进料预热器，调节预热温度在 38 ℃左右。

c. 全开塔顶采出流量计阀门 VA15，启动采出泵。

d. 由全回流操作下的回流流量，根据计算回流比分配回流流量和采出流量。控制回流比为 4，维持回流罐液位稳定。

e. 打开塔釜采出流量计阀门 VA20，调节采出流量（2～4 L/h），待塔内稳定后，记录数据。

3）实验结束

① 关闭塔顶采出泵，关闭塔釜采出流量计阀门 VA20，切换到全回流状态。

② 关闭进料预热器，关闭原料进料流量调节阀 VA07，关闭原料进料阀 VA09 或 VA10 或 VA13，关闭进料泵到高位槽的上料阀门 VA08，关闭进料泵。

③ 关闭导热油罐电加热，关闭 VA30，关闭导热油泵，关闭导热油罐出口阀 VA29。

④ 待塔顶温度降至 70 ℃以下，关闭冷却水上水阀。

⑤ 关闭进料泵回流阀 VA03，关闭储料罐出口阀 VA02。

⑥ 关闭回流泵，关闭回流流量计开关 VA14，关闭塔顶采出流量计阀门 VA15。

⑦ 关闭总电源。

（2）异常情况及事故的紧急处理

1）液泛

由于加热量偏大导致的液泛，降低导热油罐加热功率至 1.5 kW。

2）雾沫夹带

由于加热量太大导致的雾沫夹带，降低导热油罐加热功率至 1.5 kW。

3）严重漏液

由于加热量太小导致的严重漏液，增大导热油罐加热功率至 1.5 kW。

4）换热器结垢

换热器结垢后，需要停车清理，停车步骤如下：

① 关闭塔顶采出泵；

② 关闭塔釜采出流量计阀门 VA20，切换到全回流状态；

③ 关闭进料预热器；

④ 关闭进料流量计阀门；

⑤ 关闭原料进料阀 VA09 或 VA10 或 VA13；

⑥ 关闭进料泵到高位槽的上料阀门 VA08；

⑦ 关闭进料泵；

⑧ 关闭导热油罐电加热；

⑨ 关闭导热油泵；

⑩ 关闭 VA30；

⑪ 关闭导热油罐出口阀 VA29；

⑫ 待塔顶温度降至 70 ℃以下，关闭冷却水上水阀；

⑬ 关闭进料泵回流阀 VA03；

⑭ 关闭储料罐出口阀 VA02；

⑮ 关闭原料进料流量调节阀 VA07；

⑯ 关闭回流泵；

⑰ 关闭回流流量计开关 VA14；

⑱ 关闭塔顶采出流量计阀门 VA15；

⑲ 关闭精馏塔气体出口阀；

⑳ 关闭总电源。

5）离心泵气蚀

离心泵发生气蚀后，需要停止后重新启动，具体步骤如下：

① 停止进料

a. 关闭塔顶采出泵；

b. 关闭塔釜采出流量计阀门 VA20，切换到全回流状态；

c. 关闭进料预热器；

d. 关闭进料流量计阀门；

e. 关闭进料泵到高位槽的上料阀门 VA08；

f. 关闭进料泵；

g. 关闭泵回流阀 VA03；

h. 关闭储料罐出口阀 VA02。

② 重启进料

a. 打开储料罐出口阀 VA02；

b. 开启进料泵；

c. 半开泵回流阀 VA03；

d. 打开进料泵去高位槽的阀门 VA08；

e. 打开进料流量计阀门 VA07，控制进料量为 4～6 L/h；

f. 开启进料预热器；

g. 启动塔顶采出泵；

h. 打开塔釜采出流量计阀门 VA20，调节采出流量（2～4 L/h）。

（3）常压单元操作参数变化对精馏过程的影响

① 精馏塔回流比

a. 调节回流泵频率，控制回流量（9～9.5 L/h）；

b. 同时调节塔顶采出泵频率，控制塔顶采出量为 3～3.5 L/h，调节回流比为 3，待塔稳定 10～15 min 后，记录数据；

c. 调节回流泵频率，控制回流量（8.0～8.5 L/h）；

d. 同时调节塔顶采出泵频率，控制塔顶采出量为 4.0～4.5 L/h，调节回流比为 2，待塔稳定 10～15 min 后，记录数据；

e. 调节回流泵频率，控制回流量（6.0～6.5 L/h）；

f. 同时调节塔顶采出泵频率，控制塔顶采出量为 6.0～6.5 L/h，调节回流比为 1，待塔稳定 10～15 min 后，记录数据。

② 精馏塔进料温度

a. 减小进料预热加热频率，调节进料预热温度到 35 ℃，待塔稳定 10～15 min 后记录数据。

b. 减小进料预热加热频率，调节进料预热温度到 30 ℃，待塔稳定 10～15 min 后记录数据。

c. 减小进料预热加热频率，调节进料预热温度到 25 ℃，待塔稳定 10～15 min 后记录数据。

③ 导热油加热功率

a. 设置导热油加热功率 1.7 kW，精馏塔稳定 10～15 min 后，记录数据。

b. 设置导热油加热功率 1.9 kW，精馏塔稳定 10～15 min 后，记录数据。

c. 设置导热油加热功率 2.1 kW，精馏塔稳定 10～15 min 后，记录数据。

（4）设备参数对精馏过程的影响

可选择板式塔塔板数，操作步骤参考正常开停车步骤。

（5）实验物系的变化对精馏过程的影响

可选实验物系包括乙醇-水、苯-甲苯，操作步骤参考正常开停车步骤。

（6）不同压力（加压、减压）对精馏过程的影响

操作步骤参考正常开停车步骤。

【实验记录与数据处理】

示例数据仅供参考，以实际实验数据为准。

采用乙醇-正丙醇体系为例（表 4-3），乙醇分子量 $M_1=46$，正丙醇分子量 $M_2=60$。

表 4-3 乙醇-正丙醇体系精馏塔实验数据

回流方式	全回流	部分回流
塔顶温度 t_D/℃	77.8	79.9
塔釜温度 t_W/℃	92	94.1
回流液温度 t_L/℃	30	30
进料温度 t_F/℃		38
塔釜压力 P/kPa	1.8	1.7
塔釜加热功率/kW	1.5	1.5
进料流量 F/(L/h)		5
回流流量 L/(L/h)	12.5	10.03
塔顶采出流量 D/(L/h)		2.66
塔釜采出流量 W/(L/h)		2.67
塔顶轻组分质量分数 w_D/%	67.92	75.92
塔釜轻组分质量分数 w_W/%	12.98	10.13
进料轻组分质量分数 w_F/%		31.51
塔顶轻组分摩尔分数 x_D/%	73.42	80.44

续表

回流方式	全回流	部分回流
塔釜轻组分摩尔分数 x_W/%	16.29	12.82
进料轻组分摩尔分数 x_F/%		37.50
回流比 R		3.76
进料泡点温度 t_{BP}/℃		88.20
进料与泡点的平均温度 t_P/℃		63.10
进料在平均温度下的比热容 C_{pm}/[kJ/(kmol・℃)]		150.29
进料在泡点温度下的汽化潜热 r_m/(kJ/kmol)		40815.07
进料热状况参数 q		1.18

(1) 全回流条件下的总板效率

塔顶乙醇的摩尔分数为

$$x_D=\frac{\frac{W_D}{M_1}}{\frac{W_D}{M_1}+\frac{1-W_D}{M_2}}=\frac{\frac{0.6792}{46}}{\frac{0.6792}{46}+\frac{1-0.6792}{60}}\times100\%=73.42\%$$

塔釜乙醇的摩尔分数为

$$x_W=\frac{\frac{W_W}{M_1}}{\frac{W_W}{M_1}+\frac{1-W_W}{M_2}}=\frac{\frac{0.1298}{46}}{\frac{0.1298}{46}+\frac{1-0.1298}{60}}\times100\%=16.29\%$$

由图 4-6 可得，全回流下的理论板数 $N_T=4-1=3$。

则全回流总板效率 $E_T=\frac{N_T}{N_P}\times100\%=\frac{3}{10}\times100\%=30\%$

(2) 部分回流条件下的总板效率

塔顶乙醇的摩尔分数为 $x_D=\frac{\frac{W_D}{M_1}}{\frac{W_D}{M_1}+\frac{1-W_D}{M_2}}=\frac{\frac{0.7592}{46}}{\frac{0.7592}{46}+\frac{1-0.7592}{60}}\times100\%=80.44\%$

塔釜乙醇的摩尔分数为 $x_W=\frac{\frac{W_W}{M_1}}{\frac{W_W}{M_1}+\frac{1-W_W}{M_2}}=\frac{\frac{0.1013}{46}}{\frac{0.1013}{46}+\frac{1-0.1013}{60}}\times100\%=12.82\%$

进料乙醇的摩尔分数为 $x_F=\frac{\frac{W_F}{M_1}}{\frac{W_F}{M_1}+\frac{1-W_F}{M_2}}=\frac{\frac{0.3151}{46}}{\frac{0.3151}{46}+\frac{1-0.3151}{60}}\times100\%=37.50\%$

回流比 $R=\frac{L}{D}=\frac{10.03}{2.66}=3.77$。

原料液的泡点温度为：

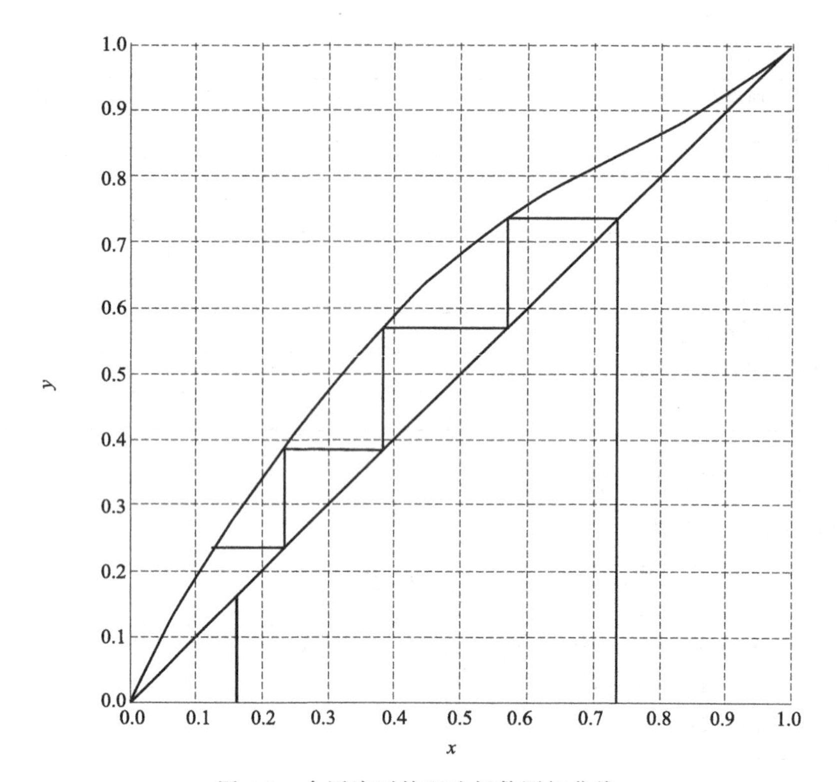

图 4-6　全回流下的理论板数图解曲线

$$\begin{aligned} t_{\mathrm{BP}} &= 9.1389x_{\mathrm{F}}^{2} - 27.861x_{\mathrm{F}} + 97.359 \\ &= 9.1389 \times 0.3750^{2} - 27.861 \times 0.3750 + 97.359 \\ &= 88.20(^\circ\mathrm{C}) \end{aligned}$$

利用插值法查得 88.20 ℃下，乙醇的汽化潜热 $r_1 = 819.82$ kJ/kg，正丙醇的汽化潜热 $r_2 = 711.29$ kJ/kg。

则进料在泡点温度的汽化潜热为：

$$\begin{aligned} r_{\mathrm{m}} &= r_1 M_1 x_{\mathrm{F}} + r_2 M_2 (1 - x_{\mathrm{F}}) \\ &= 819.82 \times 46 \times 0.3750 + 711.29 \times 60 \times (1 - 0.3750) \\ &= 40815.27(\mathrm{kJ/mol}) \end{aligned}$$

进料温度和泡点温度的平均温度为：

$$t_{\mathrm{p}} = \frac{t_{\mathrm{F}} + t_{\mathrm{BP}}}{2} = \frac{38 + 88.20}{2} = 63.10(^\circ\mathrm{C})$$

利用插值法查得 63.10 ℃下，乙醇的定压比热容 $C_{p1} = 2.80$ kJ/(kg·℃)，正丙醇的定压比热容 $C_{p2} = 2.72$ kJ/(kg·℃)。

在平均温度下原料的平均定压比热容为：

$$\begin{aligned} C_{p\mathrm{m}} &= C_{p1} M_1 x_{\mathrm{F}} + C_{p2} M_2 (1 - x_{\mathrm{F}}) \\ &= 2.80 \times 46 \times 0.3750 + 2.72 \times 60 \times (1 - 0.3750) \\ &= 150.30[\mathrm{kJ/(kmol \cdot ^\circ C)}] \end{aligned}$$

进料热状况参数 q：$q = \dfrac{C_{p\mathrm{m}}(t_{\mathrm{BP}} - t_{\mathrm{F}}) + r_{\mathrm{m}}}{r_{\mathrm{m}}} = \dfrac{150.30 \times (88.20 - 38) + 40815.27}{40815.27} = 1.18$。

由图 4-7 可得，部分回流下的理论板数 $N_{\mathrm{T}} = 7 - 1 = 6$。

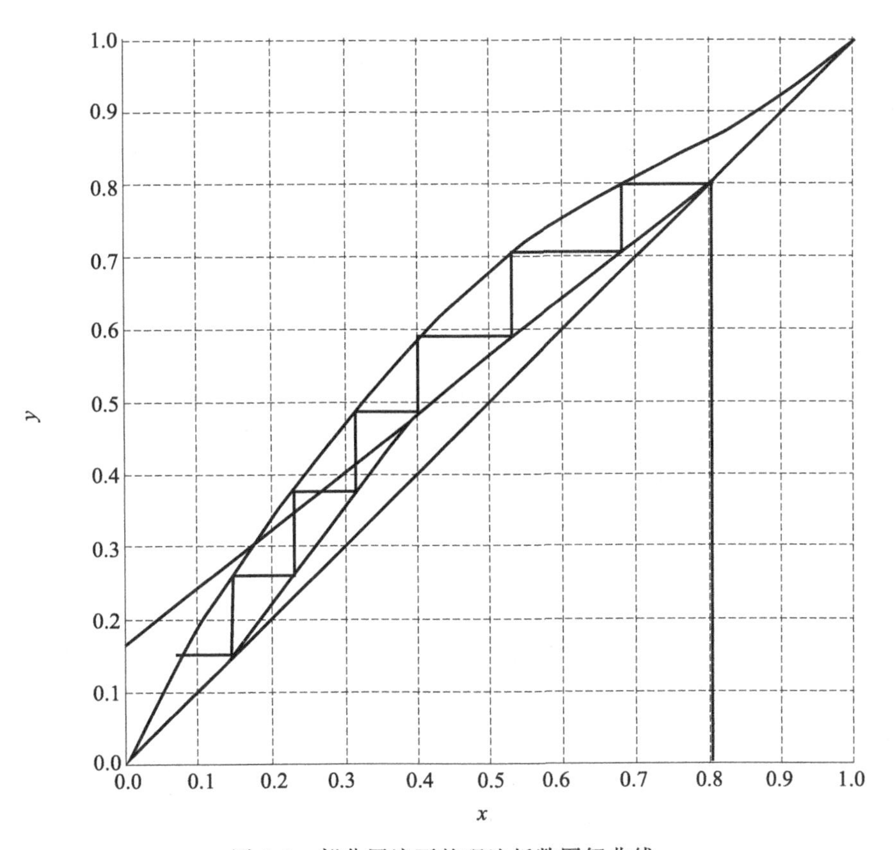

图 4-7　部分回流下的理论板数图解曲线

则部分回流总板效率 $E_{\mathrm{T}}=\dfrac{N_{\mathrm{T}}}{N_{\mathrm{P}}}\times 100\%=\dfrac{6}{10}\times 100\%=60\%$。

【仿真画面】

精馏综合拓展 3D 虚拟仿真页面如图 4-8 所示。

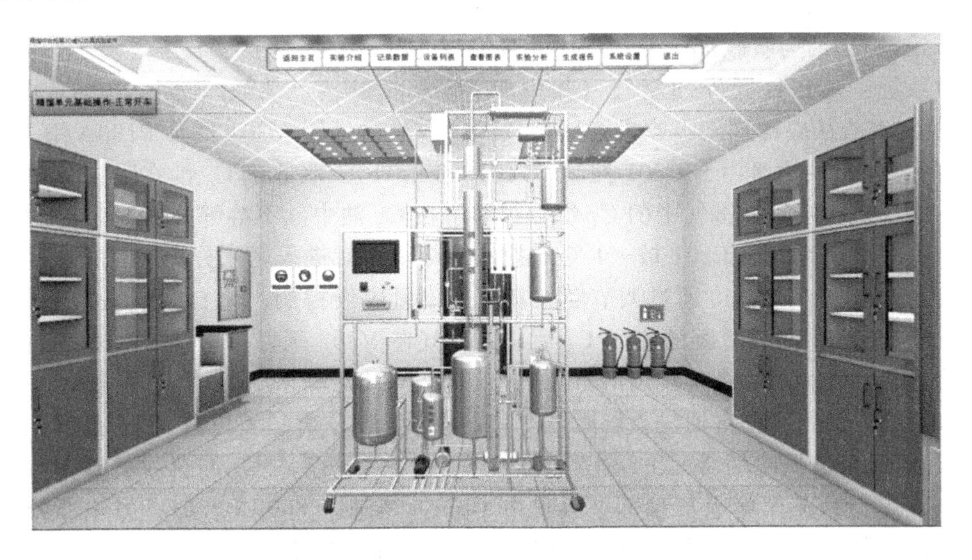

图 4-8　精馏综合拓展 3D 虚拟仿真页面

实验二十八　吸收解吸单元操作仿真

吸收作为最重要的化工单元操作之一，在石油化工生产中应用广泛，特别是在组分分离和有害气体处理上发挥了重要作用。

【实验目的】

本虚拟仿真实验教学项目为学生搭建工业催化裂化吸收单元装置的 3D 虚拟实验环境，旨在提高学生的创新设计、工程实践和安全防控能力，实现传统吸收实验难以完成的工业级实验及应急处置教学功能。学生通过本虚拟仿真实验项目，应具备下列能力：

(1) 通过自主学习和反复容错试错仿真操作，深层次理解吸收单元知识。

(2) 熟悉实际工业生产操作模式，通过中控和外操界面控制生产参数，进行吸收稳态开车、稳态停车，且具备一定的团队协作能力。

(3) 通过虚拟仿真环境下开放式参数调节训练，使学生具备安全生产意识并能正确处理故障。

【实验原理】

吸收解吸是石油化工生产过程中较常用的重要单元操作过程。吸收过程是利用气体混合物中各组分在液体中的溶解度不同，来分离气体混合物。被溶解的组分称为溶质或吸收质，含有溶质的气体称为富气，不被溶解的气体称为贫气或惰性气体。吸收剂是吸收过程所用的溶剂，吸收质是混合气中能被吸收剂吸收的组分，惰性气体是混合气中不能被溶剂吸收的组分。吸收过程是吸收质由气相转入液相的过程。

溶解在吸收剂中的溶质和在气相中的溶质存在溶解平衡，当溶质在吸收剂中达到溶解平衡时，溶质在气相中的分压称为该组分在该吸收剂中的饱和蒸气压。当溶质在气相中的分压大于该组分的饱和蒸气压时，溶质就从气相溶入溶剂中，称为吸收过程；当溶质在气相中的分压小于该组分的饱和蒸气压时，溶质就从液相逸出到气相中，称为解吸过程。

提高压力、降低温度有利于溶质吸收；降低压力、提高温度有利于溶质解吸。利用这一原理分离气体混合物，吸收剂可以重复使用。

该单元以 C_6 油为吸收剂，分离气体混合物中的 C_4 组分（图 4-9）。

吸收系统：来自界区外的富气（其中 C_4 组分占 30%，杂质气体占 70%）由控制器 FIC200 控制流量从底部进入吸收塔 T100。贫油由 C_6 油储罐 V301 经泵 P100A/B 打入吸收塔 T100 顶部，贫油流量由 FIC101 控制（14218.8 kg/h）。吸收剂 C_6 油在吸收塔 T100 中自上而下与富气逆相接触，富气中的 C_4 组分被溶解在 C_6 油中。不溶解的贫气由 T100 塔顶排出，经吸收塔塔顶冷凝器 E201 被－4 ℃的盐水冷却至 2 ℃进入尾气分离罐 V302。吸收塔塔釜液位由 LIC100 和 FIC100 通过调节塔釜富油采出量串级控制。来自吸收塔顶部的贫气在尾气分离罐 V302 中回收冷凝的 C_4、C_6 后，不凝气在 V302 压力控制器 PIC100 控制下排入放空总管进入大气。吸收塔釜排出的富液进入解吸塔 T101 解吸，回收 C_6 吸收剂循环利用。

解吸系统：预热后的富油进入解吸塔 T101 进行解吸分离。塔顶出 C_4 产品（C_4 组分占 31%），经解吸塔塔顶冷凝器 E204 全部冷凝至 80 ℃，凝液送入 C_4 回流原料罐 V303，经泵 P101A/B 一部分回流至解吸塔顶部，流量由 FIC104 控制（8000 kg/h）；另一部分作为 C_4 产品在液位控制（LIC102）下由泵 P101A/B 抽出。解吸塔塔釜的 C_6 油（C_6 占 95.24%）出料量由 LIC101 控制，经换热器 E203、E202 冷却降温至 5 ℃返回 V301 循环使用。返回油

【PFD 图】

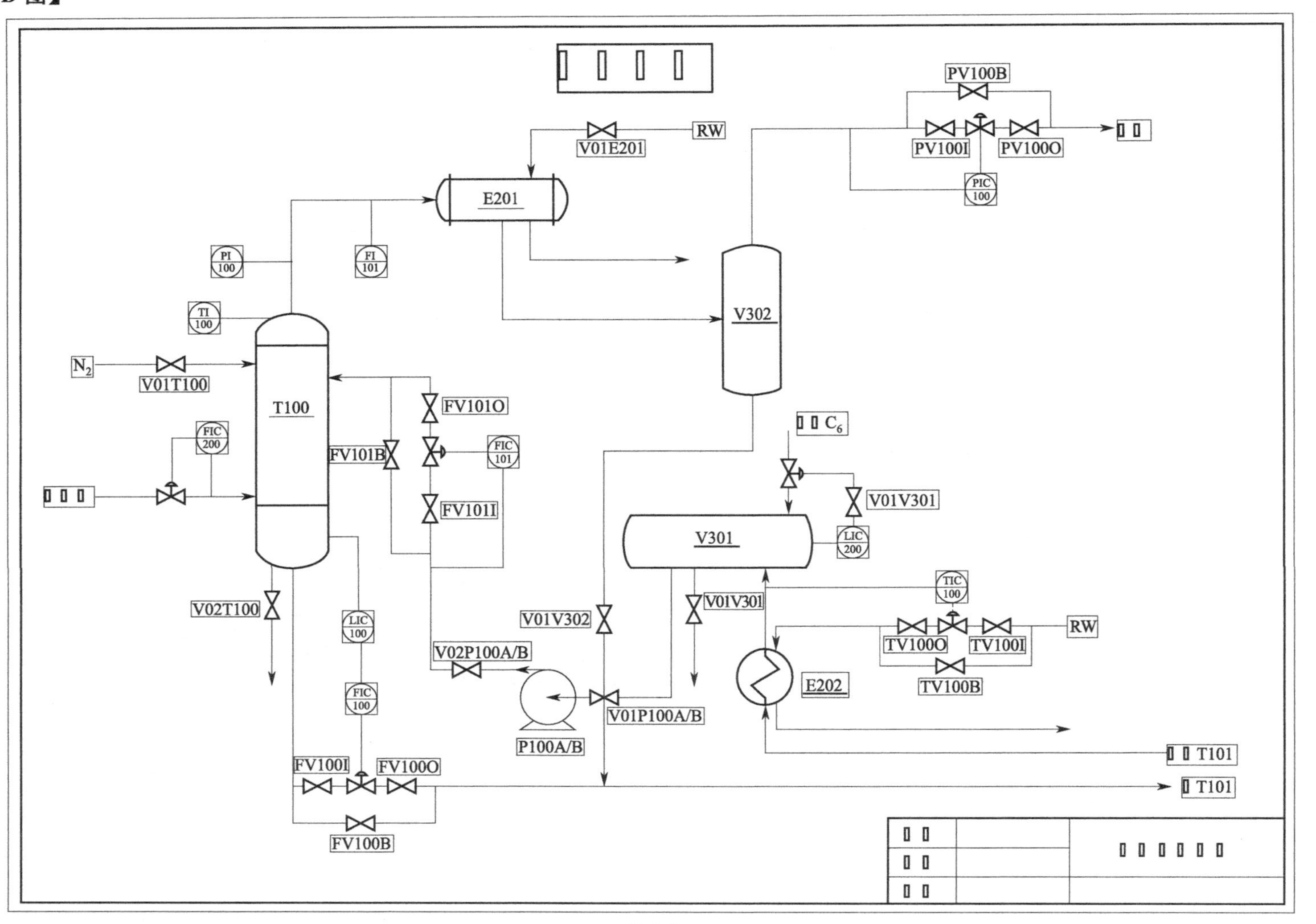
PV100B
RW
V01E201
PV100I
PV100O
E201
PIC 100
PI 100
FI 101
V302
TI 100
N_2
V01T100
T100
FV101O
FIC 200
FV101B
FIC 101
C_6
FV101I
V01V301
V301
LIC 200
TIC 100
V02T100
V01V302
V01V301
LIC 100
RW
TV100O
TV100I
V02P100A/B
TV100B
E202
FIC 100
V01P100A/B
P100A/B
T101
FV100I
FV100O
T101
FV100B

图 4-9

【PID】

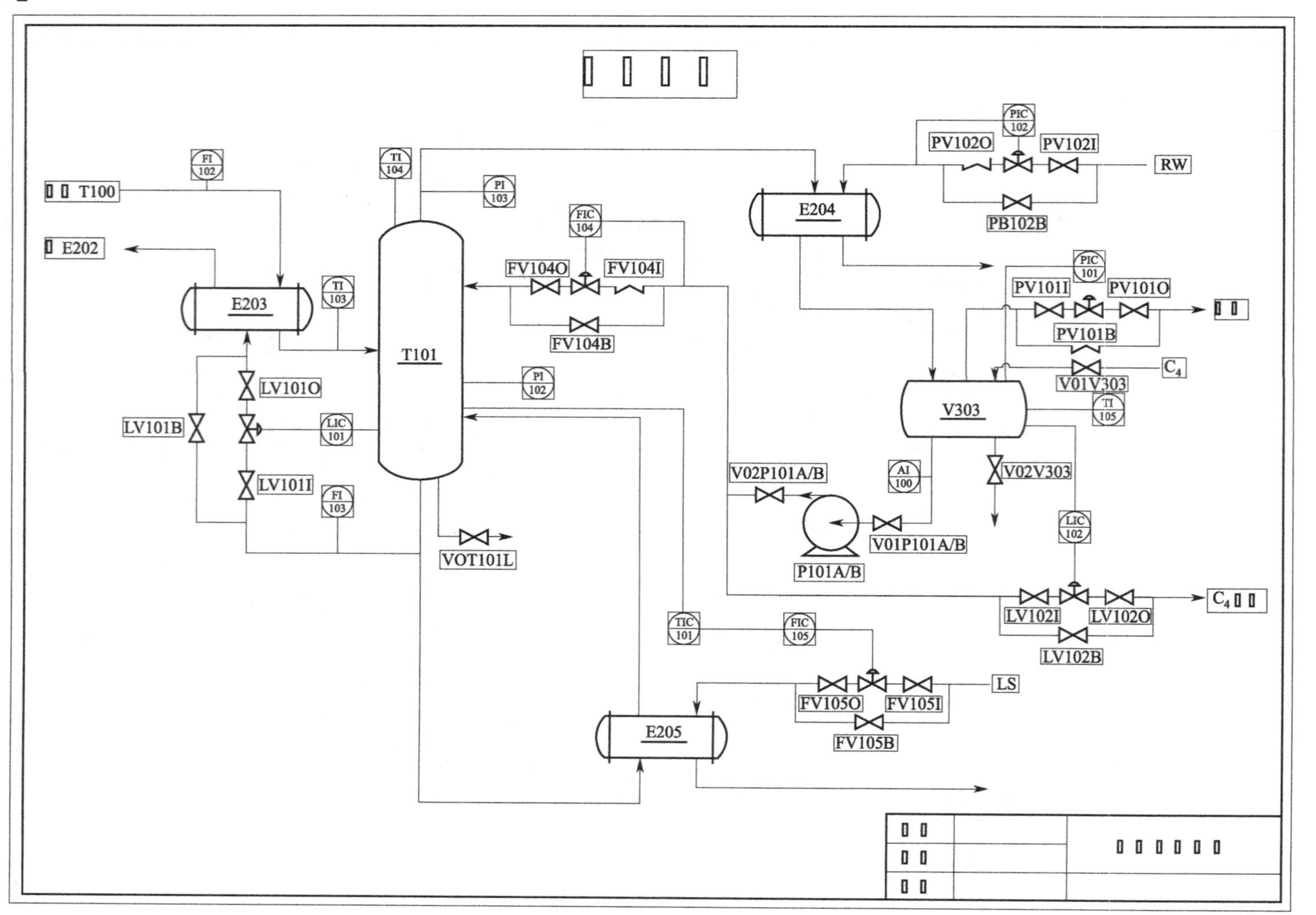

图 4-9 吸收解吸工艺管道仪表流程图

温度由 TIC100 通过调节冷却盐水量来控制。解吸塔塔釜有再沸器 E205，利用蒸汽进行加热，T101 塔釜温度由 TIC101 和 FIC105 串级调节蒸汽流量（10000 kg/h）来控制。塔顶压力（0.3 MPa）由 PIC102 调节塔顶冷凝器冷却水流量来控制，另有一塔顶压力保护器 PIC101 在塔顶凝气压力高时通过调节 V303 放空量降压。

因为塔顶 C_4 产品中含有部分 C_6 油及其他 C_6 油损失，所以随着生产的进行，要定期观察 C_6 油储罐 V301 的液位，补充新鲜 C_6 油。

【工艺卡片】

（1）设备列表，见表 4-4。

表 4-4 设备清单

序号	位号	名称	说明
1	T100	吸收塔	
2	E201	换热器	吸收塔顶冷凝器
3	V301	原料储罐	C_6 原料罐
4	E202	换热器	
5	V302	气液分离罐	尾气分离罐
6	P100A/B	回流泵	吸收塔回流泵
7	T101	解吸塔	
8	E203	换热器	解吸塔原料预热器
9	E204	换热器	解吸塔顶冷凝器
10	E205	再沸器	解吸塔再沸器
11	P101A/B	回流泵	解吸塔回流泵
12	V303	气液分离罐	C_4 回流原料罐

（2）现场阀门，见表 4-5。

表 4-5 阀门及位号清单

现场阀门位号	描述
V01T100	氮气充压阀
V02T100	吸收塔泄液阀
V03T100	充液阀
FV101O	吸收塔回流量控制阀 FV101 后阀
FV101B	吸收塔回流量控制阀 FV101 旁路阀
FV101I	吸收塔回流量控制阀 FV101 前阀
V01P100A	泵 P100A 前阀
V02P100A	泵 P100A 后阀
FV100I	吸收塔出液量控制阀 FV100 前阀
FV100B	吸收塔出液量控制阀 FV100 旁路阀
FV100O	吸收塔出液量控制阀 FV100 后阀
V01P100B	泵 P100B 前阀
V02P100B	泵 P100B 后阀
V01E201	换热器 E201 冷物流流量调节阀
V01V301	储罐 V301 泄液阀
V02V301	C_6 充液阀
PV100I	气液分离罐 V302 压力控制阀 PV100 前阀

续表

现场阀门位号	描述
PV100B	气液分离罐 V302 压力控制阀 PV100 旁路阀
PV100O	气液分离罐 V302 压力控制阀 PV100 后阀
TV100I	E202 冷物流出口温度控制阀 TV100 前阀
TV100B	E202 冷物流出口温度控制阀 TV100 旁路阀
TV100O	E202 冷物流出口温度控制阀 TV100 后阀
LV101I	解吸塔液位控制阀 LV101 前阀·
LV101B	解吸塔液位控制阀 LV101 旁路阀
LV101O	解吸塔液位控制阀 LV101 后阀
FV104I	解吸塔回流量控制阀 FV104 前阀
FV104B	解吸塔回流量控制阀 FV104 旁路阀
FV104O	解吸塔回流量控制阀 FV104 后阀
FV105I	再沸器加热蒸汽流量控制阀 FV105 前阀
FV105B	再沸器加热蒸汽流量控制阀 FV105 旁路阀
FV105O	再沸器加热蒸汽流量控制阀 FV105 后阀
PV102I	解吸塔塔顶压力控制阀 PV102 前阀
PV102B	解吸塔塔顶压力控制阀 PV102 旁路阀
PV102O	解吸塔塔顶压力控制阀 PV102 后阀
PV101I	气液分离罐 V303 压力控制器 PV101 前阀
PV101B	气液分离罐 V303 压力控制器 PV101 旁路阀
PV101O	气液分离罐 V303 压力控制器 PV101 后阀
V01V302	气液分离罐 V302 出液阀
V01V303	C_4 补充进液阀
V02V303	气液分离罐 V303 出液阀
V01P101A	泵 P101A 前阀
V02P101A	泵 P101A 后阀
V01P101B	泵 P101B 前阀
V02P101B	泵 P101B 后阀
LV102I	V303 液位控制阀 LV102 前阀
LV102B	V303 液位控制阀 LV102 旁路阀
LV102O	V303 液位控制阀 LV102 后阀

（3）仪表列表，见表 4-6。

表 4-6 仪表清单

点名	单位	正常值	控制范围	描述
FIC200	kg/h	3000	2990～3010	富气流量控制
LIC100	%	50	49～51	吸收塔液位控制
FIC100	kg/h	15040	15000～15080	吸收塔出料量控制
FIC101	kg/h	14218.8	14000～14400	吸收塔回流量控制
PIC100	MPa	1.23	1.22～1.24	气液分离罐 V302 压力控制
TIC100	℃	5	4.9～5.1	E202 热物流出口温度控制
LIC101	%	50	49～51	解吸塔液位控制
TIC101	℃	160	155～165	解吸塔塔釜温度控制
FIC104	kg/h	8000	7990～8010	解吸塔回流量控制
FIC105	kg/h	10000	9000～10010	塔釜再沸器 E205 加热蒸汽流量控制

续表

点名	单位	正常值	控制范围	描述
PIC102	MPa	0.3	0.3	解吸塔塔顶压力控制
PIC101	MPa	0.3	0.3	气液分离罐压力控制
LIC102	%	50	49～51	气液分离罐 V303 液位控制
PI100	MPa	1.26	1.26	吸收塔压力显示
TI100	℃	16	16	吸收塔塔顶温度显示
PI101	MPa	1.29	1.29	吸收塔塔釜压力显示
TI101	℃	40	39～41	吸收塔塔釜出液温度显示
TI106	℃	107.5	100～114	解吸塔出液初步换热后温度显示
FI102	kg/h			进解吸塔的流量
TI104	℃	90	85～95	解吸塔塔顶温度
TI103	℃	80	75～85	进解吸塔物料的温度
FI103	kg/h			解吸塔出料流量
TI105	℃	50	40～60	解吸塔回流液温度
AI100	%	31	29～32	C_4 的质量分数
FI200	kg/h			解吸系统 C_4 出液流量

（4）工艺参数

① 吸收塔 T100，见表 4-7。

表 4-7　吸收塔 T100 工艺参数

名称	项目	单位	指标
原料气进料	温度	℃	25
	流量	kg/h	3000
塔压	塔压	MPa	1.23
废气	温度	℃	14
塔釜	温度	℃	40
富油出口	温度	℃	40
贫油进口	压力	MPa	1.25
贫油进口流量	流量	kg/h	14218.8

② 解吸塔 T101，见表 4-8。

表 4-8　解吸塔 T101 工艺参数

名称	项目	单位	指标
富油进料	温度	℃	80
	流量	kg/h	15040
塔顶压力	压力	MPa	0.3
回流液	温度	℃	50
	流量	kg/h	8000
塔釜出液	温度	℃	160
	流量	kg/h	13000
塔顶出气	温度	℃	90
	流量	kg/h	10040

（5）复杂控制说明

① 简单控制

单回路控制系统又称单回路反馈系统。单回路控制由 4 个基本环节组成，即被控对象、测量变送装置、控制器和控制阀。

LIC100、LIC101、LIC102 是简单的液位调节控制；PIC100、PIC101、PIC102 是简单的压力控制；FIC200、FIC101、FIC104 是简单的流量控制；TIC100 是简单的温度控制。

② 串级控制

如果系统中不止采用一个控制器，而且控制器间相互串联，一个控制器的输出作为另一个控制器的给定值，这样的系统称为串级控制系统。吸收塔液位控制 LIC100 和吸收塔流量控制 FIC100 构成串级，LIC100 是主表，FIC100 是副表。通过 FIC100 调节吸收塔出料流量，进而控制吸收塔液位 LIC100。解吸塔温度控制 TIC101 和换热器 E205 热物流流量控制 FIC105 构成串级，TIC101 是主表，FIC105 是副表。通过 FIC105 调节换热器热物流的流量，来控制解吸塔塔釜温度 TIC101。

【实验步骤及方法】

(1) 正常开车

① 开车前准备

打开所有控制阀的前后阀；打开 V01T100，设置开度为 50%，吸收塔单元进行氮气充压；当压力控制表 PIC100 显示值接近 1.23 MPa 时，关闭 V01T100；将 PIC100 投自动，设定 SP 值为 1.23 MPa。

② 吸收、解吸系统充液

a. 系统充压结束后，打开阀 V02V301 和 V03T100，对罐 V301 和吸收塔 T100 进行充液；待储罐 V301 补充 C_6 至液位为 70%时，关闭 V02V301；在操作过程中若 V301 液位低于 50%，注意随时开阀 V02V301 补液。

b. 打开泵 P100A/B 前阀 V01P100A/B，当 V301 液位达到 30%后启动泵 P100A/B，然后开泵后阀 V02P100A/B；打开 FIC101（设置开度为 40%），对吸收塔 T100 塔顶段进行充液。

c. 当吸收塔 T100 塔釜液位达到 30%时，打开 FIC100（设置开度为 30%），对解吸塔 T101 进行充液。

d. 在吸收塔向解吸塔进料的同时，打开 V01V303 对气液分离罐 V303 进行充液；当气液分离罐 V303 的液位到达 50%左右时，关闭 V01V303。

e. 当吸收塔 T100 液位 LIC100 达到 50%以上，关闭充液阀 V03T100。

f. 打开泵 P101A/B 的前阀 V01P101A/B，当 V303 液位达到 30%时启动泵 P101A/B，然后开后阀 V02P101A/B；打开 FIC104（设置开度为 40%），对解吸塔 T101 进行充液。

g. 解吸塔液位达到 20%时，稍开 FIC105（设置开度为 20%），对解吸塔塔釜进行加热，加热到 140 ℃左右；注意观察压力控制表 PIC102 和 PIC101 的显示值，当 PIC102 压力接近 0.3 MPa 时，设置 PIC102 开度为 50%，并投自动（设定值 SP 为 0.3）。压力表 PIC101 达到 0.3 MPa 时，投自动。

③ 解吸到吸收的回流换热、建立循环

a. 缓慢打开 TIC100；打开阀 V01E201 至 50%开度。

b. 当解吸塔液位达到 45%时，打开 LIC101（设置开度为 30%）。注意：换热器要先进冷物流后进热物流。当 T101 液位接近 50%后，缓慢调大 LIC101 开度至 60%左右。

c. 调节 TIC100 开度，将换热器 E202 热物流出口温度 TIC100 控制在 5 ℃左右。

d. 当 T100 液位达到 50%左右后，调节 FIC101 开度，将吸收塔 T100 回流量控制在

14220 kg/h，然后将 FIC101 投自动。

e. 当 T101 液位达到 50%左右后，调节 FIC104 开度使 C_4 回流量为 8000 kg/h，然后将 FIC104 投自动。

④ 进富气

a. 保持 T100 的压力为 1.23 MPa。

b. 热油循环建立后，打开 FIC200，开大 FIC200 的 OP 值至 50%左右，将富气进料量控制在 3000 kg/h。

c. 将 FIC200 投自动。

d. 手动调节 FIC100 开度，待吸收塔液位 LIC100 稳定在 50%左右，且塔釜出液量为 15040 kg/h 左右时，将 FIC100 投串级，LIC100 投自动。投串级技巧：先将 FIC100 投自动将流量控制在 15040 kg/h 左右，流量稳定后再将 FIC100 改投串级，LIC100 投自动。操作过程中若整体不稳，可以解除串级后调整至正常工况后再投串级。

e. 缓慢调节 LIC101 开度（正常开度为 60%左右），将解吸塔 T101 液位控制在 50%左右，将 LIC101 投自动；

f. 当 T101 液位达到 50%左右后，调大 FIC105 开度，将解吸塔塔釜温度 TIC101 控制在 160 ℃左右，且加热蒸汽流量 FIC105 在 10000 kg/h 左右时，将 FIC105 投串级，TIC101 投自动。

g. TIC100 读数稳定在 5 ℃后，将 TIC100 投自动。

h. 调节 LIC102 开度使 V303 液位稳定在 50%左右，稳定后投自动。

（2）正常运行及调整

熟悉流程，维持各工艺参数的稳定；密切注意各工艺参数的变化情况，发现较大波动或事故，应先分析原因，做到及时、正确地处理。本流程还要注意以下参数的变化：

① V302 液位

生产过程中可能会有少量的 C_4 和 C_6 组分积累于气液分离罐中，要定期观察 V302 的液位，当液位高于 70%后，向解吸塔排液。

② T101 塔压

一般情况下，T101 的压力由调节器 PIC102 改变冷凝器 E204 的冷却水流量来控制。随着生产的进行，因惰性气体及不凝气的积累造成压力超高时，T101 塔顶压力超高保护控制器 PIC101 会自动打开排放不凝气，维持压力在正常值。必要时可手动打开 PIC101 进行泄压。

（3）正常停车

① 停富气进料和 C_4 产品出料

a. 若 C_6 进料阀 V02V301 处于打开状态，则关闭阀 V02V301，停止 C_6 新鲜进料（若本来处于关闭状态，则无需操作）。

b. 将 FIC200 置于手动状态，调节其开度 OP 值为 0，关闭进料阀 FV200，停富气进料。

c. 停 C_4 产品出料，将调节器 LIC102 置于手动，逐步调小 LIC102 至关闭；关闭阀 LV102I、阀 LV102O。

d. 富气进料中断后，吸收塔 T100 塔压会降低，手动控制调节 PIC100，维持 T100 压力大于 1.0 MPa。

e. 手动控制调节 PIC102 维持解吸塔压力在 0.3 MPa 左右。

f. 维持吸收塔 T100、解吸塔 T101、C_6 油储罐的 C_6 油循环。

② 停吸收塔系统

a. 停 C_6 油进料

ⅰ. 关闭泵 P100A/B 后阀 V02P100A/B、停泵 P100A/B、关闭泵前阀 V01P100A/B。

ⅱ. 手动关闭控制阀 FV101 及其前后阀 FV101I、FV101O，停止对吸收塔的进油。在此过程中应注意保持 T100 的压力，压力低时可用 N_2 充压，否则塔釜的 C_6 油无法排出。

b. 吸收塔系统泄油

ⅰ. 打开 V02T100，解除调节器 LIC100 和 FIC100 的串级，并将其置于手动状态，保持 FIC100 的开度在 50%左右，向解吸塔 T101 泄油（实际生产中是打开 FIC100 向解吸塔排料来泄油，但实际所需时间很长，仿真过程中打开 V02T100 来快速泄油）。

ⅱ. 当 LIC100 液位降至＜5%时，关闭控制阀 FV100 及其前后阀 FV100I、FV100O。

ⅲ. 关闭阀 V02T100。

ⅳ. 接着关闭 V01E201 阀，中断冷却盐水，停 E201。

ⅴ. 手动打开 PIC100（开度＞10%），当吸收塔系统泄压至常压，将开度调为 0，关闭 PV100 及其前后阀 PV100I、PV100O。

③ 吸收油储罐 V301 排油

a. 当停吸收塔进油后，V301 液位必然上升，此时打开 V301 排油阀 V01V301（50%开度）。

b. 当解吸塔 T101 液位降为 0%，V301 液位降至 0%后，关闭阀 V01V301。

④ 停解吸塔系统

a. T101 降温

ⅰ. 解除调节器 TIC101 和 FIC105 的串级，并将其置于手动状态，关闭控制器 FIC105，停再沸器 E205；关闭流量控制阀 FV105 及其前后阀 FV105I、FV105O。

ⅱ. 同时手动调节 PIC101 和 PIC102，保持解吸塔的压力。

b. 停 T101 回流

当回流罐 V303 的液位降为 5%后，关闭回流泵 P101A/B 后阀 V02P101A/B、停泵、关闭前阀 V01P101A/B，手动关闭流量控制器 FIC104，关闭控制阀 FV104 及其前后阀 FV104I、FV104O，停解吸塔回流（由于实际生产中 V303 泄液慢，所需时间很长，仿真过程中可以打开阀 V02V303 来快速泄油，当 V303 液位降为零后关闭阀 V02V303）。

c. T101 泄油

ⅰ. 手动调节 LIC101 开度为 100%，将 T101 中的油倒入 V301（也可以同时全开旁路阀 LV101B，加快泄油速度）。

ⅱ. 当解吸塔液位 LIC101 指示降至 0.1%时，关闭液位控制阀 LV101 及其前后阀 LV101I、LV101O（若旁路阀 LV101B 处于开的状态，则关闭 LV101B）。

ⅲ. 关闭 TV100 及其前后阀 TV100I、TV100O，停止冷却水进料，停 E202。

d. T101 泄压

ⅰ. 手动打开控制器 PIC101 至开度为 50%，对解吸系统泄压。

ⅱ. 当解吸系统压力降至常压（压力指示 PIC101 降为 0）时，关闭 PIC101，关闭 PV101 及其前后阀 PV101I、PV101O。

ⅲ. 关闭压力控制器 PIC102，并关闭阀 PV102I、PV102O。

（4）事故设置

① 冷却水中断

事故原因：冷却水、盐水供应中断。

事故现象：

a. 解吸塔顶温度和压力持续升高。

b. 解吸塔塔顶冷却水入口阀 PV102 开度持续增大。

c. 吸收塔塔顶、塔釜温度升高。

事故处理方法：

a. 手动关闭富气进料控制器 FIC200，停止向吸收塔进料。

b. 手动关闭流量控制器 FIC105，停用再沸器 E205；手动关闭流量控制器 FIC100，停止向解吸塔进料；手动关闭液位控制器 LIC102，停止 C_4 产品采出。

c. 停回流泵 P100A 和泵 P101A（注意先关闭泵后阀，再停泵，然后关闭泵前阀）；手动关闭流量控制器 FIC101 和 FIC104，停止吸收塔贫油进料和解吸塔的回流。

d. 手动关闭压力控制器 PIC100，对吸收塔 T100 系统保压；手动关闭压力控制器 PIC101。

e. 关闭液位控制器 LIC101，保持解吸塔的液位。

f. 事故解除后，按冷态开车操作。

② 加热蒸汽中断

事故原因：加热蒸汽中断。

事故现象：再沸器加热蒸汽管路各阀开度正常，加热蒸汽入口流量降低为 0；塔釜温度急剧下降。

事故处理方法：

a. 手动关闭流量控制器 FIC105，停用再沸器 E205。

b. 关闭富气进料控制器 FIC200，停止向吸收塔进料。

c. 手动关闭流量控制器 FIC104，停解吸塔的回流泵 P101A（注意先关闭泵后阀，再停泵，然后关闭泵前阀）。

d. 手动关闭液位控制器 LIC102，停止 C_4 产品采出。

e. 手动关闭流量控制器 FIC100，停止向解吸塔进料。

f. 手动关闭流量控制器 FIC101，停吸收塔的回流泵 P100A（注意先关闭泵后阀，再停泵，然后关闭泵前阀）。

g. 手动关闭压力控制器 PIC100，对 T100 系统保压。

h. 手动关闭液位控制器 LIC101，保持解吸塔 T101 的液位。

i. 关闭 V01E201，手动关闭控制器 TIC100、PIC101。

j. 事故解除后，按冷态开车操作。

③ 停电

事故原因：电厂发生故障。

事故现象：泵 P100A 停，泵 P101A 停。

事故处理方法：

a. 打开泄液阀 V01V301，调节其开度，保持吸收塔储罐 V301 液位在 50%左右；打开泄液阀 V02V303，调节其开度，保持回流罐 V303 的液位在 50%左右。

b. 手动关小 FIC105 的开度，减小加热蒸汽量，防止塔温上升过高；关闭富气进料控制 FIC200，停止进料。

c. 手动关闭 FIC101 和 FIC104，停止吸收塔贫油进料和解吸塔的回流。

d. 事故解除后，按冷态开车操作。

④ P100A 泵坏

事故原因：P100A 泵发生故障。

事故现象：FIC101 的流量降低为零，吸收塔塔顶压力和温度上升，塔釜液位缓慢下降。

事故处理方法：

a. 迅速启用备用泵 P100B（具体步骤：先开 P100B 前阀 V01P100B，启动泵 P100B，再开泵后阀 V02P100B）。

b. 关闭泵 P100A 后阀 V02P100A，再关泵前阀 V01P100A。

c. 将 FIC101 调整至正常值 14220kg/h。

⑤ 再沸器 E205 结垢严重

事故现象：

a. 控制器 FIC105 开度增大。

b. 加热蒸汽入口流量增大。

c. 解吸塔塔釜温度下降，塔顶温度下降，塔釜 C_4 组成上升。

事故处理方法：参照加热蒸汽中断事故停车。

⑥ LV101 调节阀卡

事故现象：FI103 降至零；塔釜液位上升，并可能报警。

事故处理方法：

a. 打开 LV101 旁路阀 LV101B 至 60%左右。

b. 手动关闭 LV101 及其前后阀 LV101I、LV101O。

c. 调整旁路阀 LV101B 开度，使 T101 液位保持在 50%。

⑦ P101A 泵坏

事故原因：P101A 泵发生故障。

事故现象：FIC104 的流量降低为零，解吸塔塔顶压力和温度上升，塔釜液位缓慢下降；再沸器加热蒸汽流量降低。

事故处理方法：

a. 迅速启用备用泵 P101B（具体步骤：先开 P101B 前阀 V01P101B，启动泵 P101B，再开泵后阀 V02P101B）。

b. 关闭泵 P101A 后阀 V02P101A，关泵前阀 V01P101A；将 FIC104 调整至正常值 8000 kg/h。

⑧ 蒸汽压力过低

事故现象：控制器 FIC105 开度增大，加热蒸汽流量降低，即使同时全开旁路也不能控制温度；解吸塔塔釜温度下降，塔顶温度下降，塔釜 C_4 组成上升。

事故处理方法：参照停车操作步骤。

【仿真画面】

吸收、解吸单元操作页面分别如图 4-10 和图 4-11 所示。

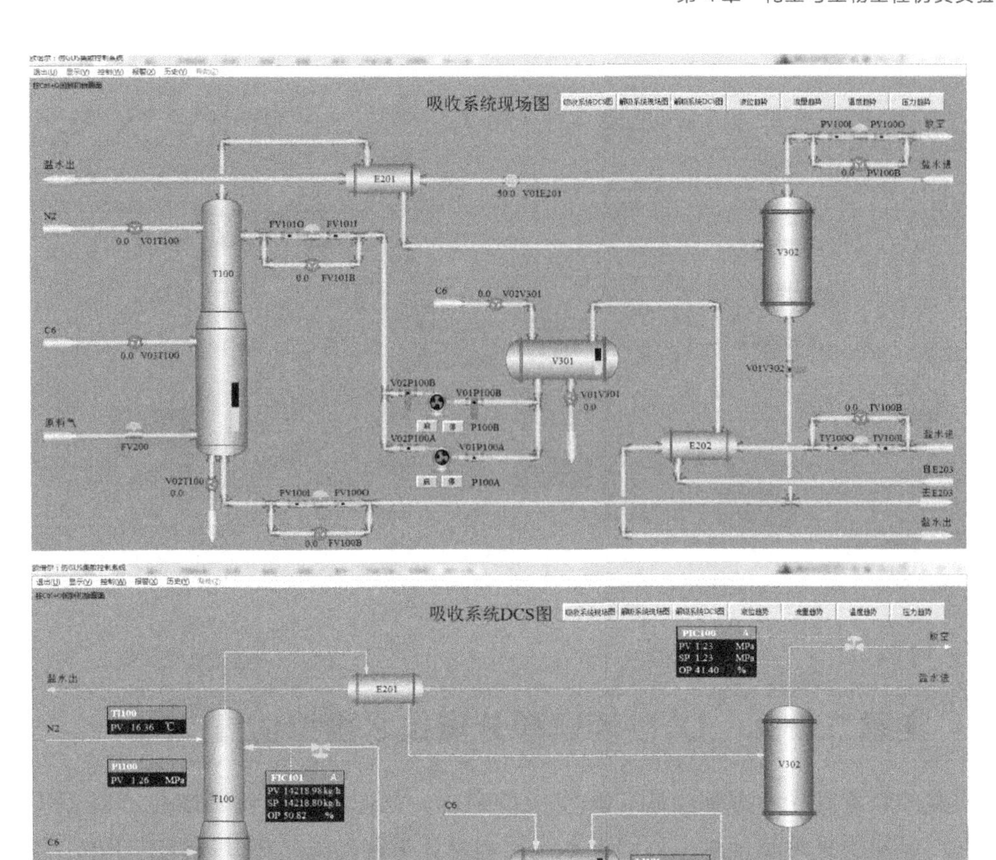

图 4-10　吸收单元操作页面

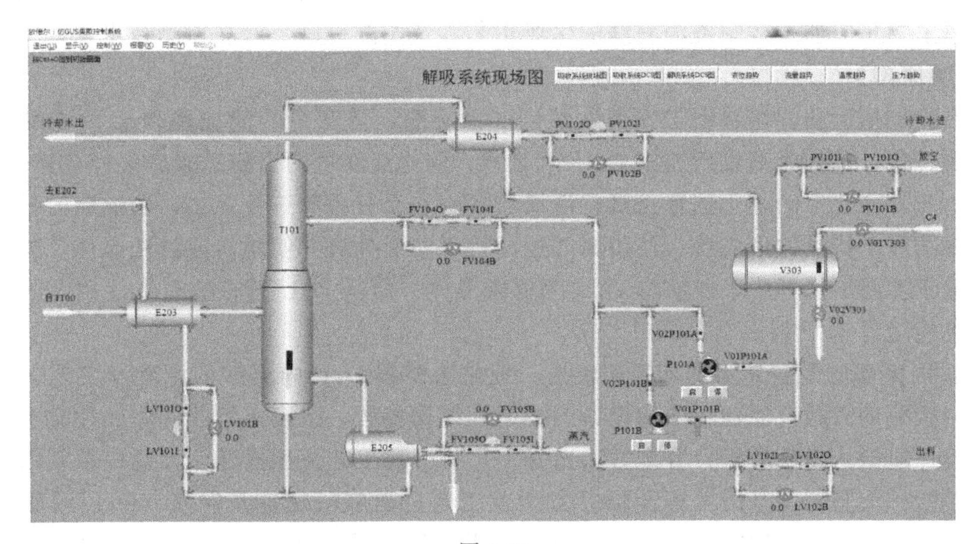

图 4-11

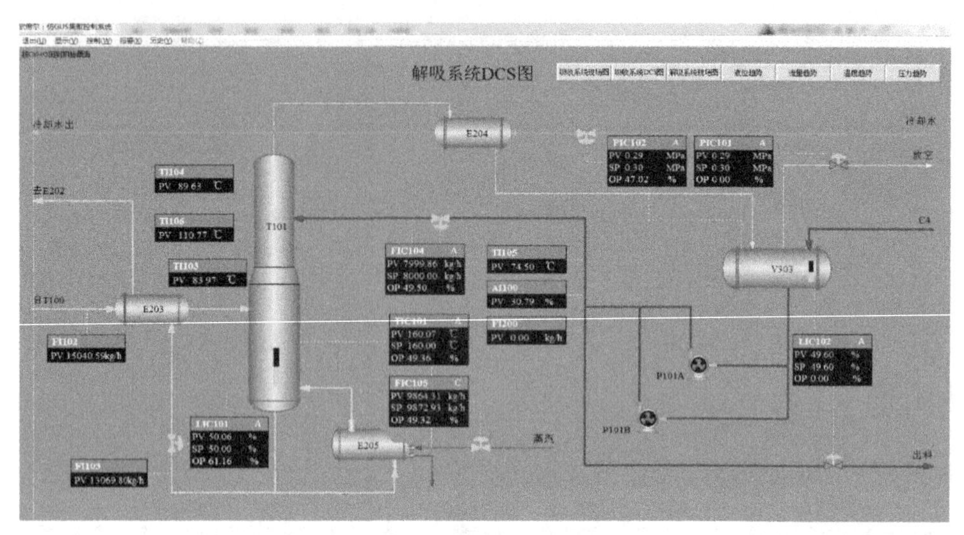

图 4-11 解吸单元操作页面

实验二十九 D,L-丙氨酸分离技术虚拟仿真

本实验的设置首先考虑到生物工程专业的需求，同时考虑到氨基酸生产过程中不同企业、不同产品对于氨基酸分离工艺的需求，特别设置了常见工厂化分离技术作为学生学习的重点内容，有利于学生加深对工业生产的理解和掌握。

【实验目的】

通过氨基酸消旋工艺、工程菌培养方法及酶简单分离工艺、膜脱色纯化工艺、真空浓缩工艺、浓缩结晶工艺和氨基酸干燥工艺等，训练学生D,L-丙氨酸工程菌发酵和工业分离提取操作的虚拟仿真实验，培养学生的工程思维和技术思维。掌握催化液陶瓷膜净化和脱色技术及生产工艺、浓缩结晶技术及其工艺以及干燥工艺，掌握使用大肠杆菌工程菌利用机械搅拌式通风生物反应器发酵制备消旋酶的生产工艺，及发酵控制、产品检测技术。

【实验原理】

本实验利用大肠杆菌基因工程菌发酵生产消旋酶，将获得的消旋酶和L-丙氨酸在反应釜中催化转化，待催化结束后获得D,L-丙氨酸。催化液经过陶瓷膜过滤后去掉色素、细胞、大分子物质，净化后的催化液置于真空浓缩设备中将水分去除三分之二，浓缩后的催化液注入结晶罐结晶，待晶体形成后，使用离心过滤机将溶液分离并使用清液清洗晶体，将低含水量晶体置于沸腾干燥器中干燥获得D,L-丙氨酸晶体。所得D,L-丙氨酸晶体使用高效液相色谱测定其纯度。

D,L-丙氨酸的制备方法及其原理包括：催化法制备D,L-丙氨酸的原理及工艺；常见生物加工中浓缩的方法及原理；浓缩设备的类型和结构特征；浓缩机组的操作和注意事项。分离工艺设计包括：物性分析；分离方法选择；生物分离工艺流程搭建。大肠杆菌基因工程菌的培养包括：大肠杆菌基因工程菌培养方法及工艺；消旋酶制备及保藏。D,L-丙氨酸的催化消旋采用大肠杆菌基因工程菌消旋酶催化工艺。D,L-丙氨酸前处理膜过滤包括：膜分离技术的原理；膜分离技术的分类及适用范围；膜设备的结构和功能；膜分离设备的操作和注意事项。D,L-丙氨酸浓缩结晶包括：结晶技术的原理；常见结晶设备；结晶设备的结构和功能；产物分离之结晶操作工艺流程；结晶设备的使用和注意事项。D,L-丙氨酸沸腾干燥包括：生物加工过程中常见干燥方法及其原理；沸腾干燥机的结构和主要功能及特点；洞道式干燥机的使用。D,L-丙氨酸高效液相色谱测定包括：液相色谱分离原理；液相色谱仪的结构和类型；高效液相色谱的操作和注意事项。

虚拟仿真项目软件依托于实际工业生产，因此，形状、功能、分布、操作均模拟自生产实践。

本虚拟实验通过学习 D,L-丙氨酸的制备和分离工艺流程，掌握 D,L-丙氨酸的分离原理、主要参数控制方法，掌握 D,L-丙氨酸生产主要工艺参数对发酵工艺的影响以及发酵过程中的注意事项，使学生掌握 D,L-丙氨酸生物催化工艺及质检工序要点，对实验的核心要素的仿真度可达到 95%以上。

【实验步骤及方法】

模块一　D,L-丙氨酸的制备与分离

(1) 菌泥（消旋酶及大肠杆菌基因工程菌细胞）制作

在 1 min 内走到机械通风生物反应器附近，开始菌泥制作流程（图 4-12～图 4-14）。

机械通风生物反应器使用前需进行清洗，清洗程序如下：

洗涤 3～5 min，常温或 60 ℃以上的热水；碱洗 10～20 min，1%～2%溶液，60～80 ℃；中间洗涤 5～10 min，60 ℃以下清水；最后洗涤 3～5 min，清水。操作步骤参考正常开停车步骤。

图 4-12　D,L-丙氨酸的制备与分离操作界面

制备流程如下：

① 点击培养基料筒，配制培养基；

② 点击培养基料筒，加水至 3 m^3；

③ 拖拽培养基料筒至机械通风生物反应器进料口，将培养基倒入罐体，开动搅拌装置混合；

④ 点击水阀门，加水补充液位；

⑤ 点击蒸汽阀门，通入高温蒸汽，消毒灭菌；

⑥ 灭菌结束，点击蒸汽阀门，关闭蒸汽阀门；

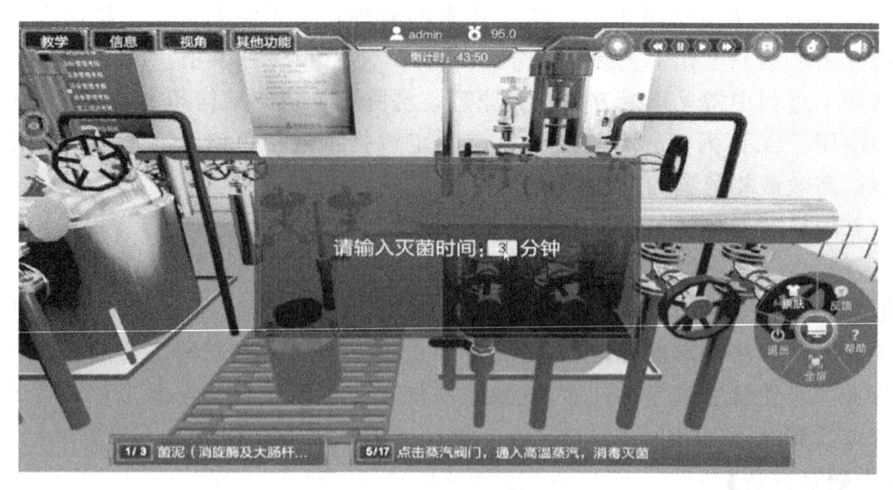

图 4-13 灭菌操作界面

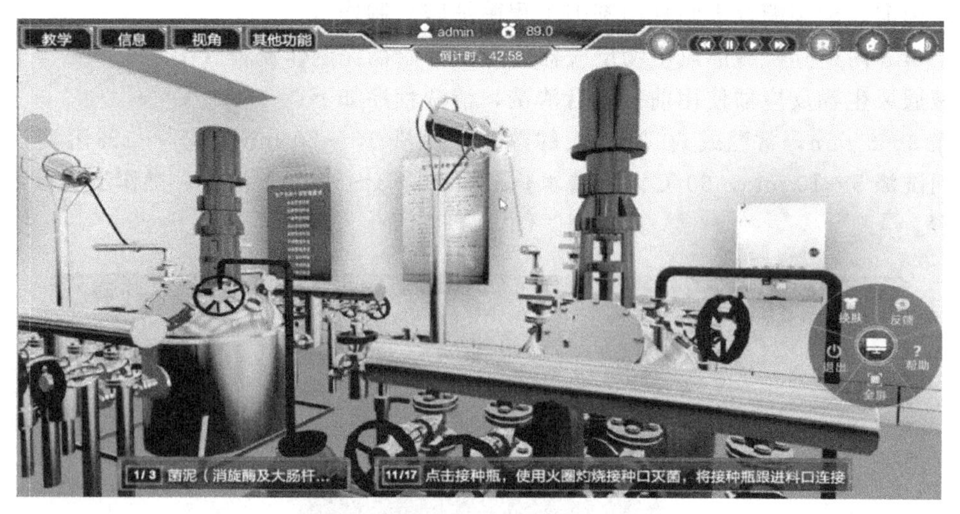

图 4-14 接种瓶跟进料口操作界面

⑦ 开始降温，点击保压阀，打开保压阀；

⑧ 点击空气阀门，通入空气，将罐体温度降下来；

⑨ 点击降温阀，打开降温阀门，料液慢慢冷却，维持正压（温度降至 37 ℃）；

⑩ 点击接种瓶进料口，使用火圈灼烧接种口灭菌，打开进料口，再次使用酒精棉进行灭菌；

⑪ 点击接种瓶，使用火圈灼烧接种口灭菌；

⑫ 拖拽接种瓶至进料口，将接种瓶跟进料口连接；

⑬ 点击取样阀门，取一定的料液测量样品 OD 值和 pH 值；

⑭ 到达发酵终点，点击空气阀门，关闭空气向罐体的吹入；

⑮ 点击保压阀，打开保压阀；

⑯ 点击排气阀，关闭排气阀，进行降温，将温度降到最低；

⑰ 点击管式高速离心机开关，接通电源；

⑱ 点击接通发酵罐连接管式离心机的阀门，连通罐体和高速离心机的管道，将罐内物

料送进高速离心机，得到菌泥（含蛋白酶）。

（2）D,L-丙氨酸生物催化，如图 4-15 所示。

① 点击配料桶，配制料液；

② 点击水阀，打开水阀，向反应罐 1 中加水；

③ 点击蒸汽阀门，将水温升高；

④ 点击反应罐 1 的控制器，开始搅拌；

⑤ 点击配料桶，将配料桶中溶液倒入反应罐中；

⑥ 搅拌均匀后，点击蒸汽阀门，关闭蒸汽阀门；

⑦ 拖拽菌泥至反应罐 1，将菌泥放入反应罐中；

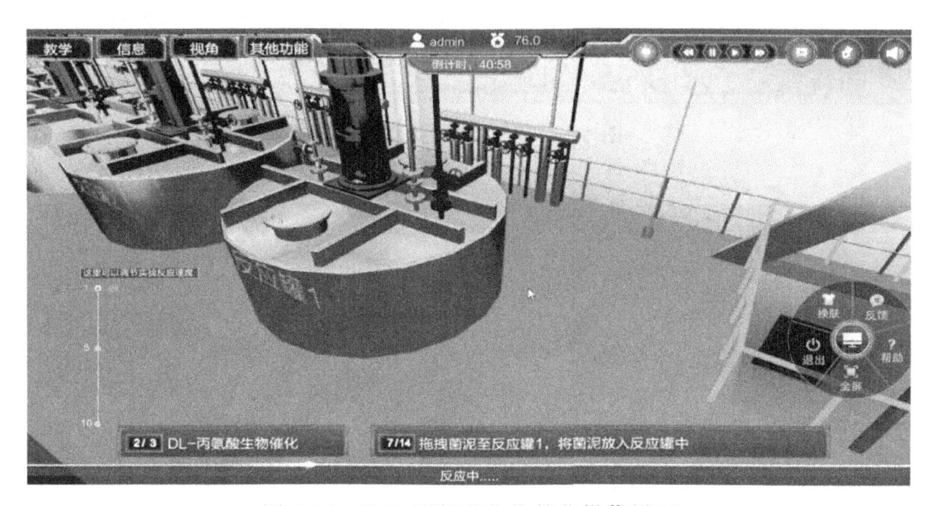

图 4-15　D,L-丙氨酸生物催化操作界面

⑧ 点击反应罐 1 控制器，关闭反应罐搅拌；

⑨ 拖拽取料斗至反应罐口，在搅拌下取出料液；

⑩ 点击自来水水管，将大包活性炭粉末打湿；

⑪ 拖拽活性炭至反应罐，将活性炭加入反应罐；

⑫ 点击蒸汽阀门，将罐体升温；

⑬ 活性炭脱色过程结束，点击蒸汽阀门，关闭阀门；

⑭ 点击循环泵，打开循环泵，将反应罐中的物料泵入板框压滤机过滤。

（3）产品精制，如图 4-16 和图 4-17 所示。

请点击滤液进入下一个设备，储罐 1：陶瓷膜过滤器；储罐 2：浓缩罐。

① 点击浓缩罐进料阀门，在罐体真空条件下开始进料液；

② 点击墙上的流量记录仪，控制进料量为 14 m^3；

③ 点击结晶罐放料阀门，将结晶好的物料通过管道传送至离心机中；

④ 选择进入离心-干燥间的方式：a. 穿戴防护服、手套、鞋套和口罩后进入；b. 直接进入。

⑤ 点击平板人工上部卸料离心机，将离心好的晶体装袋，转移至干燥间；

⑥ 点击烘干机拉杆，将料车拉出来；

⑦ 拖拽离心好的晶体至进料斗，将离心好的结晶加入进料斗；

图 4-16　产品精制操作界面 1

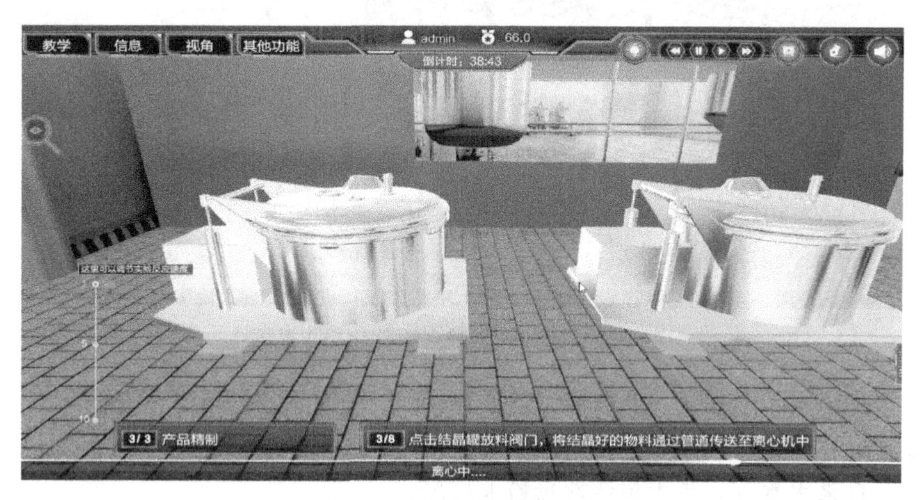

图 4-17　产品精制操作界面 2

⑧ 点击沸腾干燥机控制器，通入热风；

⑨ 点击料车，将干燥好的晶体从料车中卸出，得到最终产品。

模块二　高效液相色谱测试

(1) 更换流动相

① 点击 0.05 mol/L 的 Na_2HPO_4 缓冲液流动相储液瓶进行流动相的更换；

② 点击分析纯甲醇流动相储液瓶进行流动相的更换。

(2) 打开仪器及工作站

① 点击打开检测器开关；

② 点击打开高压输液泵 A 开关；

③ 点击打开高压输液泵 B 开关；

④ 打开柱温箱开关；

⑤ 点击电脑显示器；

⑥ 双击打开工作站“LCsolution”。

(3) 仪器的设置

① 将高压泵 A 上的排气阀向左逆时针旋转 90°；

② 将高压泵 B 上的排气阀向左逆时针旋转 90°；

③ 点击 A 泵的 Purge 键；

④ 点击 B 泵的 Purge 键，等待 2～3 min（图 4-18）；

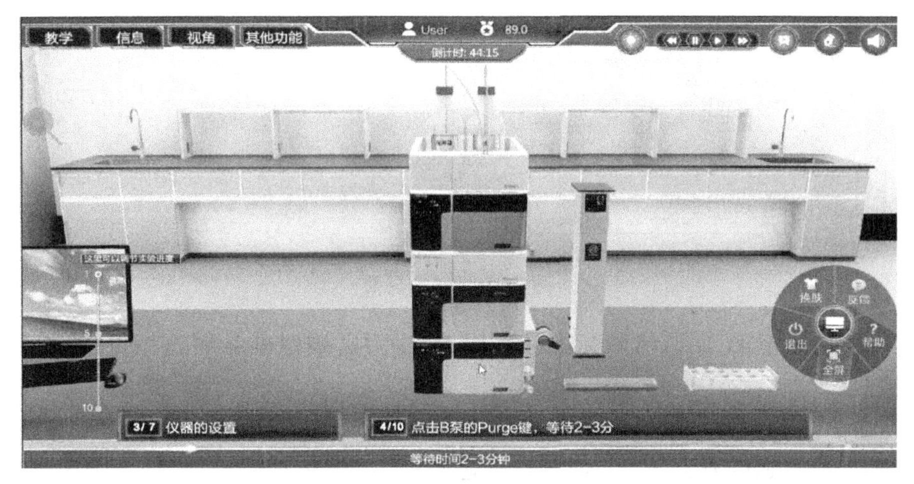

图 4-18　仪器的设置界面

⑤ 点击 A 泵的 Purge 键；

⑥ 点击 B 泵的 Purge 键，等待 2～3 min；

⑦ 将高压泵 A 上的排气阀顺时针旋转回原位；

⑧ 将高压泵 B 上的排气阀顺时针旋转回原位；

⑨ 点击高压输液泵 A 上的 pump 键；

⑩ 点击高压输液泵 A 上的 pump 键。

(4) 工作站的设置，见图 4-19。

① 在工作站中设置泵 B 浓度为 100%甲醇；

② 点击“下载”按钮，弹出对话框；

③ 点击确定，冲洗 30 min；

④ 修改泵 B 的浓度为 10%甲醇；

⑤ 设置总流速；

⑥ 点击“下载”按钮，弹出对话框；

⑦ 点击确定，冲洗 30 min，直到基线平稳；

⑧ 点击“高级”按钮；

⑨ 结束时间设置为 10 min；

⑩ 单击“检测器 A”；

⑪ 灯选择“D2”；

⑫ 点击“下载”，弹出对话框；

⑬ 点击确定，等待 1～2 min。

(5) D,L-丙氨酸标准品进样

① 点击注射器盒，打开盒盖；

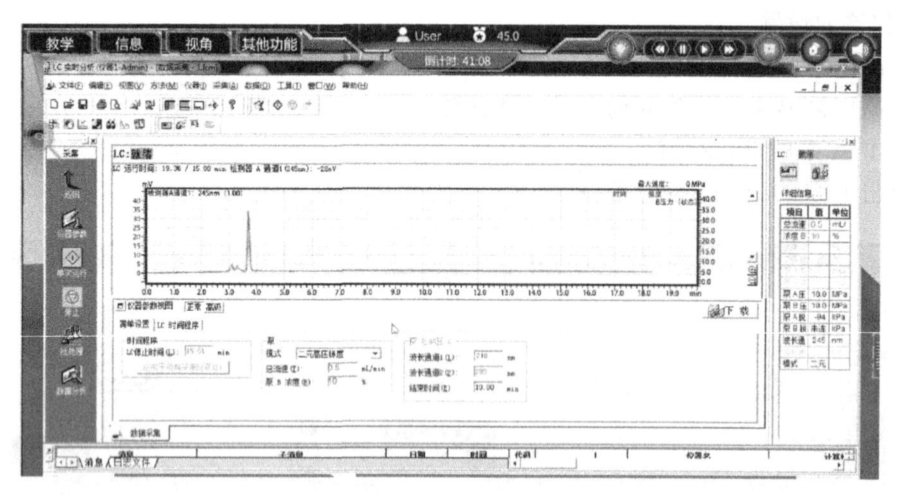

图 4-19 记录页面

② 拖拽注射器至 D,L-丙氨酸标准品，用 D,L-丙氨酸标准品润洗微量注射器 2～3 次，排放到废液缸；

③ 取 20 μL 以上 D,L-丙氨酸标准品；

④ 排气，排气之后要大于 20 μL，方可进样；

⑤ 点击进样口保护盖，打开进样口；

⑥ 将微量注射器插入进样孔；

⑦ 逆时针旋转进样阀到 Load 位置；

⑧ 点击“单次运行”；

⑨ 修改“数据文件”中的保存路径，点击确定；

⑩ 迅速将标准溶液推进进样孔；

⑪ 将进样阀旋转回原位；

⑫ 点击开始按钮；

⑬ 出图结束后，取出微量注射器。

（6）D,L-丙氨酸样品溶液进样

① 点击注射器盒，打开盒盖；

② 拖拽注射器至 D,L-丙氨酸样品溶液，用 D,L-丙氨酸样品溶液润洗微量注射器 2～3 次，排放到废液缸中；

③ 取 20 μL 以上混合液；

④ 排气，排气之后要大于 20 μL，方可进样；

⑤ 点击进样口保护盖，打开进样口；

⑥ 将微量注射器插入进样孔；

⑦ 逆时针旋转进样阀到 Load 位置；

⑧ 点击“单次运行”；

⑨ 修改“数据文件”中的保存路径，点击确定；

⑩ 迅速将样品溶液推进进样孔；

⑪ 将进样阀旋转回原位；

⑫ 点击开始按钮；

⑬ 出图结束后，取出微量注射器。

(7) 冲洗柱子，完成实验

① 点击“高级”；

② 点击检测器；

③ 在灯设置中选择关；

④ 点击“下载”，弹出对话框；

⑤ 点击确定；

⑥ 点击正常；

⑦ 修改泵 B 浓度为 10%甲醇；

⑧ 点击“下载”按钮，弹出对话框；

⑨ 点击确定，等待 30 min；

⑩ 修改泵 B 浓度为 50%甲醇；

⑪ 点击“下载”，弹出对话框；

⑫ 点击确定，等待 30 min；

⑬ 修改泵 B 浓度为 100%甲醇；

⑭ 点击“下载”，弹出对话框；

⑮ 点击确定，等待 30 min；

⑯ 关闭工作站；

⑰ 关闭色谱柱；

⑱ 关最下方输液泵；

⑲ 关闭中间输液泵；

⑳ 关闭检测器。

【实验结果与结论】

(1) 大肠杆菌基因工程菌的培养

实验根据通气量、发酵温度、培养时间不同给出不同结果，发酵结束后的 OD 值不同。

(2) D,L-丙氨酸的催化消旋

根据消旋温度、时间不同给出不同旋光度，正常发酵结束后应该为零。

(3) D,L-丙氨酸前处理膜过滤

根据处理液温度不同、流量不同给出不同色度处理液。

(4) D,L-丙氨酸真空浓缩

根据真空度、加热温度不同给出不同蒸发量。

(5) D,L-丙氨酸浓缩结晶

根据结晶温度不同给出不同的结晶度。

(6) D,L-丙氨酸沸腾干燥

根据加热温度、风、出口温度、干湿度不同给出不同物料的干燥程度。

实验三十　基因工程药物的制备及生产虚拟仿真

人民健康是国家富强和民族昌盛的重要标志，制药技术的不断创新和升级是保障人民健康的关键。随着生物技术的发展和应用，基因工程药物凭借治疗针对性强、疗效高、毒副作用小等优点，日益受到重视。基因工程药物生产需要在符合药品生产质量管理规范（GMP）的车间内进行，因环境及药品质量安全管理要求，学生无法直接操作生产设备进行完整的工艺过程学习，常规企业实训也仅能观摩技术人员的操作演示，学生无法真刀实枪地操作仪器设备，深入了解设备运行过程及其原理。为此，设计了基因工程药物的制备及生产虚拟仿真实验，以填补小试与生产、实验室与 GMP 车间之间的鸿沟，通过类比、递进式学习，让学生通晓整个基因工程药物制备的全过程，掌握全套实验原理和方法。

【实验目的】

本仿真实验涵盖重组天冬酰胺酶的质粒设计、工程菌构建、诱导表达、产物分离纯化及鉴定等小试实验过程，以及在 GMP 车间完成的重组天冬酰胺酶工程菌发酵、工业规模过滤、离心、膜分离等，涉及了基因工程技术的上游、下游完整工艺过程。通过学习，学生不仅能掌握各个单元操作的原理和步骤，更重要的是可以从整体上把握基因工程药物从设计到制备生产的完整过程，培养全局概念和创新意识。

【实验原理】

L-天冬酰胺酶活性形式为一同源四聚体，每一亚基由 330 个氨基酸组成，分子质量为 34564 Da，能专一地水解 L-天冬酰胺生成 L-天冬氨酸和氨。由于某些肿瘤细胞缺乏 L-天冬酰胺合成酶，细胞的存活需要外源 L-天冬酰胺的补充。如果外源天冬酰胺被降解，则由于蛋白质合成过程中缺乏氨基酸，会导致肿瘤细胞的死亡。因此，L-天冬酰胺酶是一种重要的抗肿瘤药物。大肠杆菌能产生 2 种天冬酰胺酶，即 L-天冬酰胺酶Ⅰ和 L-天冬酰胺酶Ⅱ，分别由其染色体上基因 *ansA* 和 *ansB* 编码，只有 L-天冬酰胺酶Ⅱ才有抗肿瘤活性。本仿真实验源自吴梧桐教授的科研成果，该科研成果在常州千红生化制药股份有限公司投产，促进了该抗肿瘤药物的国产化。

本实验构建了高效分泌表达 L-天冬酰胺酶Ⅱ的基因工程菌，重组 L-天冬酰胺酶Ⅱ（rL-ASPⅡ）在大肠杆菌细胞中合成后分泌到细胞周质中。采用发酵工程大规模培养后，利用蔗糖溶液渗透震扰提取法和酶解法联用提取周质中的 rL-ASPⅡ，再用硫酸铵分级沉淀、亲和色谱分离等步骤提取和纯化，得到较高纯度表达产物 rL-ASPⅡ。在此基础上，对 rL-ASPⅡ进行酶活力分析和 SDS-PAGE 电泳分析。

本项目将以基因工程药物代表品种——重组 L-天冬酰胺酶Ⅱ的制备为基础，全面地展现基因工程药物从设计、构建、表达、产物纯化、鉴定等实验室小试过程，到大规模菌株发酵、离心、柱色谱、膜分离、产品冻干等工业生产过程。学生通过本虚拟实验操作，可以构筑一个完整的基因工程药物制备过程的知识体系，而传统的实验手段由于时间、场地、设备等限制，学生无法完整地操作全部实验过程。

为此，本项目涵盖实验设计、小试工艺和放大生产三大层次，总体涉及七组实验模块，每组实验又包括若干实验单元。七组实验模块分别为重组天冬酰胺酶Ⅱ制备的总体实验规划、目的基因制备、基因工程菌的构建、重组天冬酰胺酶Ⅱ的诱导表达、重组天冬酰胺酶Ⅱ的分离和纯化、重组天冬酰胺酶Ⅱ的初步鉴定、重组天冬酰胺酶Ⅱ的工业规模制备等。项目共包括聚合酶链式反应实验、质粒提取实验、目的基因及质粒酶切、酶切产物纯化实验、感受态细胞制备实验等 20 多个单元实验过程（图 4-20）。

【实验步骤及方法】

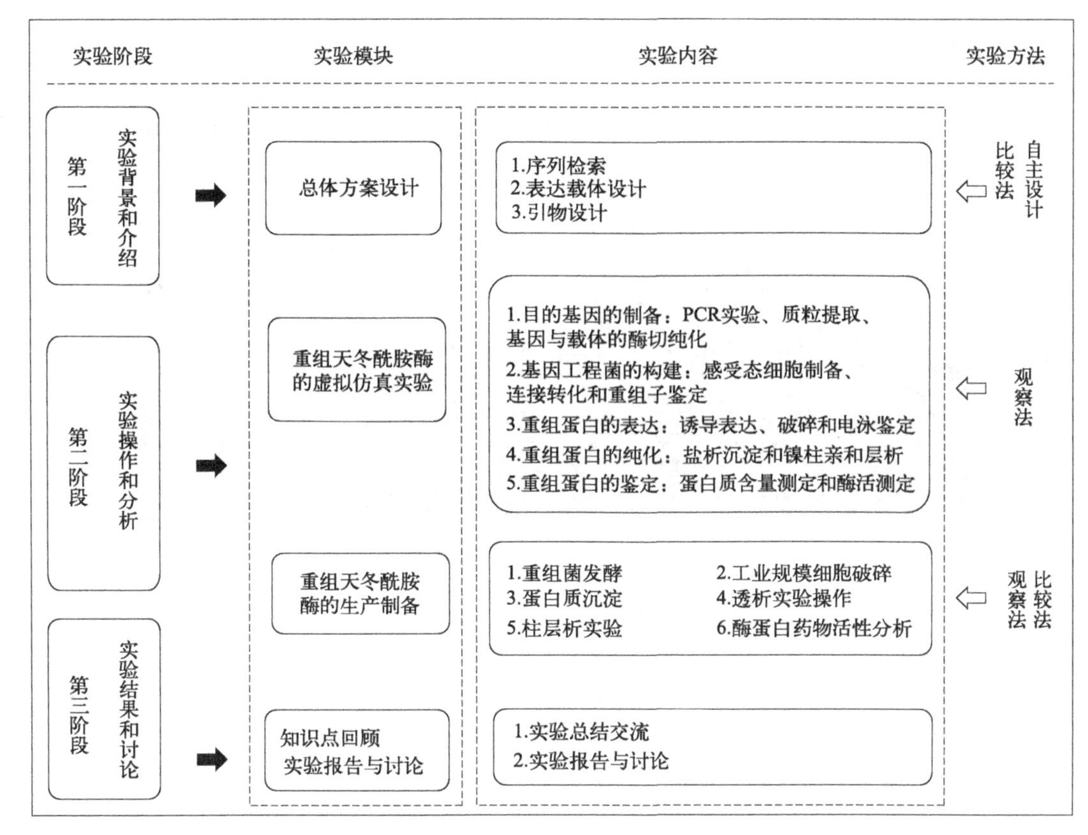

图 4-20　基因工程药物的制备及生产实验方法

（1）实验设计

实验设计使用自主设计法。例如在引物设计虚拟仿真实验模块，学生需要自行检索该酶的基因序列，并结合指定的 pET22b 质粒载体，设计核酸限制性内切酶位点和 PCR 引物。由于引物设计并非只有一个标准答案，为此，本仿真实验使用了分段式打分评价方法：第一步学生要检索得到正确的基因序列，这部分根据序列的一致性进行评分，完全正确的给 20 分；第二步为了将目的基因装入载体，需要根据 pET22b 上多克隆位点内的酶（10 分），但是这些酶的切点又不能在目的基因中存在（10 分），同时还要保证酶切位点的顺序符合基因表达方向要求（10 分），依此给出多元的评价分值，并引导学生学习设计方法；第三步则指定了所用的限制性内切酶，要求学生分别设计 5′端引物和 3′端引物，在此使用开放性打分方法，因为通常引物与模板有 10 个以上互补残基则可以延伸和扩增，同时两个引物的 T_m 值差距最好在 5 ℃以内，以保证扩增效率，为此学生设计的互补区与给定的参照引物有超过 10 个一致片段则给 15 分，两段引物合计 30 分；第四步在两段引物上添加正确的酶切位点序列（10 分），适当地保护碱基（4 分），并让学生用 PerPrimer 软件计算 T_m 值，根据两引物间的 T_m 评分（6 分）。通过此实验，提高学生自主设计的能力，并由此激发学生的创新驱动力。

克隆重组天冬酰胺酶基因的引物设计（图 4-21）：

[操作目的] 熟悉查找蛋白质核酸序列的方法；掌握引物设计原理，学会使用引物设计软件，了解引物评价指标，能自行设计引物。

[操作过程] 查找目的基因序列，选择酶切位点，进行引物设计。

[操作结果] 根据引物匹配度获得评分。

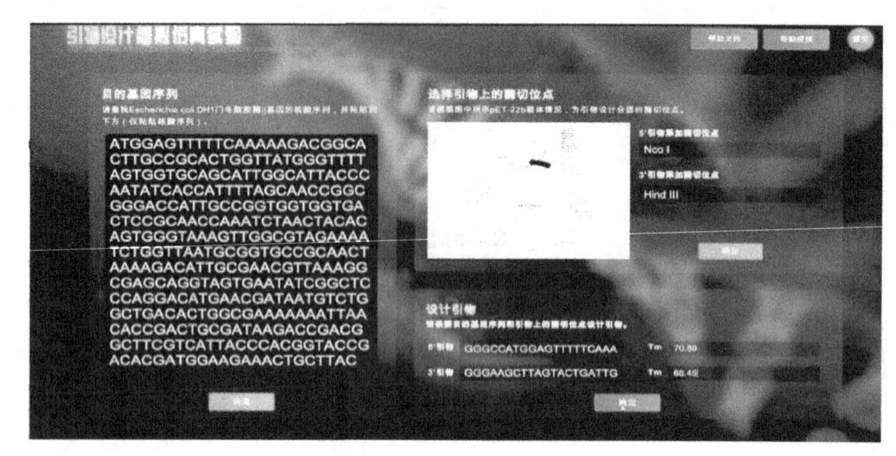

图 4-21 引物设计仿真界面

(2) 小试制备实验

① 对目的基因进行 PCR 扩增（图 4-22）

[操作目的] 掌握 PCR 技术的原理，熟悉 PCR 反应体系，了解每一种试剂所发挥的作用；熟悉 PCR 仪，了解 PCR 反应所需设定的参数种类及数值范围。

[操作过程] 配制 PCR 反应体系，再设定 PCR 反应参数。

[操作结果] 根据 PCR 扩增结果获得评分。

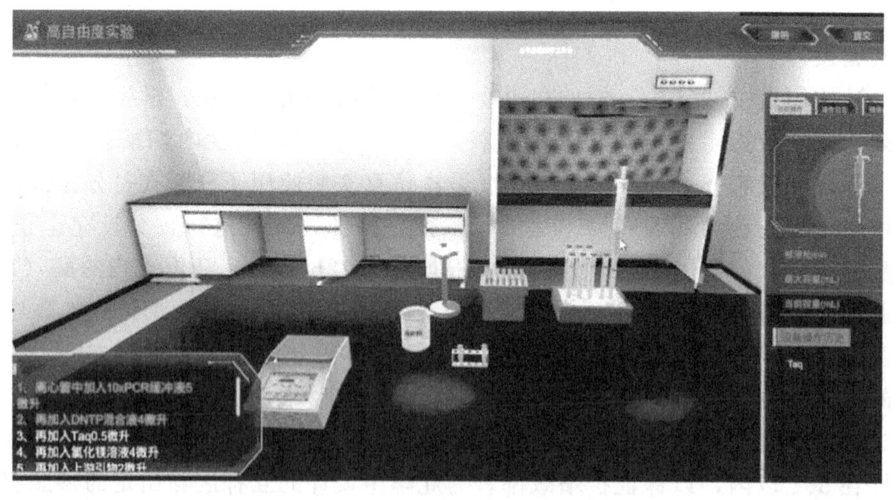

图 4-22 PCR 扩增实验界面

② 提取质粒（图 4-23）

[操作目的] 了解质粒的构造特点；掌握质粒提取的方法；熟悉本实验中质粒提取所用的每一种试剂发挥的作用；了解质粒提取过程中会出现的现象及背后的原因。

[操作过程] 离心获得菌体，分别加入不同溶液获取质粒组分，洗涤洗脱后获得质粒。

[操作结果] 根据提取质粒的结果获得评分。

③ 对 PCR 扩增产物和载体分别进行双酶切（图 4-24）

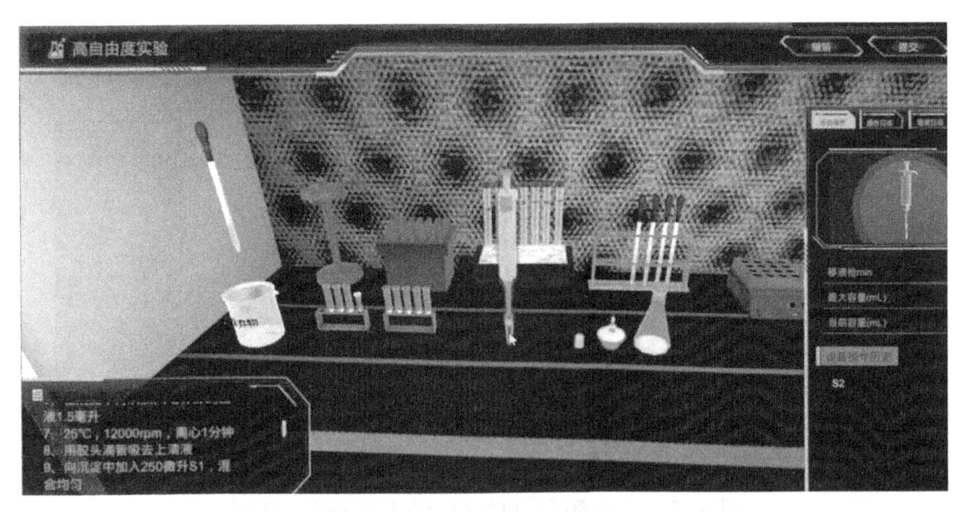

图 4-23 质粒提取实验界面

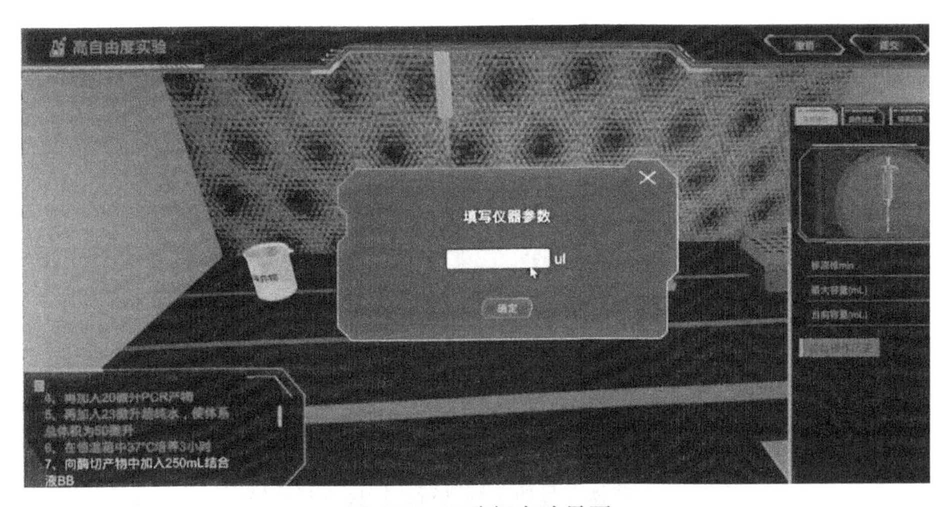

图 4-24 双酶切实验界面

[操作目的] 掌握限制性内切酶的概念和作用特点；熟悉质粒酶切的目的和常见的限制性内切酶；了解酶切的操作条件和酶切产物纯化的方法。

[操作过程] 进行酶切反应，并利用分离柱进行分离。

[操作结果] 根据酶切反应结果获得评分。

④ 琼脂糖凝胶电泳检测酶切产物（图 4-25）

[操作目的] 掌握琼脂糖凝胶电泳的原理；熟悉琼脂糖凝胶配制方法和不同胶浓度对结果的影响；了解电泳仪及电泳参数的设置方法和设置范围。

[操作过程] 琼脂糖凝胶制胶，样品上样以及设定电泳参数。

[操作结果] 根据琼脂糖凝胶电泳结果进行评分。

⑤ 载体和目的基因进行连接反应（图 4-26）

[操作目的] 掌握目的基因与载体连接的原理和方法；熟悉常用的表达载体及各载体的构造特点、表达特性；了解目的基因与载体连接的反应条件及参数变动范围。

[操作过程] 配制目的基因与载体连接反应体系，设定反应体系参数。

[操作结果] 根据目的基因与载体连接情况进行评分。

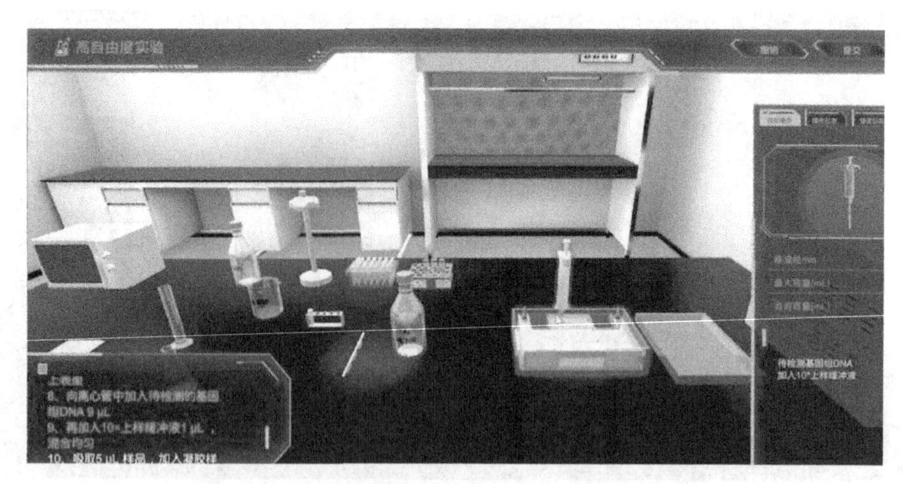

图 4-25 琼脂糖凝胶电泳检测酶切产物实验界面

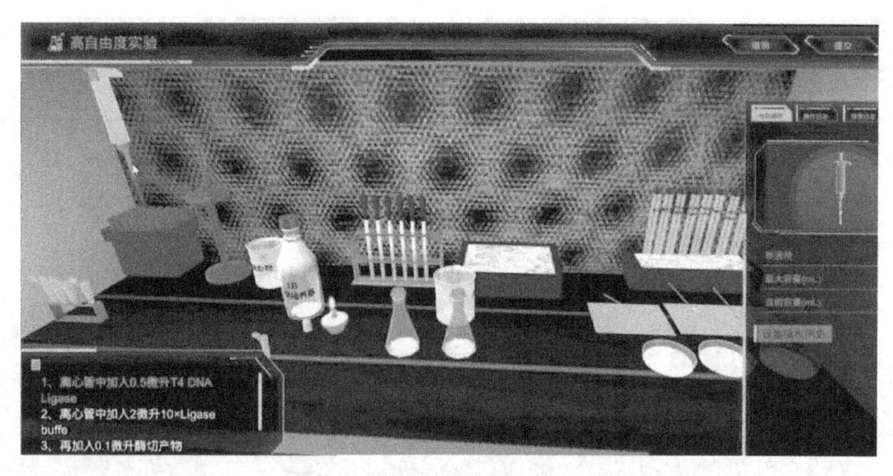

图 4-26 载体和目的基因进行连接反应实验界面

⑥ 氯化钙法制备感受态细胞（图 4-27）

[操作目的] 掌握感受态细胞制备的不同方法和原理；熟悉感受态细胞制备过程中用到的试剂及其发挥的作用；了解感受态细胞制备过程的注意事项。

[操作过程] 配制目的基因与载体连接反应体系，设定反应体系参数。

[操作结果] 根据感受态细胞的制备获得评分。

⑦ 连接产物的转化（图 4-28）

[操作目的] 掌握连接产物转化的方法和各方法的原理；熟悉转化体系中阴性对照和阳性对照设置的要求和意义；了解转化的具体操作过程。

[操作过程] 感受态细胞与连接产物混合转化制备，感受态细胞与去离子水混合作为阴性对照制备，感受态细胞与空载体混合作为阳性对照制备。

[操作结果] 根据连接产物转化获得评分。

⑧ 重组天冬酰胺酶Ⅱ的诱导表达（图 4-29）

[操作目的] 掌握诱导菌体表达时可供优化的参数及各参数设置范围；掌握基因工程药物不同的表达形式及相应的优缺点；熟悉诱导表达的操作条件和常用的诱导剂。

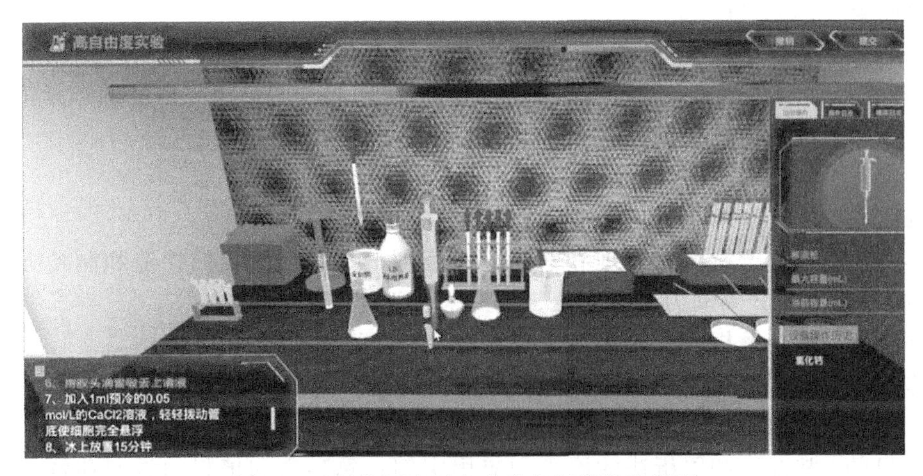

图 4-27　氯化钙法制备感受态细胞实验界面

图 4-28　连接产物转化实验界面

［操作过程］菌种细胞的放大培养，对菌液进行离心分离。

［操作结果］根据诱导表达获得评分。

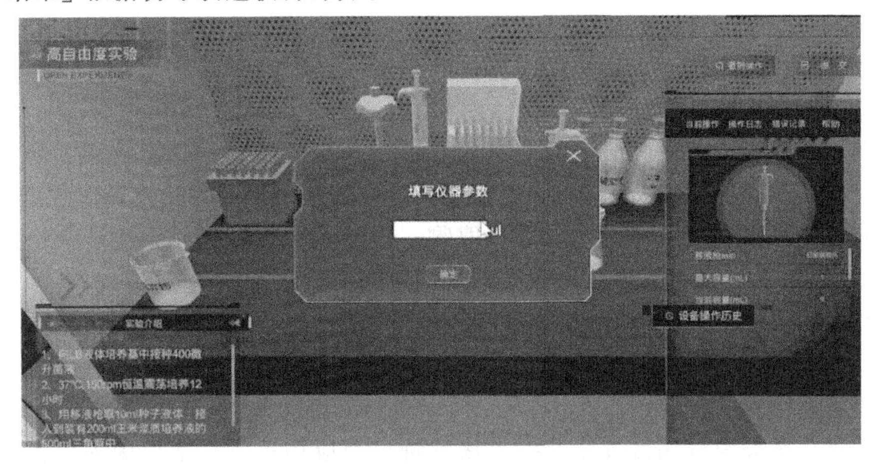

图 4-29　重组天冬酰胺酶Ⅱ的诱导表达实验界面

⑨ 菌体破碎及盐析沉淀

[操作目的] 掌握细胞破碎的方法和各方法原理；熟悉选择破碎方法的依据和不同方法的优缺点；熟悉渗透震扰法的操作条件；掌握盐析法的原理和盐离子浓度的选择依据。

[操作过程] 对菌体进行洗涤破碎，并沉淀蛋白。

[操作结果] 根据细胞破碎和沉淀蛋白过程进行评分。

⑩ 透析除盐

[操作目的] 掌握透析法的原理和具体应用范围；熟悉透析袋的构造和制备方法；熟悉透析法等膜分离法的分离动力；了解透析法的操作注意事项。

[操作过程] 检查透析袋，再对天冬酰胺酶粗品进行透析脱盐。

[操作结果] 根据透析脱盐的过程进行评分。

⑪ 亲和层析获取重组天冬酰胺酶Ⅱ

[操作目的] 掌握亲和层析法的原理和应用实例；熟悉亲和填料的类型和特点；掌握亲和洗脱的方法和应用范围；熟悉本实验中采用的亲和填料类型和捕获目的蛋白的作用机制。

[操作过程] 冲洗洗脱柱至基线平衡，再上样洗脱。

[操作结果] 根据亲和层析的过程进行评分。

⑫ SDS-PAGE 检测样品纯度

[操作目的] 掌握 SDS-PAGE 法的原理；熟悉电泳仪的操作方法和参数设置范围及对电泳结果的影响；熟悉电泳胶的制备方法及胶浓度的选择依据；了解电泳胶染色脱色方法；掌握结果分析方法。

[操作过程] 安装电泳仪并灌入分离胶、浓缩胶和电泳缓冲液，上样并设置电泳参数，对电泳胶板进行染色和漂洗。

[操作结果] 根据 SDS-PAGE 电泳的过程进行评分。

⑬ BCA 法测定样品蛋白质含量

[操作目的] 掌握蛋白质含量测定的不同方法及各自的原理；熟悉 BCA 法测定蛋白质浓度的操作过程及各工作试剂发挥的作用；了解蛋白质含量测定的意义；熟悉酶标仪的原理及使用方法。

[操作过程] 蛋白质标准溶液以及样品中加入 BCA 工作液进行配制，酶标板放入酶标仪中测定吸光值。

[操作结果] 根据蛋白质含量测定过程获得评分。

⑭ 重组天冬酰胺酶Ⅱ的酶活力测定（图 4-30）

[操作目的] 掌握天冬酰胺酶活力测定的方法及各自的原理；熟悉酶活力的定义及活力单位的概念和换算方法；了解酶活力测定过程中各试剂所发挥的作用及操作注意事项。

[操作过程] 分别利用悬浮菌液、酶提取物、硫酸铵分级沉淀物、离子交换洗脱液、去离子水跟天冬酰胺底物进行反应，通过比较来确定酶活力测定结果。

[操作结果] 根据酶活力测定过程进行评分。

(3) 工业化规模生产实验

① 菌种复苏培养

[操作目的] 掌握菌种保存方法及各方法的特点与应用范围；掌握菌种培养的操作流程及注意事项。

[操作过程] 冻存管中菌液接种到试管中并恒温培养，试管中的菌液接种到摇瓶培养。

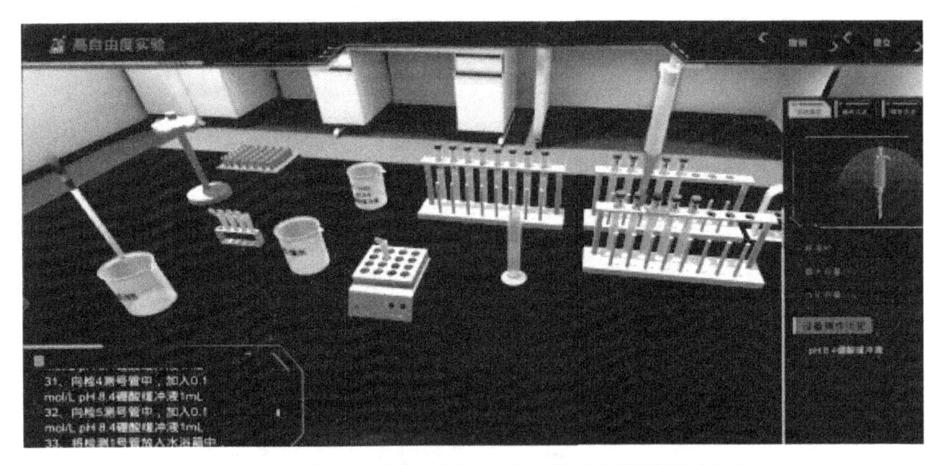

图 4-30　重组天冬酰胺酶Ⅱ的酶活力测定实验界面

[操作结果] 根据菌种培养过程进行评分。

② 种子液培养（图 4-31）

[操作目的] 掌握种子培养的意义和具体操作方法；熟悉摇床的构造、工作原理、摇床设置参数的种类及常用的参数使用范围。

[操作过程] 进行摇床培养操作，将锥形瓶中的菌种接种到抽滤瓶中。

[操作结果] 根据种子培养过程进行评分。

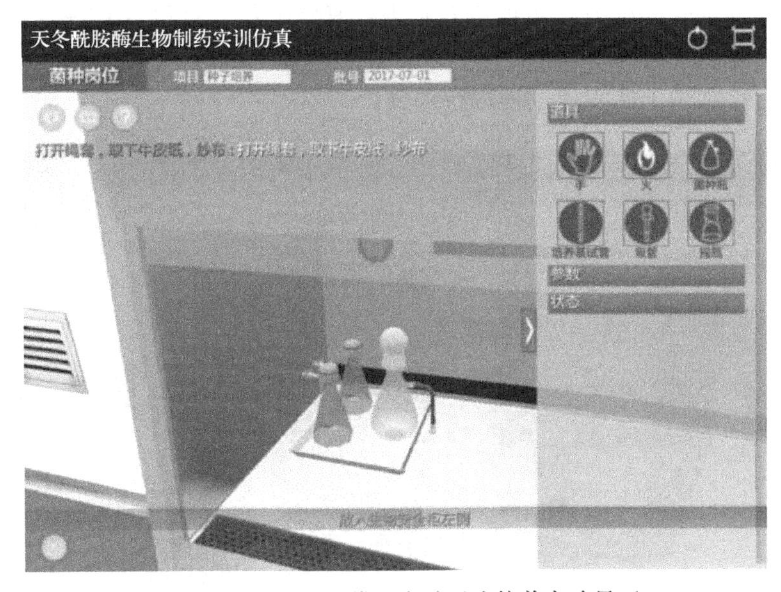

图 4-31　工业化规模生产种子液培养实验界面

③ 种子罐空消（图 4-32）

[操作目的] 掌握种子罐空消的概念和常用的方法；熟悉种子罐空消的操作参数种类及常用的参数范围；了解种子罐的规模及构造。

[操作过程] 向空气罐内通入蒸汽再排放冷凝水，调节空气管道内压力，向罐内通入蒸汽并调节罐内温度和压力，通入冷水调节罐体内的温度和压力。

[操作结果] 根据种子罐空消过程进行评分。

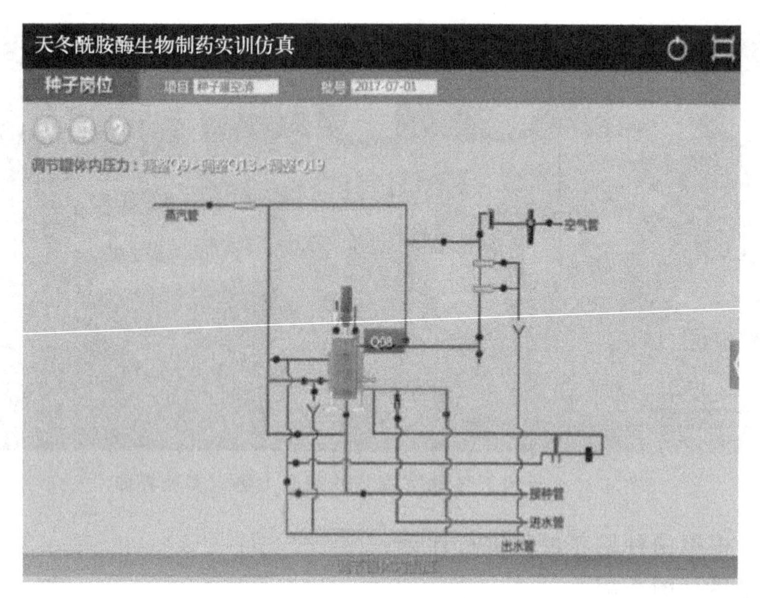

图 4-32　工业化规模生产种子罐空消实验界面

④ 种子罐实消（图 4-33）

［操作目的］掌握种子罐实消与空消的区别；掌握种子罐实消的操作方法及各参数变动区间；了解种子罐实消的意义。

［操作过程］卸去管内压力，并将培养基进行真空上料，对培养基进行预热，调节罐内温度压力并进行冷却。

［操作结果］根据种子罐实消过程进行评分。

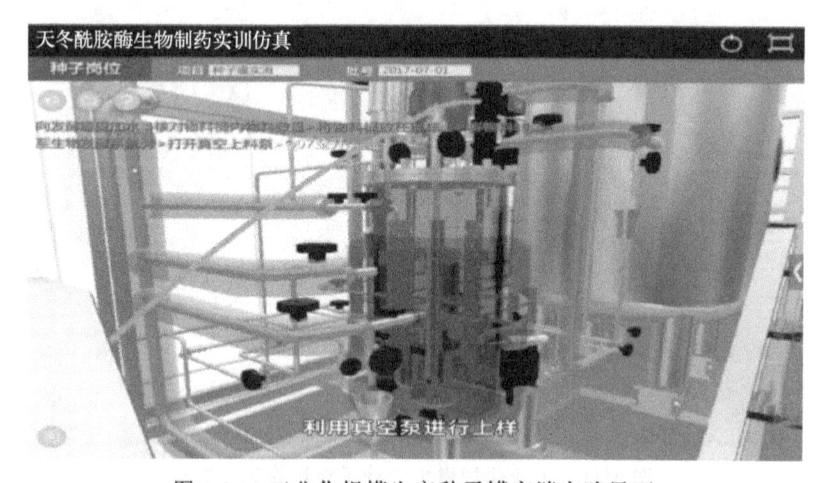

图 4-33　工业化规模生产种子罐实消实验界面

⑤ 种子罐接种

［操作目的］掌握种子罐接种的不同方法及注意事项；熟悉接种过程中需要关注的参数及各参数变动范围；了解保证无菌接种的标准操作规程。

［操作过程］调节种子罐进气量以及压力，进行种子罐接种，调节种子罐压力并消毒接种口。

［操作结果］根据种子罐接种过程进行评分。

⑥ 种子罐培养（图4-34）

［操作目的］掌握种子罐培养的技术；掌握在线监控参数的种类及正常变动范围；学习对种子罐进行取样的方法。

［操作过程］在自动控制模式下，在线监测参数，对种子罐进行取样。

［操作结果］根据种子罐培养过程进行评分。

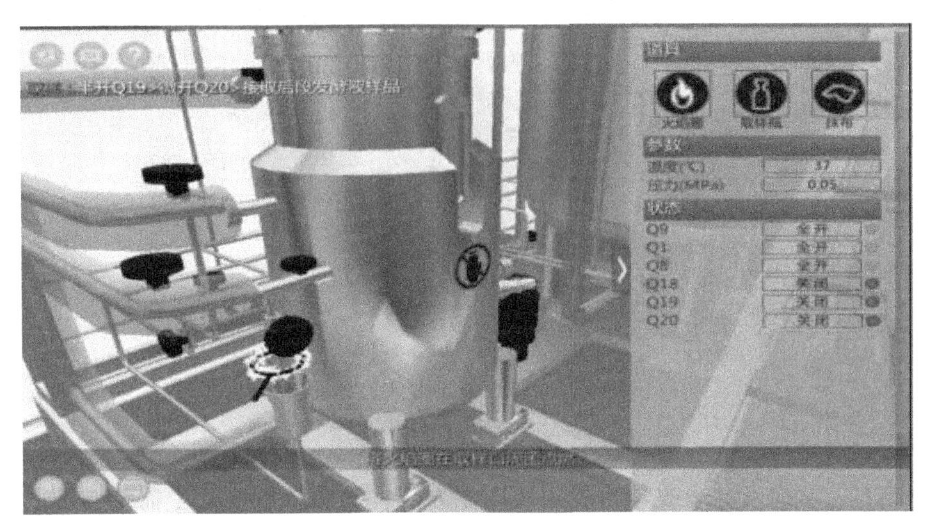

图4-34 种子罐培养实验界面

⑦ 发酵罐空消

［操作目的］掌握发酵罐空消的技术方法；掌握蒸汽灭菌的原理；熟悉发酵罐的规模和构造；熟悉蒸汽发生器，梳理蒸汽输入管道进罐路线；熟悉发酵罐空消的注意事项。

［操作过程］向发酵罐内通入蒸汽再排放冷凝水，调节空气管道内压力，向罐内通入蒸汽并调节罐内温度和压力，通入冷水调节罐体内温度和压力。

［操作结果］根据发酵罐空消过程进行评分。

⑧ 发酵罐实消

［操作目的］掌握发酵罐实消的技术方法；熟悉发酵罐各阀门工作原理及开放依据；熟悉发酵罐实消过程各参数设置的合理范围。

［操作过程］卸去管内压力，并将培养基利用移动罐进行上料，对培养基进行预热，调节罐内温度压力并进行冷却。

［操作结果］根据发酵罐实消过程进行评分。

⑨ 发酵罐移种

［操作目的］掌握发酵罐移种的装置及工作原理；掌握发酵罐移种操作的方法和注意事项。

［操作过程］对移种管路进行灭菌，并进行保压和降温，对发酵罐和种子罐的压力进行调节，完成移种并对移种管路进行灭菌。

［操作结果］根据发酵罐移种过程进行评分。

⑩ 发酵罐培养（图4-35）

［操作目的］掌握发酵罐培养技术；掌握发酵罐培养时需要监测的参数及合理变动范围；

熟悉优化发酵工艺可更改的参数及更改范围。

［操作过程］在自动控制模式下，在线监测参数，对发酵罐进行取样。

［操作结果］根据发酵罐培养过程进行评分。

图 4-35　发酵罐培养实验界面

⑪ 发酵罐出料

［操作目的］掌握发酵罐放料的装置及操作方法；熟悉放料过程中需要监测的参数及操作注意事项。

［操作过程］对发酵罐进行放料，调节罐内压力，完成放料，关闭空气流量。

［操作结果］根据发酵罐出料过程进行评分。

⑫ 离心

［操作目的］掌握离心技术的原理；掌握离心机的构造及分类；熟悉常见的离心机；了解不同类型离心机的工作流程及操作注意事项。

［操作过程］离心后关闭冷却水管路，关闭电源，拆卸设备，取出转鼓，拆开转鼓底轴，用铲子清理鼓内固相物。

［操作结果］根据离心过程进行评分。

⑬ 破壁提取（图 4-36）

［操作目的］掌握生物材料预处理的方法及原理；掌握常见的破壁技术；掌握破壁提取机的构造及工作原理；熟悉破壁机的使用方法及操作注意事项。

［操作过程］投入物料到破壁提取机，并加入破壁提取液，破壁提取结束后拆解破壁提取机收集称量物料。

［操作结果］根据破壁提取过程进行评分。

⑭ 一次盐析（图 4-37）

［操作目的］掌握盐析法的原理及应用范围；熟悉盐溶及盐析的概念；掌握盐析时盐浓度的选择依据；熟悉盐析操作方法及虹吸管操作方法；了解常用于盐析的盐种类。

［操作过程］投入硫酸铵到盐析罐并搅拌，调节 pH 值以及虹吸管高度，取出沉淀并进行称量。

［操作结果］根据一次盐析过程进行评分。

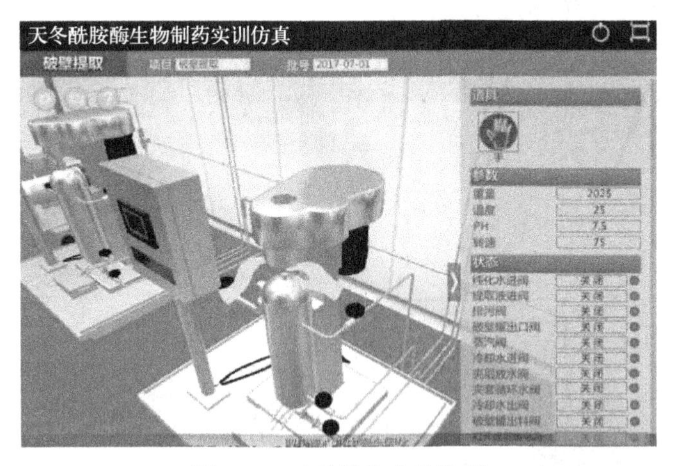

图 4-36　破壁提取实验界面

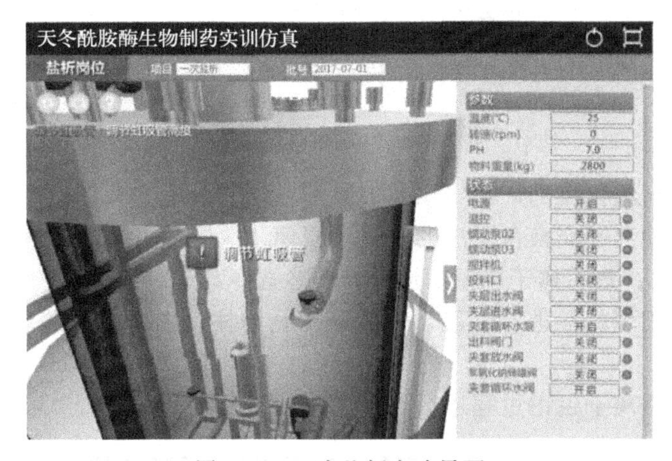

图 4-37　一次盐析实验界面

⑮ 二次盐析

[操作目的] 掌握分级盐析的原理及操作方法。

[操作过程] 对一次盐析的上清液投入硫酸铵并搅拌，调节 pH 值以及虹吸管高度，将盐析沉淀溶解后出料。

[操作结果] 根据二次盐析过程进行评分。

⑯ 板框过滤

[操作目的] 掌握固液分离的不同方法及各自原理；掌握板框过滤法的概念及应用范围；熟悉板框过滤的装置及操作技术；学习滤饼回收的方法。

[操作过程] 对滤液进板框过滤，过滤后将滤饼卸下并清理缝隙遗留物，将滤饼回收。

[操作结果] 根据板框过滤过程进行评分。

⑰ 超滤浓缩（图 4-38）

[操作目的] 掌握浓缩的不同方法及各自原理；掌握膜分离的不同方法及各自原理；掌握超滤法的概念、原理及使用范围；熟悉超滤膜的构造及制备方法；了解超滤所需设定的参数及参数范围。

[操作过程] 加入物料并设置压力报警值参数，进行超滤运行操作，开始反冲洗。

［操作结果］根据超滤浓缩过程进行评分。

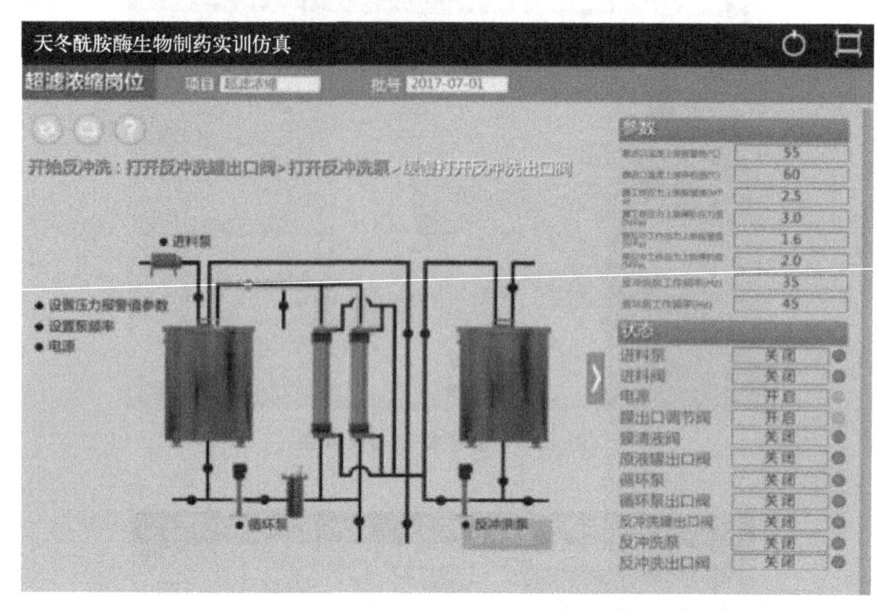

图 4-38 超滤浓缩实验界面

⑱ 利用离子色谱纯化目的产物（图 4-39）

［操作目的］掌握离子交换色谱法的概念及原理；掌握常用的离子色谱填料类型及特点；掌握常用的洗脱方法；熟悉离子色谱的流程；熟悉选择离子色谱填料的依据。

［操作过程］压缩填料并进行洗脱，安装平衡色谱柱，上样后洗脱收集并进行高浓度冲洗，拆卸色谱柱。

［操作结果］根据离子色谱过程进行评分。

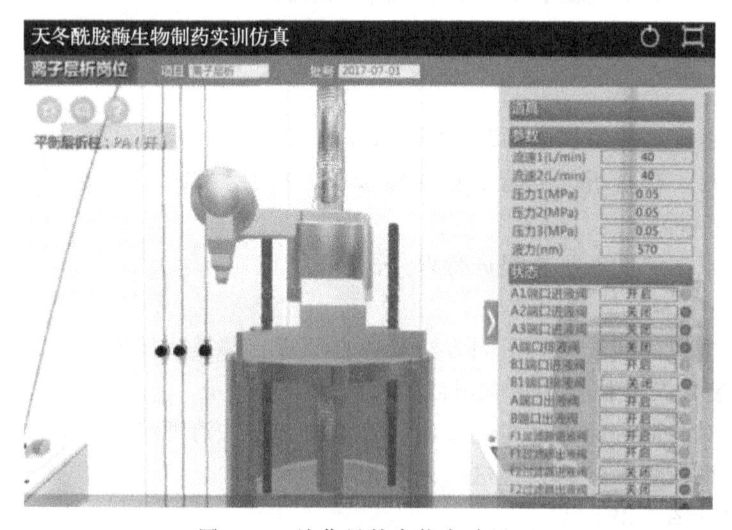

图 4-39 纯化目的产物实验界面

⑲ 浓缩

［操作目的］掌握超滤浓缩的操作流程并熟悉超滤法的应用范畴。

［操作过程］加入物料并设置压力报警值参数，进行超滤运行操作，开始反冲洗操作。

[操作结果] 根据浓缩过程进行评分。

【实验结果与结论】

小试制备实验包含重组基因的构建和检测、重组天冬酰胺酶Ⅱ工程菌的构建、重组天冬酰胺酶的诱导表达及分离纯化和重组天冬酰胺酶的检测及活性测定。工业化规模生产包含菌种培养、种子罐培养、发酵罐培养和提取纯化，各个部分的实验步骤和参数设定必须符合实验要求，否则就难以得到最终产品。

(1) 小试制备

各个部分的实验结果如下所示。

① 重组基因的构建和检测

本部分经过对目的基因进行 PCR 扩增，提取质粒，对产物进行酶切和琼脂糖电泳后，可获得重组目的基因以及质粒。

② 重组天冬酰胺酶Ⅱ工程菌的构建

此模块将载体和目的基因连接，并将连接产物与感受态细胞转化获取工程菌。

③ 重组天冬酰胺酶Ⅱ的诱导表达及分离和纯化

利用工程菌来诱导表达重组天冬酰胺酶并对细胞进行破碎，然后再对细胞和酶进行分离和纯化。

④ 重组天冬酰胺酶的检测及活性测定

将分离得到的重组天冬酰胺酶进行纯度检测以及活性测定，检测符合要求，即可得到合格的重组天冬酰胺酶。

(2) 工业化规模生产

各个部分的实验结果如下所示。

① 菌种培养

对菌种进行复苏，培养，再扩大后摇瓶培养，最终倒入菌种瓶中。

② 种子罐培养

将种子在种子罐中进行培养，培养后取样检测是否符合要求，符合要求即可移种到发酵罐。

③ 发酵罐培养

发酵罐进行空消，加入培养基，再移种后进行实消，培养过程中进行取样，检测是否符合要求，培养合格后进行出料。

④ 提取纯化

将排出的发酵液进行离心、破壁提取、板框过滤、盐析、超滤浓缩、离子色谱和浓缩，最终得到天冬酰胺酶产物。

实验三十一 重组人胰岛素原料药及注射剂生产虚拟仿真

重组人胰岛素原料药及注射剂生产仿真教学项目将模拟从人员更衣、发酵处理到分离纯化的工序，涉及人员更衣消毒、发酵、收集、裂解盐析、层析分离、酶切、纯化、浓配稀配、灌装、出箱、灯检、包装等工序，实现生产线的仿真实训的辅助教学功能。重组人胰岛素原料药生产仿真教学项目系统具备后台数据运算能力，以真实药厂工艺参数作为参照，仿真操作过程与真实药厂操作过程极其相似。本实验系统具有实验可重复性和重点操作可反复练习等特点，避免学生在传统教学中因实验繁琐而反复失败造成的低水平重复，可以确保学生充分掌握实验相关方法和技术，提升实验教学效果。

【实验目的】

通过3D虚拟仿真实验，使学生掌握重组人胰岛素原料药和注射剂生产的基本原理和基本操作；理解发酵罐的通用操作方法、制剂生产过程中的规范、蛋白质纯化的一般原则；了解固液分离、层析分离、制备液相、包涵体复性、冷冻干燥、灌装、轧盖、洗瓶等单元的原理和操作关键步骤。经过整套软件的训练，在学习规模化生产的基础上，加深学生对制药企业生产特殊性的认识，加强对药品生产工艺、车间设计整体性概念的理解；提高职业和岗位适应能力，提升专业综合素养。

【实验原理】

（1）发酵原理

微生物发酵是指利用微生物在适宜的条件下将原料经过特定的代谢途径，转化为人类所需要的产物的过程。从工程学的角度把实现发酵工艺的发酵工业过程分为菌种、发酵和提炼三个阶段。发酵根据操作方法分为简单批次发酵和连续发酵，本实验采用的是简单批次发酵，通过菌种活化与菌落筛选后，经过试管、摇瓶、一级种子罐、二级种子罐、发酵罐发酵，发酵罐发酵到大肠杆菌生长的平台期，加入诱导剂后，诱导大肠杆菌表达重组人胰岛素原。

（2）分离纯化原理

本实验的分离纯化主要采用柱层析技术，其原理是：待分离的混合物吸附于固体介质上，经过流动相的洗脱，不同物质在固定相和流动相中的分配系数不同，物质在两相之间处于动平衡状态，这样待分离的物质跟随流动相移动时，会出现速率差异，从而达到物质分离的效果。

（3）包涵体复性原理

包涵体是大肠杆菌高量表达外源基因时，大量的表达产物和DNA碎片、RNA、核糖体等结合在一起形成的一种颗粒。由于它是不正确折叠的蛋白质，所以要进行复性，复性的基本原理是先用盐酸胍、去污剂等处理，使蛋白质变成完全随机的结构，再移去变性剂，让蛋白质重新折叠成有活性的蛋白质。

（4）冷冻干燥原理

蛋白类药物易变性，所以不宜采用加热等方法干燥，一般多采用冷冻干燥法。其原理是在高真空状态下，利用升华原理，使预先冻结物料中的水不经过冰融化，而直接以固态升华为蒸汽被除去，从而达到干燥的目的。

（5）胰岛素原转化为胰岛素原理

从胰岛素结构上看，是由A、B两链通过二硫键结合形成的，人体内表达出的是胰岛素原，需要加工剪切掉C肽段残基，才能成为成熟的胰岛素。生产实践表明，用大肠杆菌表达出胰岛素原，再通过剪切，生产的胰岛素活性最高，所以在生产中，也需要用酶把胰岛素原的C肽段残基剪切掉。

【实验步骤及方法】

（1）人员更衣消毒

① 进入生产区，在换鞋间更换一般控制区用鞋。

② 进入一更间更换工作服，清洁手部并烘干后，通过人流通道进入二更区。

③ 进入洁净区，填写洁净区人员进出登记表后更换洁净区用鞋。

④ 进入缓冲间，按 7 步洗手法清洁手部并烘干。

⑤ 进入二更间，更换洁净级别要求的洁净服，并对手部进行消毒，消毒结束进入人流通道。

⑥ 退出洁净区，通过缓冲间进入二更间脱下洁净服，并将洁净服通过传递窗归还。

⑦ 退出二更间，在缓冲间清洁并烘干手部后，进入换鞋间换下洁净区用鞋，并登记出洁净区的时间。

⑧ 在一更间换下工作服，清洁烘干手部后，到换鞋间换下工作用鞋。更衣流程结束，可以离开生产区。人员更衣消毒实验界面如图 4-40 所示。

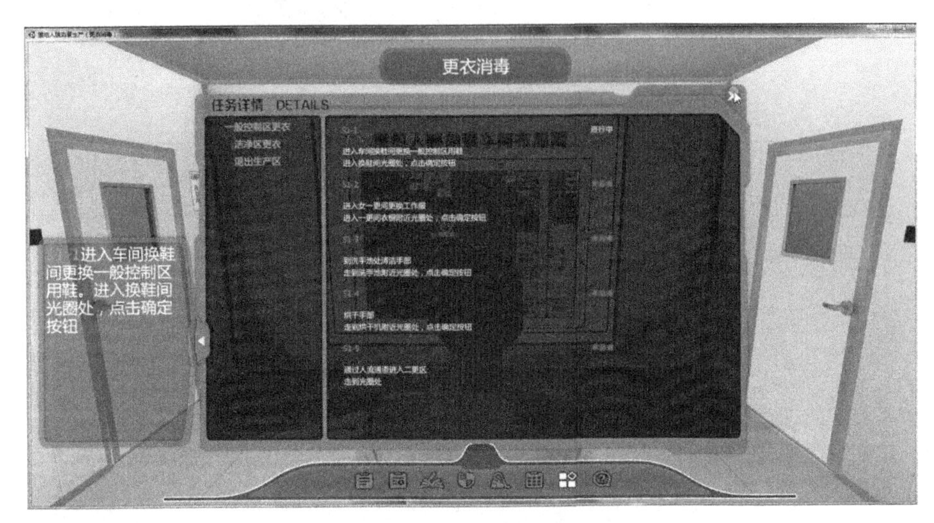

图 4-40　人员更衣消毒实验界面

（2）发酵

① 种子罐实消操作（图 4-41）

a. 通过 3D 界面打开种子罐控制柜电源开关。

b. 通过 3D 场景检查 pH 电极并标定。

c. 通过 3D 场景检查溶氧电极。

d. 观察种子罐的指标，指标正常情况下，通过 DCS 界面设定培养基添加量后启动泵 P104 添加浓培养基，质量不应大于 6 kg。

e. 浓培养基添加完毕后，停止泵 P104（图 4-42）。

f. 设定纯化水添加量，然后打开纯化水进水阀门 V11V101（图 4-43），向种子罐加水，质量不应大于 14kg（操作同培养基添加）。

g. 纯化水添加完毕，关闭进水阀 V11V101（纯化水添加完毕后，阀 V11V101 会自动关闭）。

h. 启动种子罐搅拌；打开排气口冷却水阀门 V10V101；打开夹套排污阀门 V08V101；打开蒸汽总阀 V02V101，准备升温灭菌。

i. 打开夹套进气阀 V07V101，逐渐调节阀门开度，通过夹套对罐体进行升温至 TIC101 为 120 ℃，然后调节 V07V101 至 10%以下。

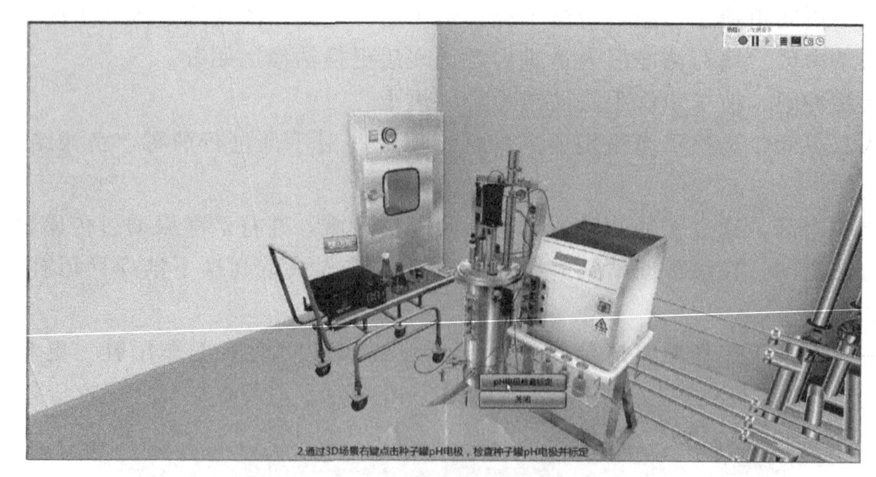

图 4-41 种子罐实消操作实验界面

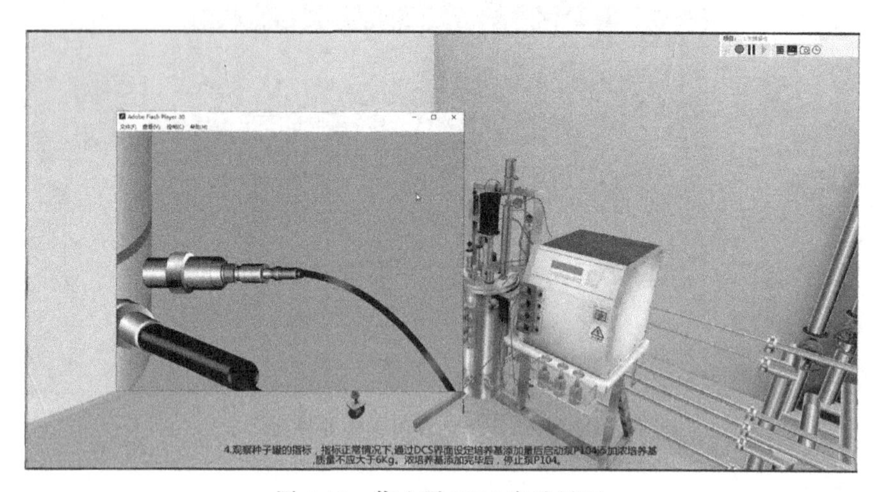

图 4-42 停止泵 P104 实验界面

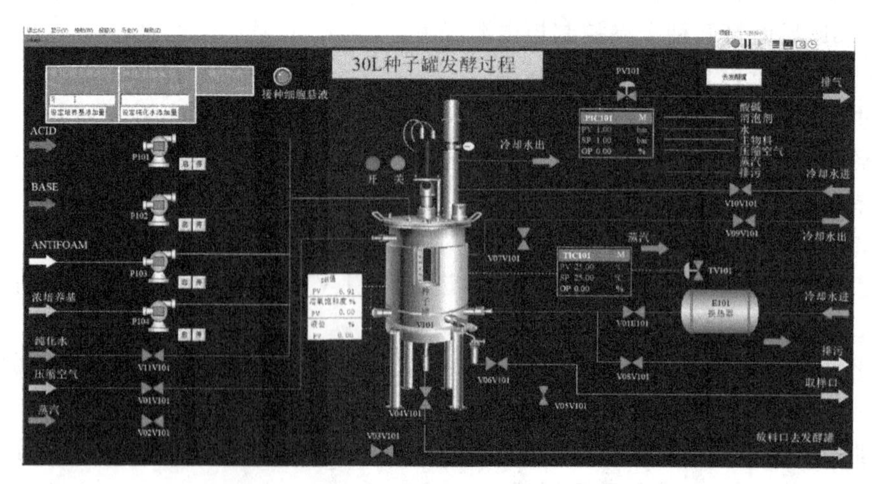

图 4-43 打开纯化水进水阀门 V11V101 实验界面

j. 升温的同时，调节排气阀 PV101 开度，将罐体压力稳定在 2.2 bar(1bar$=10^5$ Pa)，保温时间 30 min，期间注意调节 V07V101 开度。

② 种子罐降温操作

a. 实消结束后，关闭阀 V07V101，停止加热。

b. 关闭阀门 V08V101，准备向夹套通入冷却水进行降温。

c. 打开夹套冷却水阀门 V01E101、V09V101，对实消后的培养基进行降温。

d. 打开压缩空气进气阀 V01V101，向罐体通气，加速冷却的同时保持罐体内压力。

e. 调节 PV101 开度，保持罐压为 1.5 bar，直到罐温降到接种温度 37 ℃以下。

③ 种子罐接种、培养、取样

a. 待罐体温度降至接种温度 37 ℃以下时，点击接种细胞悬液按钮。

b. 在 3D 界面中启动种子罐旁蠕动泵开关，开始添加细胞悬液。

c. 关闭蠕动泵开关；细胞添加完毕，关闭添加细胞悬液按钮。

d. 打开 TV101，调节罐体温度至发酵温度 37 ℃。

e. 发酵培养 18 h，调节 PV101 维持压力在 1.5 bar。

f. 打开阀 V05V101，对取样口灭菌约 20 min（图 4-44）。

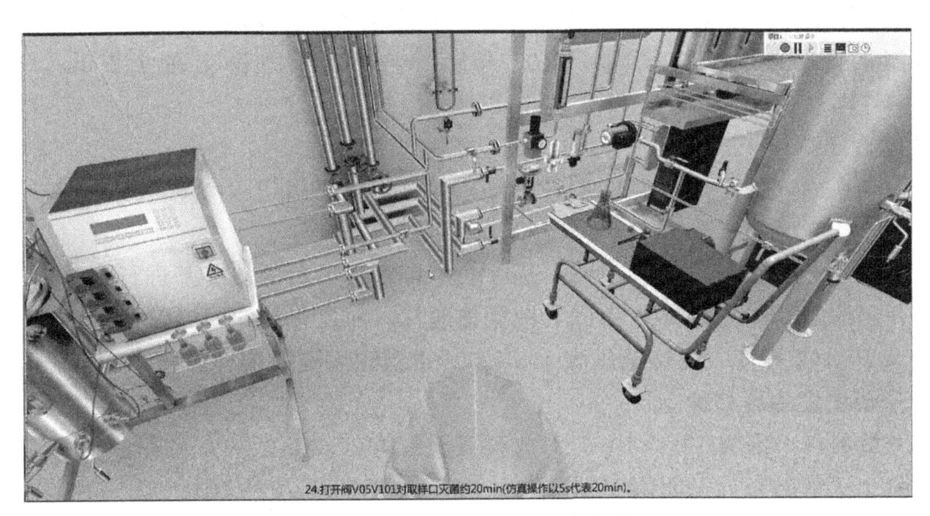

图 4-44 打开阀 V05V101 灭菌实验界面

g. 取样口灭菌结束，关闭取样口灭菌阀 V05V101。

h. 打开取样口 V06V101，对发酵液进行取样检测（图 4-45）。

i. 取样完毕，关闭取样口 V06V101。

④ 发酵罐实消操作

a. 通过 3D 场景检查 pH 电极并标定。

b. 通过 3D 场景检查溶氧电极。

c. 观察发酵罐的指标，指标正常情况下设定浓培养基添加量不大于 6 kg，启动泵 P105 添加；浓培养基添加完毕后，停止泵 P105；设定纯化水添加量不大于 182 kg，打开纯化水进水阀门 V11V102，向发酵罐加水；关闭纯化水进水阀门 V11V102，停止加水。

d. 启动发酵罐搅拌。

e. 打开蒸汽总阀 V02V102，准备升温灭菌；打开夹套排污阀门 V08V102。

f. 打开排气口冷却水阀门 V10V102；打开夹套进气阀 V07V102，逐渐调节阀门开度，

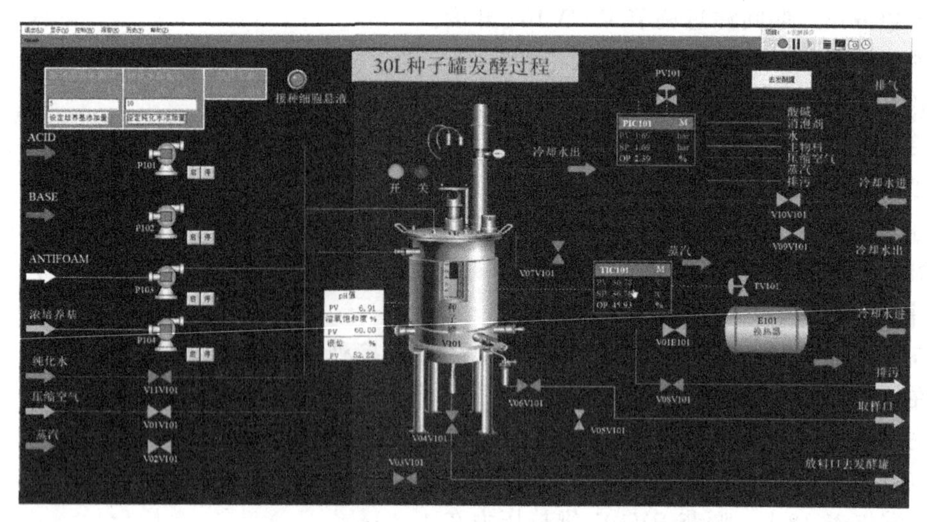

图 4-45 打开取样口 V06V101 取样检测实验界面

通过夹套对罐体进行升温至 TIC102 为 120 ℃，然后调节 V07V102 至 10%以下。

g. 升温的同时，调节排气阀 PV102 开度，将罐体压力稳定在 2.2 bar，保温时间 30 min。

⑤ 发酵罐降温

a. 实消结束后，关闭阀门 V07V102，停止加热；关闭阀门 V08V102，准备向夹套通入冷却水进行降温。

b. 打开夹套冷却水阀门 V01E102、V09V102，对实消后的培养基进行降温。

c. 打开压缩空气进气阀 V01V102，向罐体通气，加速冷却的同时保持罐体内压力。

d. 调节 PV102 开度，保持罐压为 1.5 bar，直到罐温降到接种温度 37 ℃以下。

⑥ 种子罐向发酵罐移种

a. 打开放料口灭菌阀 V03V101，对放料口灭菌约 20 min。

b. 放料口灭菌结束，关闭阀 V03V101；关闭蒸汽总阀 V02V101。

c. 将种子罐温度降到 30 ℃以下后，关闭冷却水阀门 V01E101（图 4-46）。

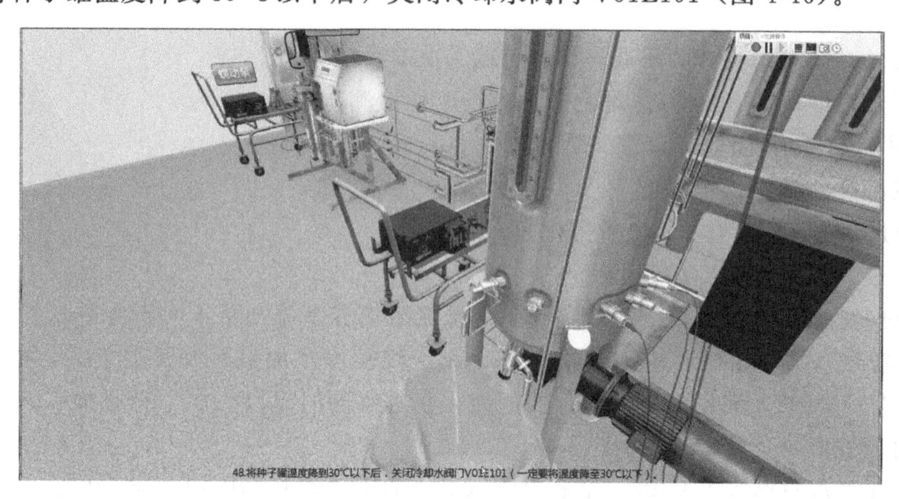

图 4-46 关闭冷却水阀门 V01E101 实验界面

d. 调节阀门 V01V101、PV101，使种子罐压力升到 2.5 bar，种子罐与发酵罐形成压力差，准备移种。

e. 关闭种子罐压缩空气阀门 V01V101。

f. 观察发酵罐罐体温度（37 ℃以下），打开种子罐放料阀 V04V101，移种到发酵罐；移种结束，罐体泄压后，关闭调节阀 PV101，关闭种子罐放料阀 V04V101；关闭种子罐搅拌。

⑦ 发酵罐培养、取样

a. 打开 TV102，调节罐体温度至发酵温度 37 ℃。发酵培养 18 h，培养中压力始终维持在 1.5 bar。

b. 打开阀 V05V102 对取样口灭菌约 20 min；关闭取样口灭菌阀 V05V102。

c. 打开取样口 V06V102，对发酵液进行取样检测；取样完毕，关闭取样口 V06V102。

⑧ 发酵罐放料

a. 打开放料口灭菌阀 V03V102，对放料口灭菌约 20 min；放料口灭菌结束，关闭阀 V03V102。

b. 灭菌结束，关闭蒸汽总阀 V02V102；将发酵罐温度降到 30 ℃以下后，关闭冷却水阀门 V01E102；调节阀门 V01V102、PV102，使发酵罐压力升到 2.5 bar，准备放料。

c. 打开放料阀 V04V102，放料；放料结束，关闭发酵罐放料阀 V04V102。

d. 关闭发酵罐压缩空气阀门 V01V102，罐体泄压后，关闭调节阀 PV102。

⑨ 预习知识

a. 向质量员学习酒精棉灭菌补料方法。

b. 3D 场景中点击控制柜酸碱蠕动泵控制开关，学习补料方法；关闭 3D 场景中控制柜酸碱蠕动泵控制开关。

c. 向质量员学习酒精棉灭菌接种方法、种子罐火圈法补料、种子罐火圈法接种操作、蠕动泵测速标定。

（3）收集

① 点击蠕动泵，搭建蠕动泵输送物料管线（图 4-47）。

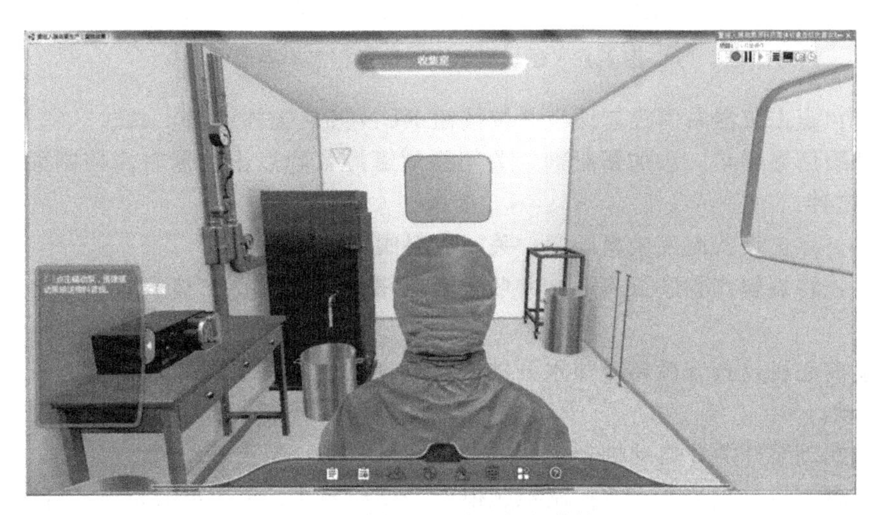

图 4-47 搭建蠕动泵输送物料管线界面

② 打开循环冷却水的开关，给离心机降温。

③ 打开离心机控制柜电源开关。

④ 点击离心机控制柜触摸屏，点击启动按钮启动离心机。

⑤ 打开蠕动泵开关，启动蠕动泵。

⑥ 关闭蠕动泵开关，停止蠕动泵。

⑦ 点击离心机控制柜触摸屏，点击停止按钮停止离心机。

⑧ 关闭离心机控制柜电源开关。

⑨ 打开离心机门，准备卸料。

⑩ 开始卸料。

⑪ 卸料完成，装好离心机。

（4）细胞裂解与包涵体溶解

① 将收集室离心收集的细胞放到冰箱，放置细胞后关闭冰箱。

② 取出冷藏细胞，关闭冰箱，然后破碎冷藏的细胞。

③ 打开裂解罐罐盖，添加破碎后的细胞。

④ 添加液体：添加裂解缓冲液，关闭裂解罐罐盖（图 4-48）。

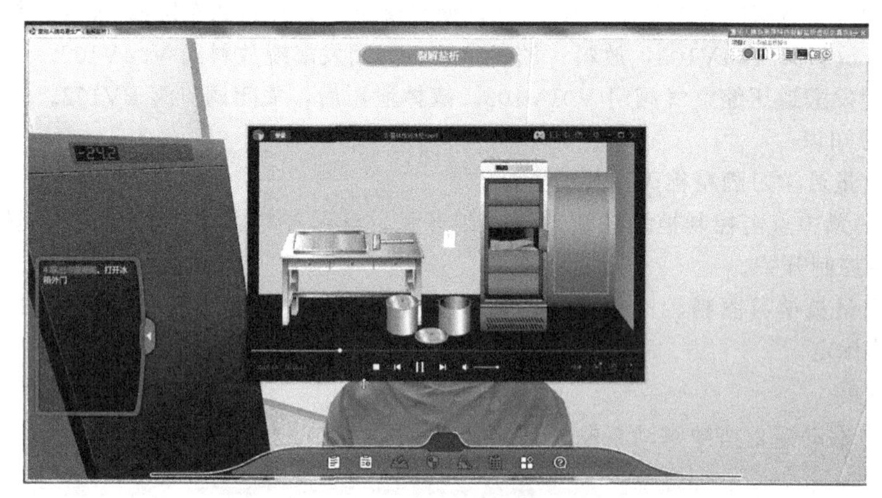

图 4-48 添加裂解缓冲液操作实验界面

⑤ 搅拌：点击仪器右侧控制面板并按按钮 RUN 开启搅拌（图 4-49）。

⑥ 打开裂解罐罐盖，添加絮凝剂，关闭裂解罐罐盖，点击仪器右侧控制面板并按按钮 STOP 关闭搅拌。

⑦ 放料：点击设备底部放料阀门；关闭放料阀门。

⑧ 移料：将裂解产物进行离心，并收集上清液，走入光圈，点击蠕动泵，搭建物料输送管线。

⑨ 启动离心机：打开循环冷却水开关，打开离心机电源开关，点击离心机控制柜触摸屏，点击启动。

⑩ 点击蠕动泵开关，启动蠕动泵；点击蠕动泵开关，停止蠕动泵。

⑪ 关闭离心机：点击离心机控制柜触摸屏，点击停止；关闭离心机电源开关。

⑫ 转移物料至溶解室，然后清洗离心机内的杂质，走入溶解室内光圈。

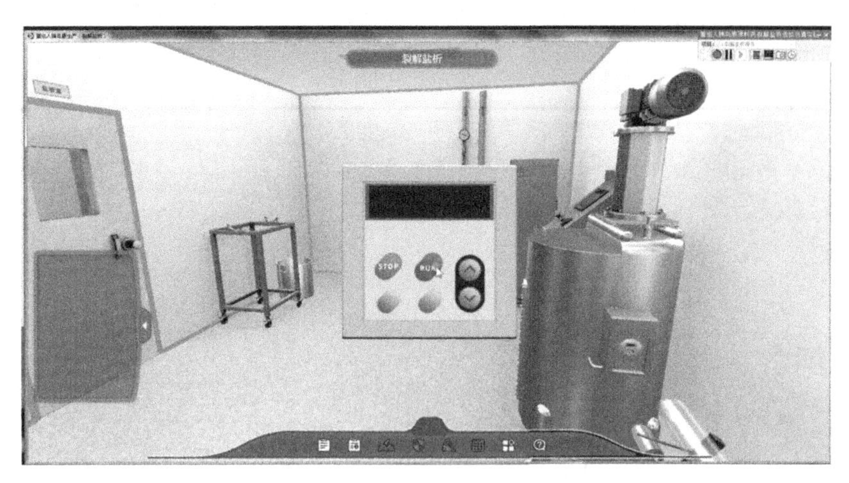

图 4-49　裂解罐操作实验界面

⑬ 打开溶解罐罐盖，添加离心沉淀、2% Triton-X100、2 mol/L 尿素，关闭溶解罐罐盖。

⑭ 启动搅拌：点击仪器右侧控制面板并按按钮 RUN 开启搅拌。关闭搅拌：点击仪器右侧控制面板并按按钮 STOP 关闭搅拌。

⑮ 放料：点击设备底部放料阀门；关闭放料阀门，转移物料至层析纯化室。

(5) 色谱分离

① 色谱液处理：溶解液中加入等体积的 0.2%～0.6%的 β-巯基乙醇、30 mmol/L Tris-HCl、8 mol/L 尿素。

② 点击色谱柱，搭建管柱；安装法兰；充液；转动阀杆，缓慢转动阀杆；打开层析设备电源开关；启动色谱分离程序。

③ 氯化钠洗脱，收集目标蛋白。

④ 关闭层析程序；关闭层析设备电源开关。

(6) 酶切

① 生产前检查：进行生产前检查确认，确认合格后方可进行下一步操作（图 4-50）。

图 4-50　生产前检查操作实验界面

② 酶切操作：修改酶切罐设备状态标识，并通知上一工序岗位人员本岗位已满足生产要求，可进行过滤（图 4-51）。

图 4-51 酶切操作实验界面

③ 开启进料阀进行过料操作，接到过料结束通知后，关闭进料阀。

④ 记录本次料液的重量以及计算得出所需酶的用量。

⑤ 向罐内加入定量的酶（羧肽酶 B 和胰蛋白酶）。

⑥ 加入完毕关闭阀门并记录数值。

⑦ 对酶切罐进行升温，控制罐内温度，待温度达到工艺要求后计时。

⑧ 酶切结束，向罐内加入定量的氯化锌。

⑨ 待氯化锌浓度满足工艺要求后，关闭热水，停止搅拌，开始静置。

⑩ 离心操作：启动离心机，待离心机运转全速后，开始将静置后的料液放料至离心机，并打开溶解罐的进料阀，收集料液；待放料结束，开启纯化水计量罐罐底阀向酶切罐内加入定量的纯化水用于离心洗料；洗料结束，关闭纯化水阀门和酶切罐罐底阀；待离心结束，停止离心机运转。

⑪ 溶解操作：启动溶解罐搅拌，向罐内加入定量的尿素和 LTris-HCl，加入完毕关闭阀门；使料液全部溶解，取样检测罐内料液 pH，检测符合工艺要求后通知层析岗位人员可进行转料操作。

⑫ 生产后清场：按照清洗规程清洗设备，并填写清洗记录，更改设备状态标识；对生产区域进行清洁和消毒，填写清场合格证，更改生产现场状态标识牌。

（7）输水层析

① 超滤准备：搭建蠕动泵物料输送管线，点击蠕动泵（图 4-52）。

② 打开超滤机出料阀。

③ 打开蠕动泵开关，开始超滤。

④ 超滤结束，关闭蠕动泵开关；关闭超滤机出料阀。

⑤ 点击层析柱，搭建管柱。

⑥ 准备超滤产物，打开层析设备电源开关（图 4-53）。

⑦ 启动层析程序，准备疏水层析。

⑧ 关闭层析程序，关闭层析设备电源开关，将层析产物进行超滤后调节 pH 为 4.7 左

图 4-52　超滤准备操作实验界面

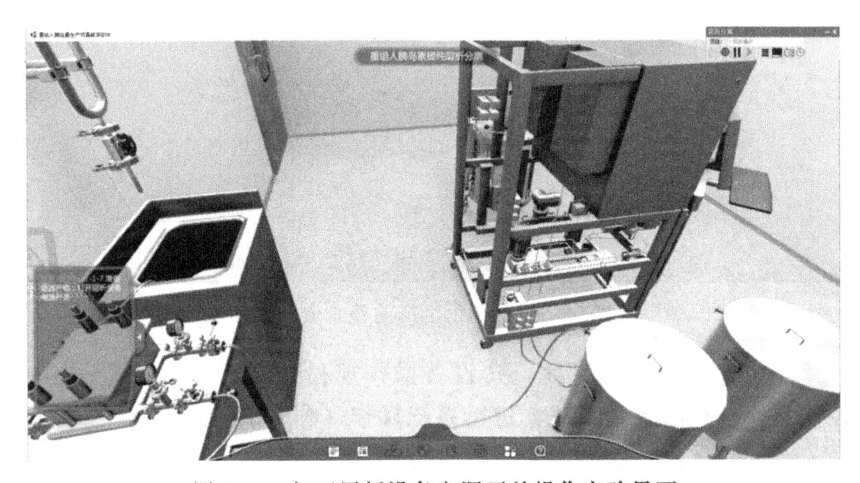

图 4-53　打开层析设备电源开关操作实验界面

右，然后进行阴离子层析。

⑨ 阴离子层析：点击层析柱，搭建管柱。

⑩ 打开层析设备电源开关。

⑪ 调节启动层析程序，准备层析。

⑫ 关闭层析程序，关闭层析设备电源开关，将层析产物进行超滤后调节 pH 至 8.0，准备阳离子层析。

⑬ 阳离子层析：点击层析柱，搭建管柱；安装法兰。

⑭ 充液。

⑮ 转动阀杆。

⑯ 缓慢转动阀杆。

⑰ 打开层析设备电源开关。

⑱ 启动层析程序。

⑲ 关闭层析程序，关闭层析设备电源开关，将层析产物进行超滤后调节 pH 为 5.0，准备二次阴离子层析。

⑳ 二次阴离子层析：点击层析柱，搭建管柱。

㉑ 打开层析设备电源开关。

㉒ 启动层析程序，准备二次阴离子层析。

㉓ 关闭层析程序，关闭层析设备电源开关，将层析产物进行超滤后调节 pH 至 7.3，超滤后准备包装。

（8）高压纯化

① 生产前检查：进入防爆生产区，对生产现场进行检查确认，待符合生产要求后方可进行生产操作（图 4-54）。

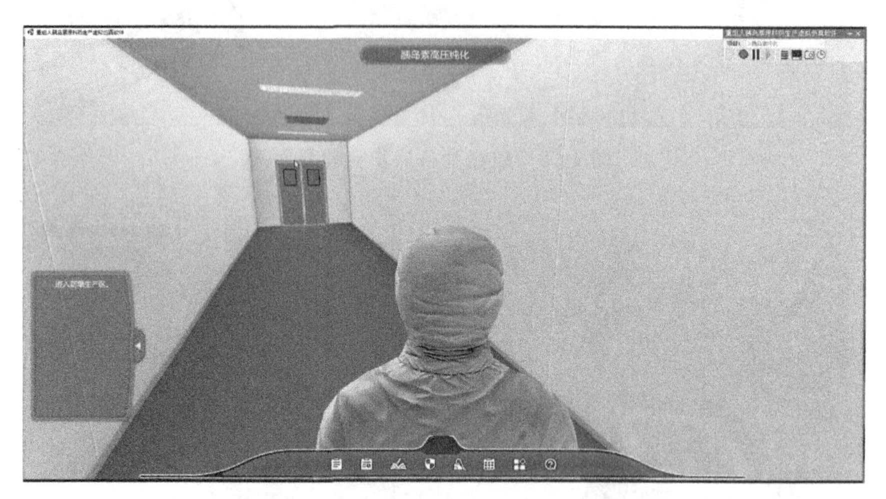

图 4-54 高压纯化生产前检查实验界面

② 生产操作：启动高压液相系统，按设备操作规程要求进行换气 5 min 后，修改状态标识，进入控制室，按权限登录系统，进行系统操作（图 4-55）。

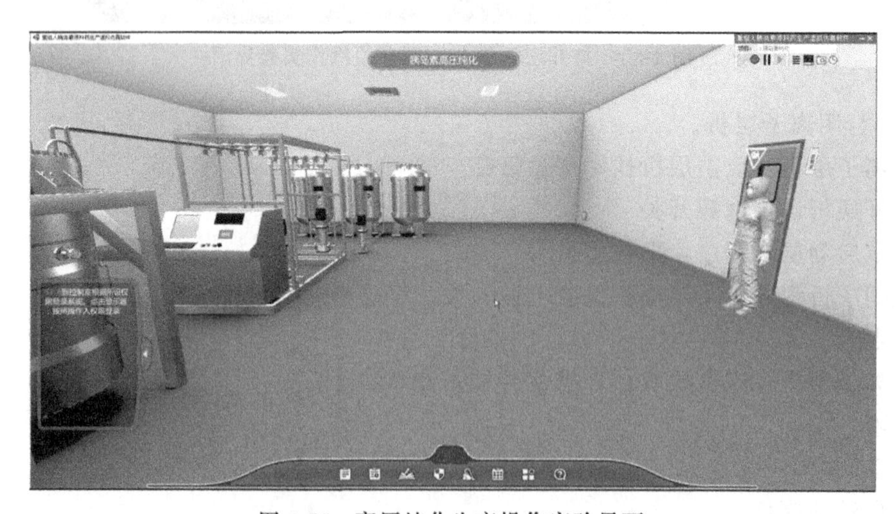

图 4-55 高压纯化生产操作实验界面

③ 确定进料结束后，启动超滤设备进行纯化，修改状态标识，开启缓冲罐的进料阀，开始进行纯化操作。

④ 生产后清场：按照清洗规程清洗设备，并填写清洗记录，更改设备状态标识；对生

产区域进行清洁和消毒，填写清场合格证，更改生产现场状态标识牌。

(9) 浓配稀配

① 检查生产区有清场合格证，并确认该生产区在清洁有效期内。

② 根据生产检查列表确认生产现场符合生产要求，并填写确认表。

③ 查看本生产区温湿度显示，确定符合要求。

④ 找QA下达本次生产的许可证，检查确认生产许可证内容后放置在生产现场的状态标识牌内。

⑤ 领取领料单，并填写领料单。

⑥ 更改设备状态标识。

⑦ 生产前对配液罐进行在线清洗和在线灭菌，并由QA检测确认内毒素是否符合要求。

⑧ 向罐内加入定量注射用水等原辅料。

⑨ 取样检测药液pH。

⑩ 向稀配罐内注入料液，并进行回流升温。

⑪ 取样检测稀配罐内料液pH，满足要求后经过微膜过滤器转移。

⑫ 生产结束填写生产记录，对生产设备及生产现场进行清场操作并修改状态标识。

(10) 灌装

① 领取生产指令单与批生产记录并复核。

② 更改生产状态标识。

③ 检查确认生产现场物品、垃圾无残留，墙面、地面、设备、门是否清洁。

④ 整理已消毒的手套箱，使其自然垂落。

⑤ 对生产环境进行检测，检测项目有尘埃粒子、沉降菌、浮游菌。

⑥ 灌装设备开机，并根据权限登录。

⑦ 安装灌装设备辅件。

⑧ 供给胶塞。

⑨ 确认料液到位后进瓶。

⑩ 设置自动进出料系统，开始灌装。

⑪ 灌装结束，停止设备，进行清场操作（清理胶塞、排空料液、清理西林瓶、对生产现场进行清理）。

(11) 灯检

① 进行生产前检查确认，确认合格后根据权限设备开机，并进行远点复位、碎瓶检测报警以及输入产品信息等操作。

② 启动设备，设定设备运行参数，确认无异常后主机启动。

③ 灯检结束，停止进瓶，清理设备上的玻璃碎片并清洁设备，清洁生产现场，更改状态标识。

(12) 出箱

① 进行生产前检查确认，确认清场合格，填写状态标识。

② 对已消毒手套进行整理，整理手套箱，并电话确认与上一工序配合。

③ 更改设备状态标识。

④ 启动设备，按照权限登录，开始进行出箱操作。

⑤ 出箱结束，清理设备，整理手套箱，清洁生产现场，更改生产状态标识。

【实验结果与结论】

(1) 基础知识

软件中包括工厂漫游，可让学生了解药品工厂的建设布局和车间认知，包括车间布局、设备放置要求，洁净度要求认知等。

为了使学生更好地预习知识，软件采用了图文并茂的方式，详细介绍了生产岗位的操作规程、清洁操作规程、设备操作规程、设备维护保养规程、记录表格以及基本操作帮助等内容。此外，软件还提供了知识点拓展，以帮助学生更深入地了解相关概念和原理。

知识预习不仅可以帮助学生更好地掌握药品生产的流程和要求，而且能够增强他们的实际操作能力。同时，这种互动式的学习方式也有助于激发学生的学习兴趣，提高他们的学习效果。

(2) 发酵与发酵液处理

软件中主要通过3D场景和DCS相结合的形式学习发酵罐的运行、发酵液的离心、菌体的破碎。在生物技术领域，发酵罐是至关重要的设备之一。通过学习发酵罐的运行，能让学生掌握微生物生长和代谢的过程，进一步提高微生物的产量和产物质量。

发酵罐由罐体、搅拌器、加热/冷却系统、通气装置等部分组成。通过搅拌器和通气装置的协同作用，可以在罐内形成适宜的生长环境，促进微生物的生长和代谢。同时，加热、冷却系统可以维持罐内温度的恒定，保证菌体生长的稳定性。然后根据具体的生产条件，设置搅拌速度、通气量、温度等参数，确保菌体的生长和代谢不受限制。在学习发酵罐运行的过程中，离心是分离菌体细胞和细胞碎片的有效方法之一。通过高速离心，可以将细胞和细胞碎片从发酵液中分离出来，以便进一步分析和研究。菌体破碎则是提取微生物细胞内产物的关键步骤。发酵是生物技术领域的重要内容，通过深入学习和实践，学生可以更好地掌握生物技术的核心技能。

(3) 胰岛素原的分离纯化

主要包括菌体收集、破碎、包涵体收集与溶解，胰岛素原的纯化，酶切转化与胰岛素纯化，冷冻干燥四个环节。离心收集菌体，将发酵收获的菌体用缓冲溶液洗涤，并将细胞悬浮于缓冲液中，高压均质机破碎菌体，离心后，收取包涵体沉淀，沉淀溶解于溶解液中。溶解液中加入溶液，并上柱DEAE-Sepharose FF，经NaCl梯度洗脱，收集蛋白。收集的蛋白在Sephadex G-25层析柱上脱尿素，胰蛋白酶和羧肽酶B协同酶切后终止反应并沉淀胰岛素，沉淀的胰岛素用溶液溶解，再上柱Superdex 75，洗脱并收集。收集的蛋白液放入冷冻盘中，－40 ℃冷冻干燥后，转入无菌袋中。将纯化出的胰岛素进行冷冻干燥，以除去溶液中的水分，得到干燥的胰岛素产品。这一步需要掌握冷冻干燥的条件和技术，以保证最终得到的胰岛素产品的质量和稳定性。

通过以上四个环节的学习和实践，学生可以掌握从菌体收集到胰岛素产品的整个制备过程。同时，学生还需要掌握相关的理论知识和技术原理，以便更好地理解制备过程中的各个环节和操作要点。通过实践操作和理论学习，学生可以逐步提高自己的实验技能和操作水平，为今后的学习和工作打下坚实的基础。

(4) 注射剂制备

在制药工业中，注射剂的制备是一个至关重要的环节。为了确保药品的安全性和有效性，制备过程需要严格遵守规定和标准。在学习注射剂制备的过程中，学生需要了解并掌握一系列的操作环节。

配料是整个制备过程的基础。学生需要了解各种原料药的性质和用途，以及它们在注射剂中的作用。掌握称量、配制和混合等基本操作技能，以确保配料的准确性和一致性。西林瓶的粗洗和精洗环节需要对瓶子进行彻底的清洗，以去除残留物和污垢。杀菌和干燥是确保注射剂无菌的重要步骤。学生需要掌握杀菌条件并了解干燥的方法和原理，以确保注射剂的干燥效果符合要求。胶塞的洗涤、灭菌和干燥也是制备过程中的重要环节。学生需要掌握胶塞的特性和用途，了解各种洗涤方法和灭菌条件对胶塞的影响。铝盖的准备、无菌分装、轧盖、灯检、贴签、装盒和入库等环节是注射剂制备的包装过程。通过系统地学习和实践，学生可以逐步掌握注射剂制备的技能和知识，为未来的制药工业工作打下坚实的基础。

参考文献

[1] 李忠铭．化学工程与工艺专业实验．武汉：华中科技大学出版社，2013.
[2] 成春春，赵启文，张爱华．化工专业实验．北京：化学工业出版社，2021.
[3] 田维亮．化学工程与工艺专业实验．上海：华东理工大学出版社，2015.
[4] 徐鸽，杨基和．化学工程与工艺专业实验．北京：中国石化出版社，2013.
[5] 王爱军，孙初锋．化学工程与工艺专业实验．北京：化学工业出版社，2016.
[6] 李岩梅，周丽．化学工程与工艺专业实验．北京：中国石化出版社，2018.
[7] 乐清华，徐菊美．化学工程与工艺专业实验．3版．北京：化学工业出版社，2018.
[8] 梁猛．生物工程技术实验指导．合肥：中国科学技术大学出版社，2018.
[9] 李自刚，李大伟．食品微生物检验技术．北京：中国轻工业出版社，2016.
[10] 刘方，翁庙成．实验设计与数据处理．重庆：重庆大学出版社，2021.
[11] 李加友．生物工程专业实验指导．北京：化学工业出版社，2019.
[12] 勇强．生物工程实验．北京：科学出版社，2015.
[13] 杨忠华，左振宇．生物工程专业实验．北京：化学工业出版社，2020.
[14] 于源华．生物工程与技术专业基础实验教程．北京：北京理工大学出版社，2016.

附录　实验报告示例

为规范化教学，附录提供实验报告示例一份，仅供参考，各高校可根据自身教学情况进行调整。本实验报告示例 A3 纸正反面打印，操作实验结束后进行书写，作为学生专业实验成绩的存档依据。